高职高专煤化工专业规划教材
编审委员会

高职高专"十一五"规划教材

——煤化工系列教材

煤化工环境保护

谷丽琴　王中慧　主编

化学工业出版社

·北京·

本书根据煤化工发展现状，针对高职高专和应用型本科教育的职业针对性和技术实用性特点编写，全书共分八章，包括我国煤炭利用状况及对环境的污染，煤化工废气污染物的控制、煤化工废水的控制、煤化工废液废渣的控制等内容，并引入比较典型的组合控制实例和工程实例。

本书可作为煤化工、煤炭深加工及利用、应用化工技术等专业高职高专教材，也可供相关专业技术人员参考使用。

图书在版编目（CIP）数据

煤化工环境保护/谷丽琴，王中慧主编. —北京：化学
工业出版社，2009.9（2025.8重印）
高职高专"十一五"规划教材. 煤化工系列教材
ISBN 978-7-122-06474-5

Ⅰ. 煤…　Ⅱ.①谷…②王…　Ⅲ. 煤化工-环境保护-高
等学校：技术学院-教材　Ⅳ. X784

中国版本图书馆 CIP 数据核字（2009）第 140856 号

责任编辑：张双进　　　　　　　　　　文字编辑：杨欣欣
责任校对：王素芹　　　　　　　　　　装帧设计：王晓宇

出版发行：化学工业出版社（北京市东城区青年湖南街 13 号　邮政编码 100011）
印　　装：北京虎彩文化传播有限公司
787mm×1092mm　1/16　印张 10½　字数 255 千字　2025 年 8 月北京第 1 版第 4 次印刷

购书咨询：010-64518888　　售后服务：010-64518899
网　　址：http://www.cip.com.cn
凡购买本书，如有缺损质量问题，本社销售中心负责调换。

定　　价：30.00 元　　　　　　　　　　　　　　　　版权所有　违者必究

前　言

　　煤化工生产过程产生大量的废水、烟尘、废渣，对环境造成很大的污染。学生只有了解了"三废"的危害，掌握其治理措施，才能在今后的生产、管理、设计及研究等工作中自觉地把环境污染控制放在首位。

　　本书根据煤化工发展现状，针对高职高专和应用型本科教育的职业针对性和技术实用性特点编写。全书共分八章，包括我国煤炭利用状况及对环境的污染、煤化工废气污染物的控制、煤化工废水的控制、煤化工废液废渣的控制等内容，并引入比较典型的组合控制实例和工程实例。

　　本书由山西大同大学谷丽琴、吕梁高等专科学校王中慧任主编，王中慧编写第一、二、三章，谷丽琴编写第四、六章，山西大同大学李云兰编写第七、八章，山西煤炭职业技术学院薛慧峰编写第五章。全书由谷丽琴统稿。

　　本书在编写过程中参考了国内外出版的多种资料文献，并得到了化学工业出版社的大力支持，在此表示诚挚的谢意。

　　由于编者水平有限，书中难免有不妥之处，敬请广大读者和同行批评指正，以便改正。

编　者

2009 年 7 月

目 录

第一章

能源与环境

　　能源是非常重要的物质资源，是支持社会发展和经济增长的主要物质基础和生产要素。充足稳定的能源供应不仅为工业提供动力，为农业提供保障，而且能推动技术进步，保障国民经济的发展，促进人民生活质量的改善，促进人类社会文明和进步发展，创造众多就业机会。与此同时，能源大量和非洁净的消费给人们赖以生存的环境造成了极大的破坏。经济的迅速发展与人口的增长加大了对能源的需求。当今世界，资源、环境和人口已成为当前困扰人类社会发展的三大突出问题，也是我国社会经济发展的重要问题。

第一节　能量与能源

　　能源亦称能量资源或能源资源，是指可产生各种能量（如热量、电能、光能和机械能等）或可做功的物质的统称，是指能够直接取得或者通过加工、转换而取得有用能量的各种资源，包括煤炭、原油、天然气、煤层气、水能、核能、风能、太阳能、地热能、生物质能等一次能源和电力、热力、成品油等二次能源，以及其他新能源和可再生能源。

　　能源与人类的各种生活活动密切相关，是人类生存与发展的物质基础，是人类文明进步的先决条件，它的开发和利用是衡量一种社会形态、一个时代、一个国家，经济发展、科技水平与民众生活质量的重要标志。

一、能量

　　物理学把能量定义为物体对外做功的本领。一个物体能够对外做功，就说这个物体具有能量。流动的河水能够推动水轮机做功，流动的河水具有能量。举到高处的重物下落时能够把木桩打进地里而做功，举高的重物具有能量。被压缩的弹簧放开时能够把物体弹开而做功，被压缩的弹簧具有能量。

　　到目前为止，人类将所认识的能量分为以下六种形式。

　　（1）机械能　机械能是与物体宏观机械运动或空间状态相关的能量。它包括固体或流体的动能、势能等。

　　（2）热能（内能）　热能是构成物质微观分子运动的动能和势能的总和。从微观水平上讲，它反映了分子运动的强度。从宏观水平上讲，它表现在物体温度的高低上。热能是自然界广泛存在的能量形式，机械能、电能、核能等其他形式的能量都能够转化为热能。

　　（3）电能　电能是与电子流动和积累有关的能量。

　　（4）辐射能　辐射能是以电磁波的形式所传播的能量。如太阳能就属于辐射能的一种。

　　（5）化学能　化学能是蕴藏在物质原子核外的结构能的一种。即物质进行化学变化时所释放出的能量。化学能可以转化为电能、热能等。

　　（6）核能　核能是蕴藏在原子核内部的物质结构能。原子核裂变或聚变时可以产生数量巨大的核能。

　　上述各种形式的能量之间是可以相互转换的，并且在转换过程中遵循热力学第一定律（能量守恒与转换定律）：自然界的一切物质都具有能量；能量既不能创造、也不能消灭，只能从一种形式转换为另一种形式，从一个物体传递到另一个物体；在能量转换与传递过程中能量的总量恒定不变。能量守恒与转换定律是自然界最普遍、最基本的规律，这一定律和细胞学说以及达尔文的进化论被称为19世纪自然科学上的三大发现。

二、能量的发源地——太阳

世界能源储量最多的是太阳能，在可再生能源中占99.4%，而水能、风能、地热能、生物能等占不到1%。在不可再生能源中，利用海水中的氘资源产生的人造太阳能（核聚变能）几乎占100%，煤炭、石油、天然气、裂变核燃料加起来也不足千万分之一。所以，人类使用的能源归根到底要依靠太阳能，太阳能是人类永恒发展的能源保证。

根据科学界的共识，太阳大约是在45亿年之前形成的一个半径约为6.96×10^5km、质量约为1.99×10^{30}kg的巨大炽热球体。其中心密度约1.48×10^4kg/m^3，压力约2.3×10^{16}Pa。构成太阳的主要元素为周期表中较轻的元素，其中氢占71%、氦占27%；此外还有少量的碳、氧和铁等较重元素。在太阳平均半径为20%的中心区域内进行着由氢聚合成稳定的氦原子核的热核反应，同时不断释放出巨大的能量。太阳热量即以辐射和对流的方式由核心向表面传递，温度也从中心到表面逐渐降低。太阳中心温度可达到1.5×10^7K，表面温度为5780K。

人们肉眼所看到的太阳表面是一光球层，由强烈电离的气体组成，太阳能量的绝大部分都是由此向太空发射的。由核聚变可知，氢聚合成氦并释放出巨大能量的同时伴随着氢质量的消耗。氢对于太阳来说是一种不可更新的燃料能源，根据目前太阳产生核能的速率计算，其氢的储量足够维持50亿年，因此太阳能可以说是取之不尽、用之不竭的。

虽然从太阳辐射到地球大气层的能量仅为其总辐射能量（约3.75×10^{26}W）的二十二亿分之一，但已高达1.73×10^{17}W。这个能量意味着太阳每秒钟照射到地球上的能量相当于500万吨标准煤。除了核能和地热能以外，地球上的其他所有能源包括风能、水能、潮汐能以及通过光合作用和食物链转化的生物能都来源于太阳。地球上的煤炭、石油和天然气这些化石燃料从根本上说也是远古时代储存下来的太阳能。

第二节　能源的分类

一、能源分类总述

能源种类繁多，包括太阳能、风能、地热能、水能、煤炭、石油、电力、核能、柴薪、沼气、天然气、人工合成煤气等。经过人类不断的开发与研究，更多新型能源已经开始能够满足人类需求。根据不同的划分方式，能源也可分为不同的类型。

（1）**按来源分**　能源按其来源可分为三类：来自地球外部天体的能源、地球本身蕴藏的能量、地球和其他天体相互作用而产生的能量。

① 来自地球外部天体的能源（主要是太阳能）。除直接辐射外，为风能、水能、生物能和矿物能源等的产生提供基础。人类所需能量的绝大部分都直接或间接地来自太阳。正是各种植物通过光合作用把太阳能转变成化学能在植物体内储存下来。煤炭、石油、天然气等化石燃料也是由古代埋在地下的动植物经过漫长的地质年代形成的。它们实质上是由古代生物固定下来的太阳能。此外，水能、风能、波浪能、海流能等也都是由太阳能转换来的。

② 地球本身蕴藏的能量。通常指与地球内部的热能有关的能源和与原子核反应有关的能源。如原子核能、地热能等。温泉和火山爆发喷出的岩浆就是地热的表现。地球可分为地

壳、地幔和地核三层，它是一个大热库。地壳就是地球表面的一层，一般厚度为几千米至70km 不等。地壳下面是地幔，它大部分是熔融状的岩浆，厚度为 2900km。火山爆发一般是这部分岩浆喷出。地球内部为地核，地核中心温度为 2000℃。可见，地球上的地热资源储量也很大。

③ 地球和其他天体相互作用而产生的能量，如潮汐能。

（2）按开发利用的程度分　能源按其开发利用的程度不同，通常把已被人类广泛利用的能源，如煤炭、石油、天然气、水能、核电等称为常规能源；把借助新技术可以开发利用的能源，如太阳能、风能、地热能、水能、核能、沼气、人工合成煤气等称为非常规能源，也称为新能源。

（3）按形态分类　按能源的形态特征或转换与应用的层次也可以对能源进行分类。如世界能源委员会推荐的能源类型分为：固体燃料、液体燃料、气体燃料、水能、电能、太阳能、生物能、风能、核能、海洋能和地热能等。其中，前三种类型统称化石燃料或化石能源。

（4）按是否可再利用分类　根据能源是否可再利用分为可再生能源和不可再生能源。可再生能源包括太阳能、生物质能、水能、氢能、风能、海洋能等，其特点是不会由于它本身的转化或人类的利用而日益减少。不可再生能源包括煤炭、石油、天然气等化石能源。它们在地球上的储量有限并且随着人类的利用而越来越少，亦称为枯竭性能源。

（5）按生产方式分类　根据产生的方式可分为一次能源和二次能源。一次能源是从自然界开采取得而直接加以利用的能源，如煤炭、石油、天然气、风能、水能、天然铀矿等。二次能源是由一次能源经过加工、转换而来的能源，如电力、蒸汽、焦炭、煤气等，它们便于运输和使用，是相对品质高、污染少的能源。

（6）按污染程度分类　根据能源消耗后对环境的污染程度可分为污染型能源和清洁型能源。清洁型能源是利用现代技术开发的对环境无污染或污染小的新能源，如太阳能、氢能、风能、潮汐能等。污染型能源是指对环境污染较大的煤炭、石油等。

（7）按本身的性质分类　能源按其本身的性质不同可分为含能体能源和过程性能源。含能体能源是指其本身就是可提供能量的物质，也称为载体能源，具有可以储存、便于运输等特点，如化石燃料、核燃料、氢等。过程性能源是指能够提供能量的物质运动所产生的能源，它不能直接储存，存在于某种过程之中，如电能、太阳能、风能、潮汐能等。

（8）按是否作为商品流通分类　能源按其是否作为商品流通还可以分为商品能源和非商品能源。凡进入能源市场作为商品销售的如煤、石油、天然气和电等均为商品能源。国际上的统计数字均限于商品能源。非商品能源主要指薪柴和农作物残余（秸秆等）。

下面具体介绍各类能源。

二、化石燃料

化石燃料包括煤炭、石油和天然气。目前，世界能源消费总量中，化石燃料占据主导地位，它约占全球一次能源消费的 85%。

本质上，化石燃料都是由生物体内的碳水化合物经过漫长的地质年代变迁，在缺氧条件下经过腐化作用形成。这些碳水化合物是由远古时代的植物通过光合作用将太阳能直接转换成化学能而形成的。从植物开始储存太阳能到在特殊条件下缓慢地将其转变成煤炭、石油和天然气，大自然需要花费好几百万年甚至几亿年的时间。因此可以说，人们在几个世纪的时期内，就可以将自然界在数亿年期间制造的产品消耗掉。换句话说，在几个世纪的时期内，人类将把需要自然界的生命体花费数亿年的时间所累积储存的太阳能全部转化成 CO_2 抛向大气层。

1. 煤炭

煤炭是世界上储量最多、分布最广的化石燃料。煤不只是燃料，它还是多种工业的原料。用煤作原料制成产品，其经济效益可大幅度提高。以用煤炼焦为例，除主要产品冶金焦炭外，还可获取煤焦油和焦炉煤气。煤焦油可以用来生产化肥、农药、合成纤维、合成橡胶、塑料、涂料、染料、药品、炸药等产品；焦炭除主要用于冶金外，还可用来制造氮肥；焦炉煤气可用于平炉炼钢和焦炉本身的燃料、城市煤气、发电、制取双氧水（H_2O_2），也可作为化肥、合成纤维的原料等。煤的气化、液化在煤的综合利用中更是重要内容。

煤炭主要是由远古时代的高等植物在漫长的地质年代不断繁殖、生长、死亡，其遗体被水淹没而堆积，并随着缓慢下沉的地壳运动而被埋入地球深处并与空气隔绝，经过漫长时间的、复杂的生物化学和地球物理化学的作用而形成。

煤作为一种重要的能源，使用最早也是最广泛的一种转换技术即煤的燃烧，燃烧过程中将化学能转化为热能为人类的生存和发展提供能量。但煤在燃烧过程中会产生大量的产生温室效应的 CO_2 和能够形成酸雨的 SO_2、SO_3 及氮的氧化物等有害气体。同时，煤在燃烧过程中还产生大量烟尘，排放到空气中，严重威胁着人类的身体健康。为此，多种洁净煤技术应运而生，成为当今世界解决煤炭利用和环境问题的主导技术。目前，洁净煤技术包括煤炭使用各环节的净化和防治污染技术，贯穿于煤炭的开采、加工和利用的全过程中。

2. 石油

石油是推动现代工业和经济发展的主要动力，在世界能源中占有非常重要的地位。石油是优质动力燃料的原料，汽车、内燃机、轮船、飞机等交通运输工具均以石油的加工产品为燃料。此外，石油还是主要的化工原料，以石油为原料的石化产品多达 7 万多种。

石油的形成过程复杂并且形成率低。石油主要形成于沉积于海底或湖沼底部的浮游生物。低等的动植物死后聚积于海洋或湖沼的黏土底质之中，这些浮游生物构成的有机物和其他海底淤积物一起随着地壳的变迁埋藏在很深的地层之中，并经历生物和化学转化，由于水中缺乏溶解氧，有机物在厌氧微生物的作用下形成含碳的大分子物质——油母岩。微生物活动停止后，油母岩便进一步在地温和压力作用下加热裂解，油母岩中的氮和氧元素会被分解除掉，形成以碳和氢为基本化学元素的原油。有机物转变为石油的过程中，只有碰到适合储存油气的地方才能形成储油层。

从油田中开采出来的石油（又称原油）通常是淡色或黑色的流动或半流动状的黏稠液体，石油的密度为 $0.8 \sim 1.0 \text{g/cm}^3$。通常，石油中沥青质和胶质含量越高，颜色越深。石油的组成极其复杂，难以进行确切的分类。通常在市场上按石油的密度、含硫量或含蜡量的高低进行石油的分类。世界各地所产的石油不尽相同，石油的成分和质量因矿脉的不同而异，但它所含有的基本化学元素都是碳和氢。或者说，各种石油主要是由烷烃、环烷烃、芳香烃和烯烃化合物组成，是这些碳氢化合物的混合物。

石油是液体燃料，其热值比煤炭高，而且运输和储存起来更为容易，因此是一种更适宜的能源。目前，交通运输业仍然是石油的第一大用户。

3. 天然气

天然气是继煤炭和石油之后的全球主要能源之一。天然气在地球上分布广泛，成本低廉，优质而清洁。

天然气与石油在同一地质时期形成，它的生成过程同石油类似，天然气的生成范围比石油的生成范围要宽得多，且比石油更加容易移动。天然气是蕴藏在地层中的烃和非烃气体的混合物，主要由甲烷、乙烷、丙烷和丁烷等烃类组成，其中甲烷含量最大，可达到 70%～95%。人们已发现和利用的天然气有很多种，通常所说的天然气可以分为天然气田气、油田伴生气和煤田伴生气三种类型。其中 60% 以上的天然气为非伴生气，即天然气田气。

天然气的分子结构上氢碳比值高，其热值和热效率都高于煤炭和石油，无需加工即可直接作为燃料，燃烧时也比煤炭和石油清洁，CO_2 和烟尘等污染物排放量显著减少。同时，开采和运输天然气的成本比煤炭低 70%，因此，天然气是一种开采和使用都很方便的能源。

三、核能

核能来源于原子核内部变化，更为具体地说核能的释放通常有两种方式，即核裂变能和核聚变能。铀、钍等重核原子的原子核通过链式反应，分裂成两个或多个较轻原子核，释放的巨大能量称为核裂变能。而像氘、氚这样两个较轻原子核聚合成一个较重的氦原子核，释放出巨大能量称为核聚变能。

核能也属于不可再生能源。

四、可再生能源

可再生能源泛指多种取之不竭的能源。严格来说，是人类历史时期内都不会耗尽的能源，包括太阳能、生物质能、水能、风能、地热能、海洋能等非化石能源。

1. 太阳能

太阳能是各种可再生能源中最重要的基本能源，也是人类可利用的最丰富的能源。太阳每年投射到地面上的辐射能高达 $1.05 \times 10^{18} kW \cdot h$（$3.78 \times 10^{24} J$），相当于 $1.3 \times 10^{14} t$ 标准煤。按目前太阳的质量消耗速率计，可维持 6×10^{10} 年。所以可以说它是"取之不尽，用之不竭"的能源。但如何合理利用太阳能，降低开发和转化的成本，是新能源开发中面临的重要问题。

2. 生物质能

是指植物叶绿素通过光合作用将太阳能转化为化学能储存在生物质内部的能量。目前发展中的开发利用技术主要是，通过热化学转换技术将固体生物质转换成可燃气体、焦油等，通过生物化学转换技术将生物质在微生物的发酵作用下转换成沼气、酒精等，通过压块细密成型技术将生物质压缩成高密度固体燃料等。生物质能为可再生能源，如能产出与消耗平衡则不会增加二氧化碳。但如消耗过量而毁林与耗竭可返还土壤的有机物，就会破坏产耗平衡。

3. 水能

水能的源泉是太阳能。在人类生活的地球上，其中 71% 的面积是蓝色的海洋。

由于地表的高差不同，不同高差上的水体具有势能，在水体流动中，这种势能转变为动能。这种由于水流及其落差所形成的能量，称之为水能。

与火力发电明显不同之处是，水能将通过水轮机带动发电机被直接转换成电能，而不需要热能转换过程的中间环节。因此，建设一座水电站是同时完成了一次能源和二次能源建设。

在可再生能源之中，水能是世界上利用最多的商业性能源。由于水能资源的可再生性和其环境效应优于煤炭、石油、天然气等化石能源，世界各国都把水能资源的开发利用放在重要的战略地位上。

我国水力资源十分丰富，可能被开发的潜在水资源数量居世界首位，占世界总量的

14%。新中国成立后，多次对水力、水电资源进行了大规模普查，相继开发建设了三峡、二滩、葛洲坝、小浪底等多处大中型水电站。水电在我国经济建设和人民生活中发挥了巨大的作用。1989年，我国在现有水电的基础上，规划了十二大水电资源基地。

4. 风能

风能是利用风力机将风能转化为电能、热能、机械能等各种形式的能量，用于发电、提水、助航、制冷和制热等。风力发电是主要的风能开发利用方式。中国的风能总储量估计为1.6×10^9 kW，居世界第三位，有广阔的开发前景。

5. 地热

地热是指来自地下的热能资源。我们生活的地球是一个巨大的地热库，仅地下10km厚的一层，储热量就达1.05×10^{26} J，相当于9.95×10^{15} t标准煤所释放的热量。地热能在世界很多地区应用相当广泛。老的技术现在依然富有生命力，新技术也已成熟，并且在不断地完善。在能源的开发和技术转让方面，未来的发展潜力相当大。地热能是天生就储存在地下的，不受天气状况的影响，既可作为基本负荷能使用，也可根据需要提供使用。

6. 海洋能

海洋能通常指蕴藏于海洋中的可再生能源，主要包括潮汐能、波浪能、海流能、海水温差能、海水盐差能等。海洋能蕴藏丰富，分布广，清洁无污染，但能量密度低，地域性强，因而开发困难并有一定的局限。开发利用的方式主要是发电，其中潮汐发电和小型波浪发电技术已经实用化。波浪能发电利用的是海面波浪上下运动的动能。1910年，法国的普莱西克发明了利用海水波浪的垂直运动压缩空气，推动风力发动机组发电的装置，把1kW的电力送到岸上，开创了人类把海洋能转变为电能的先河。目前已开发出$60 \sim 450$kW的多种类型波浪发动装置。

可再生能源比重的提升传递着"绿色经济"正在兴起的信息，2012年《京都议定书》到期后新的温室气体减排机制将进一步促进绿色经济的全面发展。

根据中国中长期能源规划，2020年之前，中国基本上可以依赖常规能源满足国民经济发展和人民生活水平提高的能源需要，到2020年，可再生能源的战略地位将日益突出，届时需要可再生能源提供数亿吨乃至十多亿吨标准煤的能源。因此，中国发展可再生能源的战略目的将是：最大限度地提高能源供给能力，改善能源结构，实现能源多样化，切实保障能源供应的安全。

第三节 能源消费与社会发展

能源是工业的"粮食"，是国民经济发展的基础。纵观当今世界，经济最发达、工业化程度较高的国家无一不是消耗能源较多的国家。美国、英国、德国、法国、日本、意大利、俄罗斯的总人口只占世界人口的1/5，而他们的能源消耗却占世界能源消耗的2/3。特别是美国，它是世界上最大的能源消费国。美国的人口仅占世界人口的5%，而他们对能源和其他物质的消费量却占了世界的1/4。最新统计显示，美国的石油消费已达全世界石油产量的35%。全球人均年耗标煤2t多，而发达国家已达到6t，其中美国高达12t，我国只有0.8t。

回顾人类的历史，可以明显地看出能源总是人类社会发展的一个主要因素。人类的能源消费从第一次工业革命开始，特别是在20世纪得到了迅速发展。然而同现代社会相比，人类的祖先在过去近几千年的漫长岁月中能源的消费发展却是相当缓慢的，能源的消费水平也是相当低下的。

人类社会的历史在发展中已经历了三个能源阶段，即柴草时期、煤炭时期和石油时期。

一直到 18 世纪以前的数千年是以柴草为主的能源时期，人类以薪柴、秸秆和动物的排泄物等生物质燃料来烧饭和取暖，并且以人力、畜力和一些简单的风力与水力机械作动力，从事生产活动。生产和生活水平低下，社会发展迟缓。

到了 18 世纪，煤的开采、蒸汽机的应用，带动了资本主义的第一次工业革命。1765 年，瓦特发明蒸汽机，人类社会步入了蒸汽时代，蒸汽机成为生产的主要动力。随之纺织、冶金、交通和机械等工业得到迅速发展。蒸汽机的应用也推动了煤炭工业的兴起，工业的蓬勃发展以及铁路和航运的开通均需要大量的煤炭。于是，近代煤炭工业在英国、美国、德国、法国等国家伴随工业革命迅速兴起，世界能源结构转向以煤炭为主，使煤炭在整个 19 世纪成为资本主义工业化的主要能源。19 世纪 70 年代电能的利用，实现了资本主义的工业化，人类才有了现代的物质文明。

到了 20 世纪 50 年代，以石油为主的能源来临了，不少国家依靠石油实现了现代化。1859 年，在美国的宾夕法尼亚州打出世界上第一口油井，标志着石油工业的开始。1876 年德国的奥托发明火花点火四冲程内燃机后，以内燃机为动力的移动式机械设备获得了广泛应用，尤其是拖拉机、汽车、内燃机车、飞机等发展迅速。由此导致石油使用量大大增加，世界能源消费结构中煤炭的比重逐渐下降。1965 年在世界能源消费结构中，石油首次取代煤炭占据首位，汽车、内燃机车、飞机和远洋巨轮迅猛发展，促进了世界经济的极大繁荣，创造了人类历史上空前的物质文明。

石油取代煤炭完成了能源的第二次转换。但是地球上化石燃料储量有限，按照目前的开采和消费速率，其耗尽之日已为期不远，世界能源向石油以外的能源物质转换势在必行。核能是最有希望取代石油的重要能源。此外，大力开发太阳能、生物质能、水能、风能、海洋能等可再生能源，也是寻找替代能源的必经之路。目前，能源消费结构已开始从石油为主要能源逐步向多元化能源结构过渡。

第四节　能源问题

伴随着人类社会对能源需求的增加，能源安全逐渐与政治、经济安全紧密联系在一起。两次世界大战中，能源跃升为影响战争结局、决定国家命运的重要因素。20 世纪 70 年代爆发的两次石油危机使能源安全的内涵得到极大拓展。但是，人类在享受能源带来的经济发展、科技进步等利益的同时，也遇到一系列无法避免的能源安全挑战，能源短缺、资源争夺以及过度使用能源造成的环境污染等问题威胁着人类的生存与发展。

一、世界能源问题

世界能源储量分布是不平衡的。石油储量最多的地区是中东，占 56.8%；天然气和煤炭储量最多的是欧洲，分别占 54.6% 和 45%；亚洲、大洋洲除煤炭稍多（占 18%）以外，石油、天然气都只有 5% 多一点。

今天的世界人口已经突破 60 亿，比 20 世纪初期增加了 2 倍多，而能源消费据统计却增加了 16 倍多。无论多少人谈论"节约"和"利用太阳能"或"打更多的油井或气井"或者"发现更多更大的煤田"，能源的供应始终跟不上人类对能源的需求。当前世界能源消费以化石资源为主，其中中国等少数国家是以煤炭为主，其他国家大部分则是以石油与天然气为主。按目前的消耗量，专家预测石油、天然气只能维持不到半个世纪，储量最多的煤炭也只能维持一二百年。所以不管是哪一种常规能源结构，人类面临的能源危机都日趋严重。

当前世界所面临的能源安全问题呈现出与历次石油危机明显不同的新特点和新变化，它不仅仅是能源供应安全问题，而且是包括能源供应、能源需求、能源价格、能源运输、能源使用等安全问题在内的综合性风险与威胁。

二、中国能源问题

与世界水平相比，中国的常规能源人均储量偏小，而且油气资源尤其贫乏。这就决定了煤炭在一次能源中的重要地位。在我国的能源消费中，煤炭占整个能源消费的67%，石油占23.6%，天然气占2.5%，水电占6.9%。这个比例和世界石油、天然气在全球能源消耗中占60%以上的比重相差甚多，煤炭消耗高出世界比重的一倍以上。

作为世界上最大的发展中国家，中国是一个能源生产和消费大国。能源生产量仅次于美国和俄罗斯，居世界第三位；基本能源消费占世界总消费量的1/10，仅次于美国，居世界第二位。中国又是一个以煤炭为主要能源的国家，发展经济与环境污染的矛盾比较突出。近年来能源安全问题也日益成为国家生活乃至全社会关注的焦点，日益成为中国战略安全的隐患和制约经济社会可持续发展的瓶颈。20世纪90年代以来，中国经济的持续高速发展带动了能源消费量的急剧上升。自1993年起，中国由能源净出口国变成净进口国，能源总消费已大于总供给，能源需求的对外依存度迅速增大。煤炭、电力、石油和天然气等能源在中国都存在缺口，其中，石油需求量的大增以及由其引起的结构性矛盾日益成为中国能源安全所面临的最大难题。

第五节　能源利用的环境效应

20世纪80年代以来，随着社会经济的飞速发展，人们对能源的消费与日俱增。由此而引发的全球性环境问题日益突出。不仅发生了区域性的环境污染和大规模的生态破坏，而且出现了温室效应、臭氧层破坏、全球气候变化、酸雨、物种灭绝、土地沙漠化、森林锐减、越境污染、海洋污染、野生物种减少、热带雨林减少、土壤侵蚀等大范围和全球性环境危机，严重威胁着全人类的生存和发展。

一、人类与地球环境的依存关系

迄今为止，地球是所发现的存在智能生物的唯一天体。人类所赖以生存的地球具备其他天体所不具备的适合生物生存和繁衍的优越条件，地球自然环境丰富多样，与人类的生命活动息息相关。

从地球诞生时候起，地球环境就早已经受过沧桑之变。像今天这样的地球各种圈层环境，是经历了亿万年的演变和进化才形成的。人类是地球环境长期演变发展的产物，人类是大自然的儿子，与地球环境有着千丝万缕的不可分割的联系。今天地球下层大气中的主要成分是 N_2（78%），其次是 O_2（21%），大气圈中各个组分之间保持着精细的平衡。这种平衡依靠生物圈中的生命活动来调节、控制和维持，破坏这种平衡状态就意味着破坏生命的基础。

二、大气温室效应和气候变化

由于人口的增加和人类生产活动的规模越来越大，向大气释放的二氧化碳（CO_2）、甲烷（CH_4）、一氧化二氮（N_2O）、氯氟碳化合物（CFC）、四氯化碳（CCl_4）、一氧化碳（CO）等温室气体不断增加，导致大气的组成发生变化，大气质量受到影响，气候有逐渐变暖的趋势。全球气候变暖，将会对全球产生各种不同的影响，较高的温度可使极地冰川融化，海平面每 10 年将升高 6cm，因而将使一些海岸地区被淹没。全球变暖也可能影响到降雨和大气环流的变化，使气候反常，易造成旱涝灾害，这些都可能导致生态系统发生变化和破坏，全球气候变化将对人类生活产生一系列重大影响。

三、臭氧层的耗损与破坏

在离地球表面 10～50km 的大气平流层中集中了地球上 90% 的臭氧气体，在离地面 25km 处臭氧浓度最大，形成了厚度约为 3mm 的臭氧集中层，称为臭氧层。它能吸收太阳的紫外线，以保护地球上的生命免遭过量紫外线的伤害，并将能量储存在上层大气，起到调节气候的作用。但地球上人为活动辐射的氟氯碳化合物即氟里昂（CFCs）和含溴化合物哈龙（Halons）逸散到大气中之后发生光化学反应而生成高活性原子态的氯和溴自由基，催化臭氧分子迅速分解为氧气分子。科学家已经发现，南北两极上空的臭氧减少，好像天空坍塌了一个空洞，叫做"臭氧洞"。臭氧层被破坏，将使地面受到紫外线辐射的强度增加，给地球上的生命带来很大的危害。研究表明，紫外线辐射能破坏生物蛋白质和基因物质脱氧核糖核酸，造成细胞死亡；使人类皮肤癌发病率增高；伤害眼睛，导致白内障而使眼睛失明；抑制植物如大豆、瓜类、蔬菜等的生长，并穿透 10m 深的水层，杀死浮游生物和微生物，从而危及水中生物的食物链和自由氧的来源，影响生态平衡和水体的自净能力。

四、酸雨

酸雨是指大气降水中酸度（pH 值）低于 5.6 的雨、雪或其他形式的降水。这是大气污染的一种表现。酸雨对人类环境的影响是多方面的。酸雨降落到河流、湖泊中，会妨碍水中鱼、虾的成长，以致鱼虾减少或绝迹；酸雨还导致土壤酸化，破坏土壤的营养，使土壤贫瘠化，危害植物的生长，造成作物减产，危害森林的生长。此外，酸雨还腐蚀建筑材料。有关资料说明，近十几年来，酸雨地区的一些古迹，特别是石刻、石雕或铜塑像的损坏超过以往百年以上，甚至千年以上。

现在酸雨已经与全球气候变化、臭氧层破坏一起成为全球性的环境问题。在 20 世纪 70 年代，酸雨还是一个局部性问题；进入 80 年代后，酸雨问题已扩展到世界范围。酸雨污染警报在 80 年代达到了高峰。世界目前已形成三大酸雨区，即欧洲、美国和加拿大东部以及中国南方，我国华南酸雨区是目前唯一尚未治理的。

五、热污染

在能源的环境效应中，除了有毒、有害的化学污染物、大气的温室效应、放射性物质等之外，热污染也是能源利用过程中的一种生态环境破坏。热污染就是指人类在广泛利用能源的各种生产和生活活动中所排放的废热造成的环境污染。废热可以污染大气环境和水体环境。常见的热污染有：

① 因城市地区人口集中，建筑群、街道等代替了地面的天然覆盖层，工业生产排放热量，大量机动车行驶，大量空调排放热量，而形成城市气温高于郊区农村的热岛效应。

② 因热电厂、核电站、炼钢厂等冷却水所造成的水体温度升高，使溶解氧减少，某些毒物毒性提高，鱼类不能繁殖或死亡，某些细菌繁殖，破坏水生生态环境而引起水质恶化的水体热污染。

热污染首当其冲的受害者是水生物，由于水温升高使水中溶解氧减少，水体处于缺氧状态，同时又使水生生物代谢率增高而需要更多的氧，造成一些水生生物在热效力作用下发育受阻或死亡，从而影响环境和生态平衡。此外，河水水温上升给一些致病微生物造成一个人工温床，使它们得以滋生、泛滥，引起疾病流行，危害人类健康。1965年澳大利亚曾流行过一种脑膜炎，后经科学家证实，其祸根是一种致病微生物，由于发电厂排出的热水使河水温度增高，这种致病微生物在温水中大量孳生，造成水源污染而引起了这次脑膜炎的流行。

随着人口和耗能量的增长，城市排入大气的热量日益增多。按照热力学定律，人类使用的全部能量终将转化为热，传入大气，逸向太空。这样，使地面反射太阳热能的反射率增高，吸收太阳辐射热减少，沿地面空气的热减少，上升气流减弱，阻碍云雨形成，造成局部地区干旱，影响农作物生长。近一个世纪以来，地球大气中的二氧化碳不断增加，气候变暖，冰川积雪融化，使海水水位上升，一些原本十分炎热的城市，变得更热。专家们预测，如按现在的能源消耗的速度计算，每10年全球温度会升高$0.1 \sim 0.26℃$；一个世纪后即为$1.0 \sim 2.6℃$，而两极温度将上升$3 \sim 7℃$，对全球气候会有重大影响。

造成热污染最根本的原因是能源未能被最有效、最合理地利用。随着现代工业的发展和人口的不断增长，环境热污染将日趋严重。然而，人们尚未有一个量值来规定其污染程度，这表明人们并未对热污染有足够重视。为此，科学家呼吁应尽快制定环境热污染的控制标准，采取行之有效的措施防治热污染。

六、生物多样性锐减

《生物多样性公约》指出，生物多样性"是指所有来源的形形色色的生物体，这些来源包括陆地、海洋和其他水生生态系统及其所构成的生态综合体；它包括物种内部、物种之间和生态系统的多样性"。在漫长的生物进化过程中会产生一些新的物种，同时，随着生态环境条件的变化，也会使一些物种消失。所以说，生物多样性是在不断变化的。

近百年来，由于人口的急剧增加和人类对资源的不合理开发，加之环境污染等原因，地球上的各种生物及其生态系统受到了极大的冲击，生物多样性也受到了很大的损害。有关学者估计，世界上每年至少有5万种生物物种灭绝，平均每天灭绝的物种达140个，估计到21世纪初，全世界野生生物的损失可达其总数的$15\% \sim 30\%$。在中国，由于人口增长和经济发展的压力、对生物资源的不合理利用和破坏，生物多样性所遭受的损失也非常严重，大约已有200个物种已经灭绝；估计约有5000种植物在近年内将处于濒危状态，这些约占中国高等植物总数的20%；大约还有398种脊椎动物也处在濒危状态，约占中国脊椎动物总数的7.7%左右。因此，保护和拯救生物多样性以及这些生物赖以生存的生活条件，同样是摆在我们面前的重要任务。

七、大气污染的危害

空气是宝贵的资源之一。如果空气受到污染，即空气的物理状态，尤其是化学组成发生变化时，就会对人类健康、动植物生长发育、工农业生产、社会财物及全球环境等造成很大危害。对人体健康来说，轻则诱发病变，重则死亡；对动植物来说，轻则引起种群数量减少，重则发生敏感种群的灭绝；对全球环境来说，将引起地球变暖、酸雨和臭氧层的破坏。大气污染是当前世界最主要的环境问题之一。

造成大气污染的物质主要有：一氧化碳、二氧化硫、一氧化氮、臭氧以及烟尘、盐粒、花粉、细菌、孢子等。引起大气污染的主要因素有两方面。一是森林火灾、火山爆发等自然因素；二是汽车尾气、工业废气、烟尘、爆炸等人为因素。其中人为因素对大气的污染是主要的，尤其是现代交通运输和工业生产对城市大气造成的污染更为严重。

大气污染对人体的危害主要表现为呼吸道疾病；对植物可使其生理机制受抑制，生长不良，抗病抗虫能力减弱，甚至死亡；大气污染还能对气候产生不良影响，如降低能见度，减少太阳的辐射。据资料表明，城市太阳辐射强度和紫外线强度要分别比农村减少而导致城市佝偻发病率的增加。大气污染物能腐蚀物品，影响产品质量。近十几年来，不少国家发现酸雨，雨雪中酸度增高，使河湖、土壤酸化、鱼类减少甚至灭绝，森林发育受影响，这与大气污染是有密切关系的。

大气污染对全球大气环境的影响也是巨大的，大气污染发展至今已超越国界，其危害遍及全球。据估计，大气污染导致全球每年有 30 万～70 万人因烟尘污染提前死亡，2500 万的儿童患慢性喉炎，400 万～700 万的农村妇女儿童受害。

八、水污染

由有害化学物质造成水的使用价值降低或丧失，污染环境。污水中的酸、碱、氧化剂，以及铜、镉、汞、砷等化合物，苯、酚、二氯乙烷、乙二醇等有机毒物，会毒死水生生物，影响饮用水源、风景区景观。污水中的有机物被微生物分解时消耗水中的溶解氧，影响鱼类等水生生物的生命，水中溶解氧耗尽后，有机物进行厌氧分解，产生硫化氢、硫醇等难闻气体，使水质进一步恶化。

人类的活动会使大量的工业、农业和生活废弃物排入水中，使水受到污染。目前，全世界每年约有 4200 多亿立方米的污水排入江河湖海，污染了 5.5 万亿立方米的淡水，这相当于全球径流总量的 14% 以上。

2000 年 1 月 30 日，罗马尼亚境内一处金矿污水沉淀池，因积水暴涨发生漫坝，10 多万升含有大量氰化物、铜和铅等重金属的污水冲泄到多瑙河支流蒂萨河，并顺流南下，迅速汇入多瑙河向下游扩散，造成河鱼大量死亡，河水不能饮用。匈牙利等国深受其害，国民经济和人民生活都遭受一定的影响，严重破坏了多瑙河流域的生态环境，并引发了国际诉讼。

1994 年 7 月，淮河上游的河南境内突降暴雨，颍上水库水位急骤上涨超过防洪警戒线，因此开闸泄洪，将积蓄于上游一个冬春的 2 亿立方米水放了下来。水经之处河水泛浊，河面上泡沫密布，鱼虾大量死亡。下游一些地方居民饮用了虽经自来水厂处理，但未能达到饮用标准的河水后，出现恶心、腹泻、呕吐等症状。经取样检验证实上游来水水质恶化，沿河各自来水厂被迫停止供水达 54 天之久，百万淮河民众饮水告急，不少地方花高价远途取水饮用，有些地方出现居民抢购矿泉水的场面。

日趋加剧的水污染，已对人类的生存安全构成重大威胁，成为人类健康、经济和社会可持续发展的重大障碍。据世界权威机构调查，在发展中国家，各类疾病有 8% 是因为饮用了不卫生的水而传播的，每年因饮用不卫生水至少造成全球 2000 万人死亡，因此，水污染被称作"世界头号杀手"。

第六节　能源开发和运输过程的环境问题

无论是化石能源、核能，还是可再生能源，在开发或运输过程中都可能会引起某些种类的环境效应或恶性事故的发生。

一、化石能源

1. 煤炭

煤炭是自然界中储量最大的化石能源，也是污染环境最严重的一种能源。

煤炭常和 CH_4 气体共生，因此在开采煤炭时总会伴随 CH_4 气体的释放。每开采 1t 煤平均要释放出 13kg 的 CH_4。CH_4 气体对产生温室效应的作用是二氧化碳的 23 倍。

煤炭的地下开采存在着塌方和瓦斯爆炸的危险。因此，煤炭开采常伴随着恶性死亡事件。历史记载，法国里库埃 1906 年的煤矿事故中曾有 1100 人丧生。我国煤炭开采时的恶性死亡事故也是时常发生。仅在 2005 年，由瓦斯爆炸和透水等引起百人左右的恶性死亡事故就发生多起。

煤炭开采时，会产生大量二氧化硅粉尘，工人在采煤过程中吸入后会导致硅沉着病，该种病通常是不可逆转和致命的。

煤炭的地下开采还会伴随着大量的剥离物和酸性涌水，煤矸石在地表形成体积庞大的矸石山而侵占良田，酸性涌水和矸石堆经雨水浸滤而产生的重金属离子及其他可溶性污染物会导致水源污染。同时，煤矸石堆容易自燃，而且会排放出大量的 SO_2、CO 等有害气体而污染环境。

我国每年约有 6 亿吨煤靠铁路长途运输，使用敞篷车，使约有 300 万吨煤尘排放在铁路沿线，造成污染。

煤炭燃烧时产生能增加大气温室效应的 CO_2 气体，同时也会产生灰尘与大量的固体废弃物。需要的能源越多，由此带来的污染越严重。

另外，煤炭开采时，还会伴随有放射性污染的发生。

2. 石油

石油污染是指在石油开采、运输、装卸、加工和使用过程中，由于泄漏和排放石油引起的污染。

(1) 石油对海洋的污染　石油漂浮在海面上，迅速扩散形成油膜，可通过扩散、蒸发、溶解、乳化、光降解以及生物降解和吸收等进行迁移、转化。油类可黏附在鱼鳃上，使鱼窒息，抑制水鸟产卵和孵化，破坏其羽毛的不透水性，降低水产品质量。油膜形成可阻碍水体的复氧作用，影响海洋浮游生物生长，破坏海洋生态平衡。此外还可破坏海滨风景，影响海滨美学价值。近几十年，时常发生的大型油轮遇险事故所导致的黑海潮对海洋的损害有目共睹，公众舆论反响强烈。

(2) 石油对大气的污染　油气挥发污染大气环境，表现为油气挥发物与其他有害气体被太阳紫外线照射后，发生物理化学反应，生成光化学烟雾，产生致癌物和温室效应，破坏臭氧层等。

(3) 石油对土壤和地下水源的污染　地下油罐和输油管线腐蚀渗漏污染土壤和地下水源，不仅造成土壤盐碱化、毒化，导致土壤破坏和废毁，而且其有毒物能通过农作物尤其是地下水进入食物链系统，最终直接危害人类。

各石油生产国沉浸在由他们的石油工业所带来的巨额利润与国际威望的同时，也经受了因石油工业的发展给本国生态环境所造成的强烈冲击。全球的空气、水体和土地都遭到了污染和损毁。人们已不能再忽视与石油有关的事件或者由于石油设备的受损而造成的环境破坏。现在，各国政府和国际组织已经日益重视石油的泄漏问题，加强了对有价值的赤道热带雨林的保护，并搬迁那些因水、空气和土壤被污染了的居民点。国际组织和产油国政府正在寻找一些在更加关注环保的前提下开采石油的方式。

二、核能

同所有能源一样，核能也产生废弃物。核电厂的反应器内有大量的放射性物质，如果在事故中释放到外界环境，会对生态及民众造成伤害。核能电厂还会产生放射性废料，虽然所占体积不大，但因具有放射线，故必须慎重处理。在某一地点遭受核污染时，对放射性废弃物的收集有时要比其他工业废弃物的收集困难得多。如在美国进行核试验 50 年之后，马绍尔群岛还仍然在进行放射性监测和清除工作。另外，核能发电厂热效率较低，因而比一般化石燃料电厂排放更多废热到环境里，故核能电厂的热污染较严重。

三、可再生能源

可再生能源是相对清洁的能源，但利用某些种类的可再生能源时，也会导致一些对人类不利的环境效应。如修建大型水电站需要大规模建设水库，会影响水文地质的变化，引发地表活动的增加，修建巨型水坝会增加地震的可能性，使某些地方多雾，造成水温和生态系统紊乱以及岩体剥蚀等。利用太阳能发电，光电池板的制造要耗费许多能源，因此这个过程也要产生废弃物与污染。利用风能时，使用风力发电机的缺陷是噪声、占地和不佳的视觉景观。利用地热时会对空气、水和土壤产生能够测量到的环境影响，污染气体可以逸散到空气中。其中最值得注意的是硫化氢（H_2S）、二氧化碳（CO_2）、氨（NH_3）等有毒有害气体。另外，大部分地热资源带富含溶解的重金属，这些重金属会作为水中悬浮物的构成成分排放到环境中而形成污染。地热能开发时，如果抽出的热水利用后不再返回注入，可能导致地面塌陷。

第七节　发展能源与环境保护

生存和发展是人类社会永恒的主题，二者辩证地统一即为可持续发展。只有做到能源、经济与环境系统的协调发展，才能实现经济、社会的可持续发展。"可持续发展"是 20 世纪产生的人类社会最重要的思想理念之一。我国能源可持续发展战略主要包括四个方面的内容。

1. 满足能源供应的长期需求

随着现代化进程和小康社会的实现，人均能源消费量必将大幅度提高。中国的能源问题不仅影响到自身的发展，同时对世界能源的供应也是一个巨大的挑战。在我国能源长期供应中，要从合理利用资源条件，加大保护资源力度；有效利用能源，尽快缩小与发达国家能源利用效率的差距；加大可再生能源开发力度；加速新能源技术的开发与应用等四个方面入手。

2. 提高优质能源的供应比例

在保证供应和经济承受能力的前提下最大限度地实行优质化战略，增强能源可持续供应能力。逐步降低煤炭消费比例，加速发展天然气，利用国内、国外两个资源市场满足石油的基本需求，积极开发水电、核能和可再生能源，形成多元化的能源基本格局。

3. 充分关注能源环境

我国现阶段所面临的能源环境的核心问题如下。

① 开采过程中造成的地表沉陷、地下水系破坏、固体废物排放。

② 能源利用过程中大量煤炭直接燃烧造成的城市大气污染以及大量排放温室气体等能源的环境效应。

③ 农村过度消耗生物质能引起的农业生态环境恶化。

4. 能源安全

能源安全是国家经济安全的重要保证，并直接影响国家安全、社会稳定和可持续发展。我国目前通过增加国内供应与创造宽松、和平的国际环境来减少影响能源安全的不稳定因素。

复 习 题

1. 什么是能源？能源对人类的生存与发展有何重要意义？

2. 常用的能源的分类方法有哪些？

3. 什么是化石燃料？什么是核能？什么是可再生能源？这三类型能源分别有何特点？

4. 简述人类社会发展过程中已经历的三个能源阶段。

5. 从发展能源与环境保护的角度出发，在我国能源长期供应中，应当从哪四方面入手？

第二章
我国煤炭利用状况及对环境的污染

中国是世界上最大的煤炭生产和消费大国，2008年我国原煤产量达26.22亿吨以上。目前，煤炭在我国一次性能源消费结构中占70%以上。预计在今后20～50年，我国能源消费结构基本不变，仍以煤炭为主。据估计，我国煤炭总产量的84%用于直接燃烧，SO_2排放量的90%、烟尘排放量的70%都是煤燃烧产生的，而NO_x、CO_2等排放量也居世界前列。因此，煤炭资源的大规模使用在推动我国社会经济迅速发展的同时，也给我国的生态与人居环境带来了巨大的压力。发展高效、清洁的用煤技术是实现能源与环境和谐发展、实现中国经济可持续发展的重要战略方针。

第一节　我国煤炭资源利用及其对环境的污染概况

煤是不洁净能源，在给人类带来光明和温暖的同时，也给人类赖以生存的环境造成了破坏。

煤所造成的污染贯穿于开采、运输、储存、利用和转化等全过程。就开采而言，仅统配煤矿每年矿井酸性涌水约14亿立方米；采煤排放的CH_4约占人类活动排放甲烷量的10%；我国堆积的煤矸石已超过15亿吨，占地86.71平方公里，矸石堆容易自燃，而且会排放出大量的污染气体和液体；每年约有300万吨煤尘排放在铁路沿线，造成污染。储存煤不仅占去大面积土地，而且储存时间长的煤在氧化、风化作用下，炼焦煤会失去黏结性，煤堆会自燃，造成环境污染。另外，为了减少煤炭的直接燃用和散烧所引起的严重环境污染，同时有利于更方便地传输能量，以及满足工业生产的多样性需要，将煤炭转变成电能或使之焦炭化、煤气化以及制成水煤浆等较清洁的二次能源，在这些过程中也将造成一定程度的局部性环境污染。

一、焦化工业及其主要污染物

焦化厂在炼焦、煤气净化等生产过程中以及燃料燃烧时所排放的各种有害物质，包括各种气载污染物、废水和废渣等对环境造成严重的污染。

炼焦车间是焦化厂气载污染物最主要的污染源。土法炼焦属于焦炭生产的初级阶段，不能回收煤气和化工产品，对于气载污染物的排放也没有任何控制措施，所以排污量大，污染严重。当以机焦代替土焦生产时，具有十分明显的节能效益，同时排入大气的污染物总量大大减少，减轻了大气的污染负荷，环境效益十分明显。炼焦车间主要由焦炉炉体、焦炉烟囱和熄焦塔等排放源排放出多环芳烃化合物、颗粒物、二氧化硫等废气污染物；回收车间主要由鼓风、冷凝、硫酸铵和粗苯等工段排放出酚、氰化氢、硫化氢和氨等气态污染物；焦化厂的锅炉房则向空中排放烟尘、二氧化硫和氮氧化物等。

焦化生产外排废水中一部分属间接冷却水，一般仅有水温升高，以及含有少量悬浮物、无机盐等，它的排放对环境影响甚微。各生产工艺过程所排废水则含有高浓度的酚、氰、氨和焦油等有害物质，排出后将严重污染水体。为减少污水排量，尽量采用一水多用，重复使用，清污分流，以及循环利用等技术措施，力求节约新鲜水的用量。

回收车间、动力车间、锅炉房和污水处理构筑物等处均会产生固体废弃物，主要有焦油渣、酸油渣、沥青渣、再生残渣、活性污泥、锅炉煤渣等。其中焦油渣与酸油渣的主要成分是焦油，是可燃性燃料，简单的处置可以将之与活性污泥一起掺入炼焦煤料中。粗苯工段再生器残渣可配入焦油中予以回收。炉渣则一般可外运加工制作建材。

炼焦工艺的噪声源主要有煤炭粉碎机、空压机、污水处理站的空气压缩机及煤气鼓风机等，属机械性及空气动力性噪声，大部分为中、低频噪声。上述设备附近的噪声有的高达 110dB(A)。治理办法为采取隔声和消声措施，如空气管道可加装消声器，管道外面涂上绝缘隔声层，建筑物采用吸声和隔声材料以降低噪声污染。

二、气化工业及其主要污染物

煤制气厂和煤气发生站的生产过程排放的气载污染物有酸雾、恶臭、各种气溶胶和粉尘以及 H_2S、CO、COS、NH_3 和 HCN 等有害气体等。其生产废水则主要来自煤气的洗涤和冷凝冷却系统，称为含酚废水，含有高浓度的酚、氰、焦油、硫化物、悬浮固体等。含酚达到 1g/L 以上的称高浓度含酚废水，小于此值者则为低浓度含酚废水，通常分别进行治理。

三、液化工业及其主要污染物

煤液化面临的主要环保问题是水和空气污染、地表破坏及固体废物处理等。其一，在煤转化过程中常见的大宗排放物有 CS_2、COS、H_2S、NH_3、HCN 和 BTX（苯、甲苯和二甲苯），这些排放物均为中国环境优先控制的污染物，其毒性对植物和人体产生潜在的影响；其二，煤液化过程需耗用大量的水和电，在直接液化中，1t 煤大约耗水 1.2t，大约有 0.3t 固体废弃物需处理，现有工艺过程很难做到"零污染"排放；其三，煤炭液化生产油的过程中 CO_2 排放量比传统的石油精炼产品增长 50%，大规模商业化生产煤液化油，会使我国的 CO_2 排放总量控制面临严峻挑战。其四，煤液化的热效率低。通常，直接液化工艺的热效率（即输入燃料的热值与最终产品热值的比率）为 65%～70%。间接液化工艺的热效率比较低，例如 Sasol-Ⅰ液化厂的热效率只有 37%，Sasol-Ⅱ和 Sasol-Ⅲ液化厂约为 55%。大量实施煤液化技术产业化，将对煤炭资源造成极大浪费。

四、燃煤的主要污染物

煤在燃烧过程中造成的污染物有烟尘、烟气和炉渣等。

烟尘含有由煤中矿物质、伴生元素转化而来的飞灰和未燃烧的炭粒，据统计，我国每年排放到大气中的烟尘量在 1300 万～1400 万吨。每燃烧 1t 煤会排放出 6～11kg 烟尘，1990 年我国北方城市大气中烟尘达 $475\mu g/m^3$，南方城市为 $268\mu g/m^3$，远超过世界卫生组织发布的人体健康允许的含尘量 $60～90\mu g/m^3$ 和我国大气一级标准 $150\mu g/m^3$。

烟气含有 SO_2、CO_2、CO、NO_x、蒸汽以及多环芳烃等烃类化合物和其他有机化合物。其中 CO_2 在大气中含量增多会造成"温室效应"，使气候变暖；CO 是窒息性气体，量大时能在很短时间内使人的大脑缺氧而死亡；SO_2 对人体健康和植物的生长都有危害，它刺激黏膜、引起呼吸道疾病并能使植物枯死；排放到大气中的 SO_2、SO_3 和 NO_2 与水蒸气化合生成硫酸和硝酸，这两种酸与水分子结合生成硫酸雾，硫酸雾与烟尘接触形成硫酸尘，与降水接触成为酸雨。酸雨使土壤酸化，使建筑物受到腐蚀，并妨碍植物生长。我国中高硫煤和高硫煤占煤总储量的 1/3，1989 年我国排放到大气中的 SO_2 为 1560 万吨，1989 年全国城市 SO_2 的平均浓度为 $105\mu g/m^3$，远超过我国大气 SO_2 一级标准 $20\mu g/m^3$。酸雨在我国呈加速发展的趋势，1985 年的降酸雨面积约 175km²，1993 年扩大为 280km²，1984 年 pH 值小于 4.5 的重酸雨区仅为重庆、贵阳、长沙、萍乡等少数城市，到 1993 年除上述各所在城市外还向鄂、桂、粤、闽、浙发展，重庆酸雨的 pH 值已低至 3.0 左右，长沙为 2.85~4.40。我国用煤量在相当长一段时期内将继续增长，若不及时采取有效治理措施，主要燃煤区的污染，特别是大气的污染程度将要加剧。

炉渣内含有多种有害物质。全国每年排出的炉渣高达 2 亿多吨，不仅占去大面积土地，而且在堆放过程中流出含有多种重金属离子的酸性废水污染环境。

我国煤的利用以燃烧为主，约 90.4％的煤用于发电、工业锅炉、炉窑、民用炉灶和铁路。由于燃烧技术落后，供煤不合理而造成煤的利用率很低，这样既浪费能源，又污染环境。

第二节 我国煤炭能源利用面临的问题及技术发展方向

长期以来，煤炭的利用以直接燃烧为主。在我国，落后的燃烧技术突出地表现出两大问题：效率低，污染重。1995 年我国主要用能产品的单位产品能耗比发达国家平均高 40％左右，每年要多消耗约 3 亿吨标准煤；我国是世界上环境污染最严重的国家之一，大气中 90％以上的 SO_2、67％的 NO_x、82％的酸雨以及 70％的粉尘是由燃煤引起的，1995 年全国酸雨面积已占国土面积的 30％。煤中其他有害成分的污染也已严重地威胁到生态环境。煤炭的低效利用还造成了 CO_2 排放量的大大增加。我国以煤炭为主的能源结构以及经济的快速发展对能源需求的急剧上升，迫切要求尽快解决煤炭燃烧的效率和污染问题。

煤化工产业将在中国能源的可持续利用中扮演重要的角色，将是未来 20 年的重要发展方向，这对于中国减轻燃煤造成的环境污染、降低对进口石油的依赖度均有着重大意义。然而，煤化工产业的发展对煤炭资源、水资源、生态、环境、技术、资金和社会配套条件要求较高，发展煤化工必须考虑环境与资源的制约因素，顾及资源、生态、环境等方面的承载能力，不能盲目规划、竞相建设。

我国发展煤化工的总方针是"开发和节约并重"。可通过采用先进技术、不同工艺的集成联产发展大型煤化工，形成产业链的有效延伸和综合利用，提高资源、能源的利用效率，减少污染物排放，规模化集中治理污染，达到环境友好，建立煤化工生态工业。如新型煤化工应纳入循环经济体系中统筹规划，实现煤、气、电、化等综合发展。建立煤化工生态工业集群，将煤化工与建材、材料、发电、废热利用等不同产业的工艺技术集成联产，形成资源和能源的循环利用系统，最大限度地降低消耗、节约能源，减少对环境的污染和生态破坏。

中国未来煤化工的发展方向是在传统煤化工稳定发展的同时，加大力度发展可替代石油的洁净能源与化工品的新型煤化工技术，并建成技术先进、大规模、多种工艺集成的新型煤化工企业或产业基地。

复 习 题

1. 什么是煤化工？传统煤化工主要包括哪些领域？有何特征？
2. 煤在燃烧过程中造成的污染物主要有哪三种？
3. 中国发展煤化工的总方针是什么？中国未来煤化工的发展方向是什么？

第三章

煤化工废气污染物来源及控制

第一节 煤化工过程大气污染物的来源

煤化工大气污染物主要来源于煤的焦化、气化、液化及燃煤等过程。

一、炼焦生产过程

焦化生产过程排放的大气污染物，主要发生在备煤、炼焦、化产回收和精制车间。

1. 备煤车间

备煤工段产生的污染物主要为煤尘。煤料在运输、卸料、倒运、堆取作业等过程中，不可避免地飞扬出许多煤尘，煤料在粉碎机、煤转运站、运煤胶带输送面等部位也会散放出大量煤尘。备煤过程排放的煤尘，其数量取决于煤的水分和细度。表 3-1 为某焦化厂煤预热工艺的气体排放量。

表 3-1 煤预热工艺的气体排放量

干燥预热方式	排放到大气中的气体量 /(m³/t 焦)	气体中有害物质浓度 /(g/m³)			单位排放量 /(g/t 焦)			
		CO	SO₂	NO₂	CO	SO₂	NO₂	粉尘
干燥至水分为 2%	1300	0.1	0.29	0.02	130	380	26	60
预热到 210℃	2500	0.1	0.29	0.02	250	750	50	90

2. 炼焦车间

炼焦车间的烟尘来源于焦炉加热、装煤、出焦、熄焦、筛焦过程，其主要污染物有固体悬浮物（TSP）、苯可溶物（BSO）、苯并 [a] 芘（BaP）、SO_2、NO_x、H_2S、CO 和 NH_3 等。在无控制情况下，其排入总量约在 2.37kg/t 煤左右，其中 BSO、BaP 是严重的致癌物质，使得焦炉工人肺癌发病率较高。表 3-2 为日产 1000～1200t 焦炭的焦化厂各工序污染物排放量。

表 3-2 日产 1000～1200t 焦炭的焦化厂各工序污染物排放量

项 目	卸煤	皮带运输	焦炉加热	装煤	出焦	熄焦	合计
污染物排放量/(kg/h)	20	25	5	70	20	10	150
所占比例/%	13	17	3	47	13	7	100

（1）装煤　装煤开始时，装入炭化室的煤料，置换出大量的空气，空气中的氧气与入炉的细煤粒燃烧生成炭黑，形成大量黑烟；装炉煤与灼热的炉墙接触，升温产生大量的荒煤气并伴有水汽和烟尘；炉顶空间由于瞬时堵塞而喷出煤气。上述烟气会由集气管和加煤孔、炉门缝等不严密处夹带煤粉喷出，炉顶顿时烟雾弥漫。如不采取措施，污染就会十分严重。装煤过程产生的烟尘约占焦炉总排尘量的 60%，表 3-3 是装煤过程烟气组成。

由此可看出，装煤操作过程中，排出很多 C_nH_m 化合物，其中苯可溶物（BSO）排放量为 0.499kg/t 煤，苯并 [a] 芘（BaP）排放量为 $0.908×10^{-3}$ kg/t 煤，分别是推焦过程排放量的 13.7 倍和 50 倍。很多 C_nH_m 是对人类健康影响严重的多环芳烃，因此，一定要控制好装煤烟尘的排出。

表 3-3 装煤过程烟气组成

烟气成分	装煤后时间/s				烟气成分	装煤后时间/s			
	30	60	90	300		30	60	90	300
O_2/%	4.4	0.6	无	无	CH_4/%	0.4	1.2	12.2	32.6
CO_2/%	10.2	9.6	5.8	1.4	H_2/%	1.1	3.7	16.0	50.4
C_nH_m/%	无	无	2.0	3.8	热值/(kJ/m^3)	298	1079	9421	23680
CO/%	无	2.0	5.6	6.4					

注：表中百分数均为体积分数。

（2）推焦　推焦时，未完全炭化的细煤粉及其所析出的挥发分、焦侧炉门和炉门框上的焦油蒸气和部分焦炭燃烧的烟气，由于温度高而产生向上冲的气流，形成滚滚浓烟，焦越生污染越严重。据统计，推焦过程产生的烟尘约占焦炉总排尘量的 10%。

（3）熄焦　湿法熄焦时，熄焦水喷洒在赤热的焦炭上产生大量的水蒸气，水蒸气中所含的酚、硫化物、氰化物、一氧化碳和几十种有机化合物，与熄焦塔两端敞口吸入的大量空气形成混合气流，这种混合气流夹带大量的水滴和焦粉从塔顶逸出，形成对大气的污染。据估计，一座年产 4.5×10^4 t 的焦化厂，每天约有 700 m^3 水在熄焦中蒸发。

（4）筛焦　筛焦工段排放的大气污染物基本为无组织连续性排放的焦尘，其排放源主要有：焦台、筛焦、焦转运站、焦炭运输卸料过程、汽车装车点等。

3. 化产回收车间

化产车间向大气排放的污染物主要来源于各类设备的放散管、排气口及设备管道的泄漏，排放的污染物主要为原料中的挥发性物质、分解气体、燃烧废气及粉尘颗粒等有机致癌物质。表 3-4 是某化学产品回收车间有害物的排放种类及数量。

表 3-4 化学产品回收车间有害物的排放量

排放源	气体排放量/(m^3/t 焦)	各有害物的排放量[/(g/t 焦)]与平均浓度[/(g/m^3)]					
		H_2S	NH_3	HCN	C_6H_5OH	C_5H_5N	苯族烃
冷凝工段							
初冷器水封槽	0.7	0.5/0.7	1.0/1.4	0.2/0.2	0.07/0.1	0.04/0.06	2.8/4.0
氨水澄清槽	19.8	2.15/0.13	7.4/1.4	1.84/0.12	1.2/0.06	0.85/0.04	78.0/3.8
循环氨水中间槽	4.0	10.6/3.7	2.8/0.8	0.53/0.15	0.85/0.25	0.26/0.08	48.5/14.8
氨水贮槽	4.7	10.3/2.1	26.8/5.5	0.42/0.09	0.50/0.1	0.32/0.07	21.5/4.6
焦油贮槽	8.5	65/7.5	36/4.2	0.9/0.4	2.1/0.25	0.13/0.015	45/5.2
冷凝液中间槽	2.5	2.0/0.9	7.4/6.6	1.7/0.75	0.2/0.09	0.06/0.05	28.0/12.5
焦油中间槽	0.2	0.3/1.4	0.9/4.2	0.03/0.15	0.006/0.03	0.08/0.15	2.0/10.8
硫酸铵工段							
满流槽	38.0	1.3/0.15	0.15/0.02	0.4/0.05		0.17/0.02	
回流槽	3.0	0.9/0.3	0.2/0.06	0.2/0.06		0.09/0.03	
母液中间槽	21.0		1.7/0.08	0.2/0.01		0.3/0.015	
结晶槽和离心机	1.7	0.15/0.09	0.1/0.06	0.025/0.015		0.03/0.02	
硫酸铵仓库	27.0		0.3/0.01	0.013/0.0005		0.24/0.009	
蒸氨、脱酚、吡啶工段							
吡啶盐基贮槽	0.06	0.06/1.1		0.0001/0.002	0.004/0.07		
脱吡啶母液贮槽	26.0	10.0/0.4		0.008/0.0003	0.16/0.006		
酚盐贮槽	0.7		1.3/1.8		0.2/0.3	0.0006/0.0008	
蒸氨部分石灰沉淀池	70.0	12.4/0.2	9.0/0.1		0.09/0.001	7.4/0.1	

续表

排放源	气体排放量 /(m³/t 焦)	各有害物的排放量[/(g/t 焦)]与平均浓度[/(g/m³)]					
		H₂S	NH₃	HCN	C₆H₅OH	C₅H₅N	苯族烃
粗苯工段							
终冷器焦油中间槽	4.6	8.0/1.7	1.29		0.0184		11.0/2.4
分离水槽	0.5	0.3/0.6		0.001/0.002			1.6/3.2
贫油槽	1.0	0.9/0.9		0.0005/0.0005			1.4/1.4
富油槽	1.0	0.9/0.9		0.0005/0.0005			5.0/5.0
粗苯计量槽	1.2			0.0042/0.0035			49.3/41.0
重苯槽	0.603			0.0001/0.002			0.321/0.5
轻苯槽	0.106						
洗油槽	0.063			0.0082			0.693/11.0
终冷凉水架		45	14	130	18		200

4. 精制车间

精苯精制工段向大气排放的主要污染物为 H₂S（2100g/t 煤）、HCH（6.9g/t 煤）、烃类（8400g/t 煤）；焦油蒸馏工段排放萘为 1900g/t 煤，另外，还会产生少量的芳香烃、吡啶、苯并芘和硫化氢等；管式炉燃烧煤气后其烟囱排放出 SO₂、NOₓ、CO 等有害污染物。

二、气化过程

煤气化过程中产生的污染物种类和数量随气化工艺不同而不同。如鲁奇气化工艺比德士古工艺对环境的浸染严重得多；固定床气化炉生产水煤气或半水煤气时，在吹风阶段有相当多的废气和烟气排入大气。

在冷却净化处理过程中，酚、氰化物等有害物质飘逸在循环冷却水沉淀池和凉水塔周围，随着水分蒸发而逸散到大气。

另外，煤气化生产中，在煤场仓储、煤破碎和筛分加工现场会出现飞扬的粉尘。

三、煤液化过程

煤液化产生的废气数量不多，主要是气体的偶尔泄漏及放空气体中含有一定量的污染物。表 3-5 是溶剂精炼煤法产生的大气污染物（以每加工 7 万吨煤计）。

表 3-5 溶剂精炼煤法产生的大气污染物

污染物	数量/t	污染物	数量/t
微粒	1.2	As	1.4
SO₂	16	Cd	130
NOₓ	23	Hg	23
烃类	2.3	Cr	2200
CO	1.2	Pb	480

四、燃煤的主要气态污染物

燃煤的气态污染物可分为烟尘和烟气两类型。

烟尘含有由煤中矿物质、伴生元素转化而来的飞灰和未燃烧的炭粒，据统计，每燃烧 1t 煤会排放出 6～11kg 烟尘。

烟气含有 SO₂、CO₂、CO、NOₓ、蒸汽以及多环芳烃等烃类化合物和其他有机化合物。

第二节 常见除尘装置的分类与原理

从含尘气流中将粉尘分离出来并加以捕集的装置称为除尘装置或除尘器。烟尘处理即气固相分离，需要根据含尘气体的特点，如含尘的浓度、粒度的大小、粒子的电阻等选择合适的除尘装置进行除尘。

一、除尘装置的主要类型及其性能

1. 除尘装置的主要类型

除尘器大体上可以分为两类，即干式除尘设备和湿式除尘设备。

干式除尘设备：不对含尘气体或分离的尘粒进行湿润的除尘设备。主要有重力除尘器、惯性除尘器、旋风除尘器、过滤式除尘器、干法电除尘器等。前三种类型的除尘器又称为机械除尘器。

湿式除尘设备：用水或其他液体使含尘气体或分离的尘粒进行湿润的除尘设备。如洗涤塔、泡沫除尘器、水膜除尘器、漩流板除尘器、文氏管除尘器等。

2. 除尘装置的主要性能指标

除尘装置的主要性能指标包括技术指标和经济指标两部分。

技术指标包括除尘效率、压力损失及处理气体量三部分；经济指标包括设备的基建投资与运转费用、使用寿命、占地面积及空间等。本节重点讨论技术指标。

(1) 除尘效率 η 即除尘装置除下的烟尘量占除尘前含尘气体（烟气）中所含烟尘量的百分数，通常用 η 表示。

除尘效率有除尘总效率、分级效率及多级除尘效率之分，总效率是针对所有效径的粒子，而分级效率是对一定粒度范围的粒子来说的。

① 除尘总效率 η 如图 3-1 为除尘装置示意图。

图中，若 S_i、C_i、q_{Vi} 分别为入口处粉尘流入量（g/s）、粉尘浓度（g/m³）和烟气量（m³/s）；S_o、C_o、q_{Vo} 分别为出口处粉尘流出量（g/s）、粉尘浓度（g/m³）和烟气量（m³/s）。除尘效率计算公式如下：

$$\eta = \frac{S_i - S_o}{S_i} \times 100\% = \left(1 - \frac{S_o}{S_i}\right) \times 100\%$$

由于 $S_i = C_i q_{Vi}$ $\qquad S_o = C_o Q_o$

所以， $\eta = \left(1 - \dfrac{C_o q_{Vo}}{C_i q_{Vi}}\right) \times 100\%$

若烟尘含量不高时，$q_{Vi} = q_{Vo}$，则

图 3-1 除尘装置示意图

$$\eta = \frac{C_i - C_o}{C_i} \times 100\% = \left(1 - \frac{C_o}{C_i}\right) \times 100\%$$

② 分级除尘效率 分级除尘效率是指除尘装置除去某一粒级范围尘粒的除尘效率。如某一粒径宽度范围 Δd 内粉尘的分级除尘效率通常用 η_d 表示。

除尘装置捕集的对象是粒径大小不同的集合尘粒群，而不同粒径的尘粒沉降速度差别很大，所以用同一除尘器除大尘粒要比除小尘粒的效率真要高得多。图 3-2 为粉尘的密度相同时，各种除尘装置的分级除尘效率。

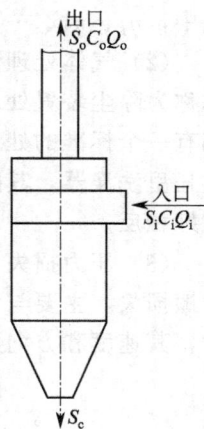

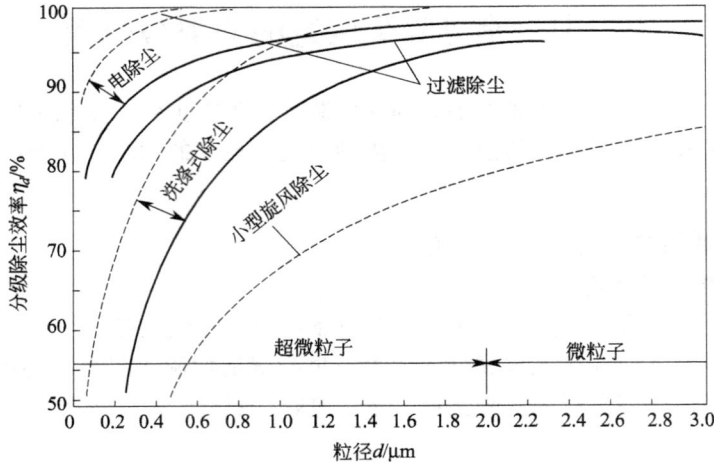

图 3-2　各种除尘装置的分级除尘效率

应当指出，图的特性曲线不能直接判断除尘装置的好坏，因为除尘装置的分级效率除了取决于粒径和密度，还受粉尘粒子的凝聚性、附着性、带电性等多种物理性质的影响。

③ 多级除尘效率　煤化工生产过程中，为了提高除尘装置的总效率，常将两个或两个以上的除尘设备串联起来，形成多级除尘装置。其效率用 $\eta_{总}$ 表示。

$$\eta_{总}=1-(1-\eta_1)(1-\eta_2)\cdots(1-\eta_n)$$

式中，η_1、η_2、$\cdots$、η_n——第 1、2……n 级除尘装置的单级除尘效率。

（2）气体处理量 q_V　气体处理量是指除尘装置在单位时间内所能处理的含尘气体量，也称为除尘装置处理量。除尘装置处理量的大小取决于装置的形式和尺寸。每一种除尘装置都有一个标准的处理量，若实际处理量高于或低于此值，对除尘都有影响。如旋风分离器和文丘里洗涤器，其除尘效率随实际处理气体量的增加而增大；而电除尘和袋式除尘器则情况正好相反。

（3）压力损失 Δp　除尘器的压力损失是指气体进出口的压力差。由两部分构成，一是摩擦损失，主要与气体本身的黏滞性和器壁的粗糙度有关；二是局部损失，由于气体在流动时，其速度和方向发生变化而产生涡流引起。其计算公式为：

$$\Delta p=\xi\frac{\rho v_0^2}{2}$$

式中　Δp——气体进出口的压力差；

ξ——除尘装置的阻力降系数，可根据实验和经验公式确定；

v_0——烟气进口流速，m/s；

ρ——烟气的密度，kg/m^3。

除尘装置的压力损失是烟气经过除尘装置时，能量消耗的一个主要指标。压力损失大的除尘装置，它的能量消耗就大，运转费用也高。另外，压力损失的大小还直接关系到所需要的烟囱高度以及在烟气净化流程中是否安装引送风机等。

对于不同结构的除尘装置，其压力降、被处理的粒径及除尘效率都不同，表 3-6 为常用除尘装置的性能比较。

表 3-6 常用除尘装置的性能比较

除尘装置	压损/Pa	除尘效率/%	被处理粒径/μm	设备费	运行费
重力除尘装置	100~150	40~60	50 以上	少	少
惯性除尘装置	300~700	50~70	10~100	少	少
旋风除尘装置	500~1500	85~95	3~100	中	中
洗涤式除尘装置	3000~3800	80~95	0.1~100	中	多
过滤式除尘装置	1000~2000	90~99	0.1~20	中上	中上
电除尘装置	100~200	80~99.9	0.05~20	多	少~中

二、除尘装置的工作原理

1. 重力除尘装置

是使含尘气体中的粉尘借助重力作用自然沉降来达到净化气体目的的装置。这种装置结构简单、阻力小，但体积大、除尘效率低，一般只适用于一级除尘。常见的重力除尘器分为单层沉降室［图 3-3(a)］和多层沉降室［图 3-3(b)］。

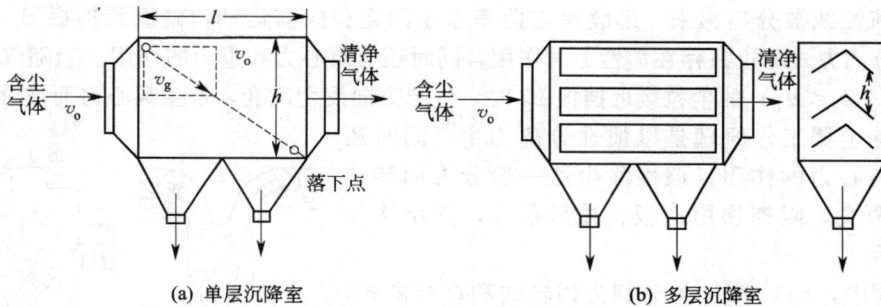

(a) 单层沉降室   (b) 多层沉降室

图 3-3 重力沉降室

重力沉降室实际是一个断面较大的空室，含尘气体由断面较小的风管进入沉降室后，气流速度大大降低，尘粒便在重力作用下沉降下来。

沉降室内的气流速度 v 要根据尘粒的密度和粒径确定，一般为 0.2~0.5m/s，为层流流动。这样，粉尘在重力作用下缓慢向灰斗沉降，沉降时也不受涡流干扰。

受流体流动状态、尘粒的大小、气流中的沉降速度等因素影响，对于有 100% 收集效率的粒子最小直径可按下式计算：

$$d_{\min} = \sqrt{\frac{18\mu_g h v_g}{gL(\rho_s - \rho)}}$$

式中　$d_{\min}$——重力沉降室能 100% 捕集的最小捕集粒径，m；

μ_g——气体黏度，Pa·s；

ρ_s——尘粒的密度，kg/m³；

ρ——气体的密度，kg/m³；

v_g——尘粒沉降速度，m/s；

g——重力加速度，m/s²；

L——重力沉降室长度，m；

h——重力沉降室高度，m。

由上可看出，尘粒自由沉降的速度 v_g 与粒径 $d_{\min}$ 的平方成正比，粒径越小，尘粒自由沉降速度越小，尘粒自由落下相同高度时所需的时间就越长，水平移动的距离也越长。如果

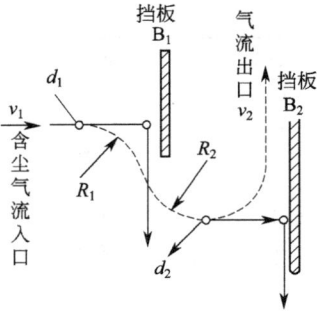

图 3-4　惯性分离机理

尘粒水平移动的距离超过沉降室长度 L 时，尘粒就要落在室外。因此，在处理粒径小的尘粒时，把单层沉降室改为多层沉降室，即在沉降室内高度上加隔板以增加沉降室长度 L，来降低气流速度 v_g，提高细小粉尘的分离效率。

2. 惯性除尘装置

是利用粉尘在运动中惯性力大于气体惯性力的作用，将粉尘从含尘气体中分离出来的设备。这种除尘器结构简单、阻力较小，可以处理高温含尘气体，适宜安装在烟道、管道内，但除尘效率较低，一般用于除去几微米到 $10\mu m$ 的比较粗大的尘粒，可作预除尘。

惯性分离是使含尘气流冲击在障碍物（如挡板）上，让气流方向突然转变，尘粒则受惯性力作用与气流分离，其分离机理如图 3-4 所示。

当含尘气流接近挡板时，流线将绕挡板急速拐弯。惯性力较大的粗粒径为 d_1 的尘粒首先离开气流流线被分离出来，继续沿着曲率较小的途径向前运动，碰撞到挡板 B_1 上而被捕集。这种分离方式不仅只存在惯性力的作用，同时还有离心力和重力的作用。当随气流携带的粒径为 d_2（$d_2 < d_1$）的尘粒接近挡板 B_2 时，气流方向发生改变，产生离心力而被分离下来。

惯性除尘器工作原理是以惯性分离为主，同时还有重力和离心力的作用。惯性除尘器一般分为回转式和碰撞式两类，阻挡物用挡板、槽形条等，其结构如图 3-5 所示。

图 3-5 中，（a）和（c）分别为回转式和百叶窗式，其原理都是因含尘气流发生回转，尘粒靠惯性力作用后直接进入下部灰斗中；（b）和（d）均为碰撞式，当粉尘借惯性力撞击到挡板上后，惯性力消失，尘粒依靠重力作用落入灰斗。含尘气流的流速越高，方向转变角度越大，转弯次数越多，惯性除尘器的除尘效率越高；但流动阻力也相应增大，一般为 $300\sim1000Pa$。由于气流转弯次数有限，并且考虑压力损失不宜过高，一般除尘效率不高。如果采用湿式惯性除尘器，即在挡板上淋水形成水膜，可以提高除尘效率。

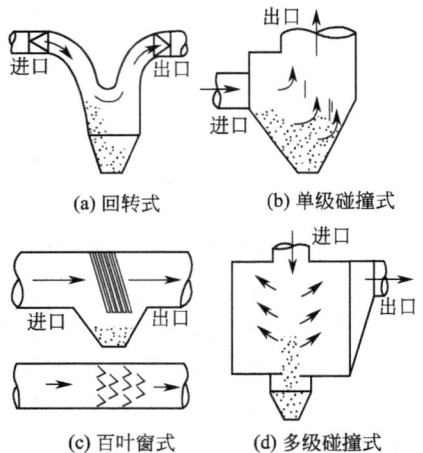

图 3-5　惯性除尘器结构

惯性除尘器适用于非黏结性和非纤维性粉尘的去除，以免堵塞。宜用于净化密度和颗粒直径较大的金属或矿物粉尘。常用于除尘系统的第一级，捕集 $10\sim20\mu m$ 以上的粗尘粒。

3. 旋风除尘器

是利用旋转的含尘气体所产生的离心力将粉尘从气流中分离出来的一种干式气-固相分离装置。旋风除尘器结构简单、占地面积小、操作维护简便、动力消耗不大、性能稳定，不受含尘气体的浓度、温度限制。旋风除尘器对于捕集、分离 $5\sim10\mu m$ 的粉尘效率较高，但对细微尘粒（小于 $5\mu m$）的分离效率仍很低，而这些粉尘微粒正是大气污染的主要污染源，对人体的危害最大，因此，旋风除尘器在工业上必须配合其他除尘器使用，才能取得良好的效果。

旋风除尘器一般由筒体和锥体、进气管和排气管及密封灰斗组成，结构如图 3-6 所示。

由进气口切向进入的含尘气流沿筒体内壁从上向下做旋转运动，到达锥体底部的回流区后转而向上，在中心区旋转上升，最后经排气管向外排出。一般将沿外圈向下旋转的气流称为外旋流，而将中心旋转向上的气流称为内旋流，两者的旋转方向相同。由于实际气体具有黏性，外旋流是旋转向下的准自由涡流，同时有向心的径向运动；内旋流是旋转向上的强制涡流，同时有离心的径向运动。旋转气流中的尘粒依靠离心力向外移动，达到筒体内壁后在气流和重力的共同作用下，沿壁面落入灰斗。影响除尘效率的主要因素有：

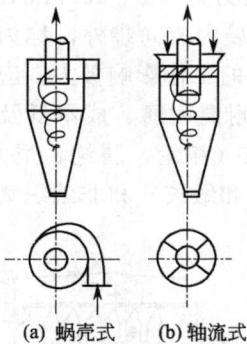

图 3-6　旋风除尘器示意

① 入口气流速度　入口气速增加，切向速度 $v_{\theta c}$ 也相应增加，d_{pc} 减小，除尘效率提高。但流速过高使得筒体内的气流运动过强，会把有些已分离下来的粉尘重新卷吸带走，除尘效率反而下降，同时除尘器的阻力会急剧上升。进口气速一般控制在 $12\sim20\text{m/s}$。

② 含尘气流性质　粉尘粒径与密度 ρ_p 增大，效率明显提高。气体温度升高，气体黏度将增大，除尘效率降低。

③ 除尘器的几何尺寸　减小筒体和排气管直径，前者使尘粒受到的离心力 F_c 增大，后者使内旋流半径 r_c 减小，均能提高除尘效率。锥体长度适当增加，对提高效率有利，但是筒体高度的变化对效率影响不明显。

④ 灰斗的气密性　除尘器内旋转气流形成的涡流场使静压由筒体壁向中心逐渐下降，即使除尘器在正压下工作，锥体底部也会处于负压状态。当除尘器下部气密性差而有空气渗入，将把灰斗内的粉尘再次扬起带走，除尘效率显著下降。

旋风除尘器的种类繁多，结构各异，下面简单介绍一些基本类型。按含尘气流的导入方式分为切向式（图 3-6）、蜗壳式和轴流式三种（图 3-7）。

切向式入口管外壁与筒体相切，阻力为 1000Pa 左右。蜗壳式则是入口管内壁与筒体相切，后者的入口气流距筒体外壁更近，有利于提高除尘效率，并使进口处阻力减小，但除尘器体积有所增大。轴流式入口装有导流叶片使气流旋转，与前两者相比，在相同压力损失下，能处理约 3 倍的气体量，适用于多管旋风除尘器或处理大气量的场合。

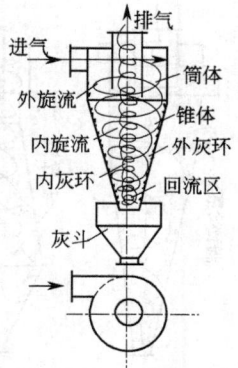

(a) 蜗壳式　　(b) 轴流式

图 3-7　旋风除尘器进口类型

按气流通过旋风除尘器的方式，可分为回流式（图 3-6）、平流式、直流式三种。回流式是广泛使用的旋风除尘器。平流式中的排气管竖直方向上开有一狭缝，气流切向进入筒体，绕排气管旋转一周后由狭缝排出除尘器。直流式中用一稳流芯棒代替平流式中的排气管，气流从上端进入，由下端排出，其内部流场无逆向内旋流，减少了尘粒的返混或再次飞扬。后两种除尘器阻力小，但效率低。

为了避免聚积在筒体顶部的细小粉尘被吸入内旋流，可在除尘器的筒体上开设旁路分离室［图 3-8(a)］，使在顶盖形成的上灰环从螺旋形旁室引至锥体部分，从而提高了分离效率。旋风除尘器的长锥体由于旋转半径逐渐减小，有利于粉尘分离，但底部的尘粒也易被上升的内旋流吸引携带。采用锥体倒置，锥体下部设置一圆锥形反射屏，以防止下灰环形成和灰粒飞扬［图 3-8(b)］。大部分外旋流在反射屏上部转为内旋流，少量下旋气体和分离下来的粉尘落入灰斗，气体从屏中心孔排出。

多个旋风除尘器可以组合起来使用。串联组合的目的是提高除尘效率，并联组合使用可

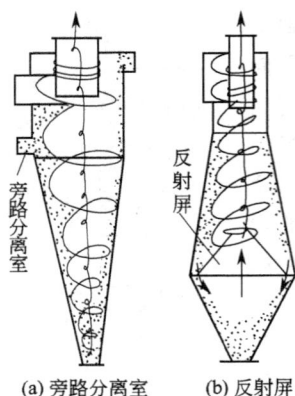

(a) 旁路分离室　(b) 反射屏

图 3-8　旋风除尘器旁室与反射屏

增大气体的处理量。除了单体并联使用以外，还可将许多小型旋风除尘器（称为旋风子，筒体直径为 100~250mm）组合在一个壳体内并联使用，称多管除尘器。旋风子气流进口均为轴流式。多管除尘器的特点为布置紧凑，效率高，处理气体量更大。

4. 过滤式除尘器

是利用含尘气体通过过滤材料来达到分离气体中固体粉尘的一种高效除尘设备。一般可分表面过滤和内部过滤两种方式。表面过滤是采用多孔织物（棉、毛或人造纤维）等薄层滤料进行微粒的捕集，又称袋式过滤器。内部过滤则是把松散滤料（玻璃纤维、硅砂、煤粒等）填充在框架或容器内作为过滤层。

袋式除尘器是过滤式除尘器中的主要类型。它是将织物制成滤袋，当含尘气流体穿过滤料孔隙时，粉尘被拦截下来。沉积在滤袋上的粉尘通过机械振动，从滤料表面脱下来，降至灰斗中。一般滤料网孔径为 20~50μm，表面起绒的滤料网孔径为 5~10μm。若用新滤袋则除尘效率较低，滤袋使用一段时间后，少量尘粒被筛滤拦截，在网孔之间产生"搭桥"现象并在滤袋表面形成粉尘层，除尘效率逐渐提高，阻力也相应增大。

滤袋具有多种除尘机理，除前述的重力沉降、惯性碰撞、截留分离及带电荷粉尘的外静电作用外，还有扩散作用，即直径小于 1μm 的尘粒在气体分子的撞击下脱离流线，像气体分子一样向滤袋纤维作布朗运动，以及粉尘粒径大于滤层孔隙被拦截下来的筛滤作用。大于 1μm 的尘粒，主要靠惯性碰撞；小于 1μm 的尘粒，主要靠扩散作用。

袋式除尘器随滤料、结构的不同，除尘效率为 95%~99%，阻力为 800~1500Pa，其主要组成部分如图 3-9 所示。滤袋多为柱状，并用构架支撑。气体由袋内流向袋外，称为正压袋；气体由袋外流入袋内，称为负压袋。滤料的性能对袋式除尘器的工作影响极大，应具有容尘量大（如表面起毛的羊毛毡）、阻力和吸湿性小、抗皱防磨、耐温耐腐、成本低及使用寿命长等特点。常用滤料分为天然滤料（棉、羊毛等）、合成纤维（涤纶、腈纶、尼龙等）和无机纤维（玻璃纤维等）三类，结构可分为编织物（平纹、斜纹和缎纹）和非编织物（毛毡）两类，应根据具体使用条件进行选择。

清灰是袋式除尘器运行的重要环节。因为随着沉积层逐渐加厚，阻力越来越大。清灰时不应破坏粉尘初层，以免效率太低。清灰方式主要有机械清灰和气流清灰两种。机械清灰是利用机械传动使滤袋振动，抖落沉积在滤布上的粉尘，包括扭转抖动、水平摆动及垂直振荡等；气流清灰是利用反吹气流使滤袋迅速膨胀、收缩，使灰尘脱落，包括气环反吹、逆气流反吹及持续时间为 0.1~0.2s、周期为 60s 的脉冲喷吹等，如图 3-10 所示。机械清灰的滤袋受机械力易损坏；气流清灰的滤袋磨损轻，运行可靠，适于处理高浓度含尘气体。

5. 电除尘装置

电除尘器是利用静电分离原理使粉尘从气体中分离的装置，主要由放电极、集尘极、气流分布装置、清灰装置、供电设备等组成。它能分离粒径为 1μm 左右的细尘粒，除尘效

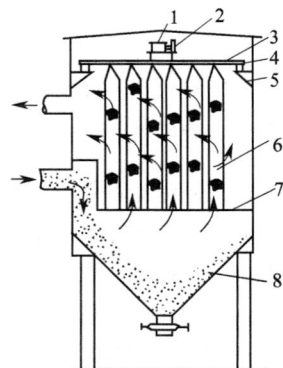

图 3-9　机械清灰袋式除尘器

1—电机；2—偏心块；3—振动架；
4—橡胶垫；5—支座；6—滤袋；
7—花板；8—灰斗

(a) 扭转抖动　(b) 水平摆动　(c) 垂直振荡　(d) 气环反吹　(e) 逆气流反吹　(f) 脉冲喷吹

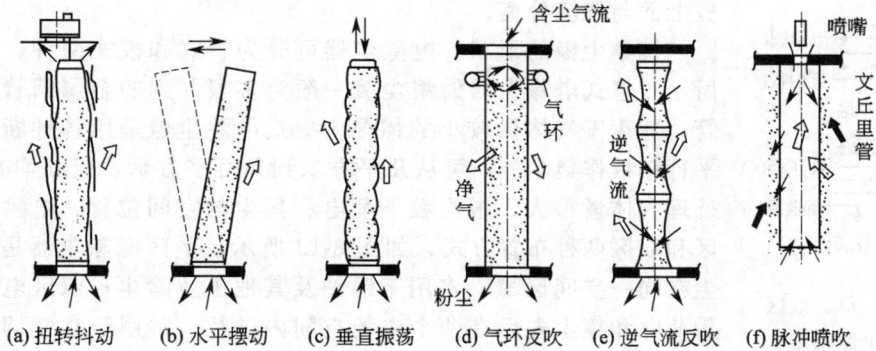

图 3-10　袋式除尘器的清灰方式

率高（＞99%），阻力小（200～500Pa），处理烟气量大（30～300m³/s），适用于处理高温或腐蚀性气体，所以广泛地应用在各种工业部门。

　　静电分离是利用静电力，使粉尘从气体中分离而得到净化的方法，可用于分离 0.1～1.0μm 之间的低速粒子。粒子的静电分离有两种形式：一种是自身带电粒子在捕尘体上发生的电力沉降，如粉尘粒子在机械加工、粉碎、筛分、输送等过程常带上电荷，当粉尘与捕尘体双方所带电荷相反，其强度足以使粒子离开其流动路线时，则有可能使它被附近的捕尘体吸引捕获。这种分离方式主要发生在洗涤器和过滤式除尘器中，液体雾化过程及滤料常带有电荷。但是，粒子或捕尘体自身所带电荷是有限的。

　　另一种则是含尘气流通过电晕放电的高压电场时，颗粒荷电，从而在电场力（库仑力）作用下，使荷电粒子在集尘电极上发生电力沉降。这种分离方式主要用于电力除尘器，其除尘机理如图 3-11 所示。静电分离是在针状电极和平板状电极（圆筒形）之间通过较高的直流电压，使之产生电场和发生电晕放电。针状电极称为放电电极，又称电晕电极，为负极；接地的平板状电极称为集尘极，为正极。在电场的作用下，运动的自由电子在两极之间形成了微弱电流。电压越高，电场强度越大，电晕极附近自由电子的运动速度越快。高速运动的自由电子撞击中性气体分子使之电离，产生大量正、负离子和自由电子，使极间电流（电晕电流）急剧增大，在电晕极附近发生电晕放电，形成了电晕区。正离子与针状电极立即中和消失。负离子和自由电子受电场力的作用向集尘电极移动，移动时与粉尘粒子碰撞接触而结合在一起，使尘粒荷电。带负电荷的粉尘在电场力的驱动下向集尘极转移，最后附着在集尘

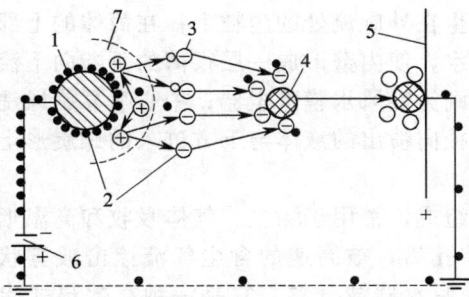

图 3-11　静电分离除尘机理

1—电晕极；2—电子；3—离子；4—粒子；
5—集尘极；6—电源；7—电晕区

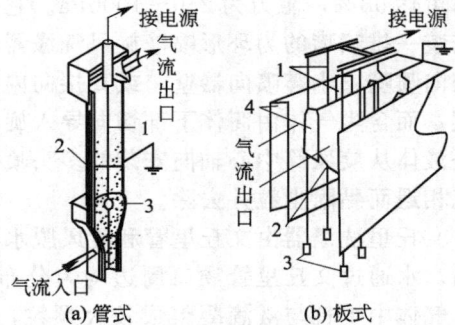

图 3-12　电除尘器示意

1—电晕极；2—集尘极；3—电晕线
吊锤；4—挡板

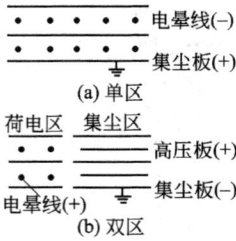

图 3-13 单、双区
电除尘器示意

极上而与气流分离。

按集尘极的形状，电除尘器可分为管式和板式两种，如图 3-12 所示。管式电除尘器的集尘极一般为多根并列的金属圆管或六角形管，适用于气体量较小的情况。板式电除尘器采用各种断面形状的平行钢板作集尘极，可从几平方米到几百平方米，极间均布电晕线，处理气体量很大。根据粒子荷电和集尘的空间位置，电除尘器有单区和双区两种布置方式，如图 3-13 所示。单区电除尘器是荷电和集尘在同一空间区域，多用于锅炉及其他工业除尘；双区电除尘器则是荷电和集尘先后在两个电场空间内进行，常用于空气调节等粉尘浓度很低的空气净化，而且使用阳极电晕。

影响电除尘器捕集效率的因素，主要有气体的性质和状态、粉尘特性、电极形状和尺寸及供电参数等。

6. 湿式除尘装置

利用废气与液体（一般为水）接触，使粉尘粒子被捕集的装置称为湿式除尘器（洗涤器）。湿式除尘器结构简单、造价低、除尘效率高，可以有效地除去粒度为 $0.1 \sim 20 \mu m$ 的液滴或固体颗粒，适用于净化非纤维性和不与水发生化学反应的各种粉尘，对高温、易燃和易爆的废气净化尤为适宜。但管道设备易被腐蚀，污水和污泥需要处理，还因烟温降低而不利于烟气的排放。

惯性碰撞和拦截是湿式除尘器捕获尘粒的主要机理，其次是扩散和静电作用等。根据除尘器的不同类型，液体捕捉尘粒的形式主要有液滴、液膜及液层等。

典型湿式洗涤器的类型如图 3-14 所示。

重力喷雾洗涤器是最简单的一种，通过塔内的尘粒与喷淋液体所形成的液滴之间的碰撞、拦截和凝聚等作用，使尘粒靠重力作用沉降下来。喷雾塔的阻力一般在 250Pa 以下，多用于净化大于 $50 \mu m$ 的尘粒，对小于 $10 \mu m$ 的尘粒捕集效率低。

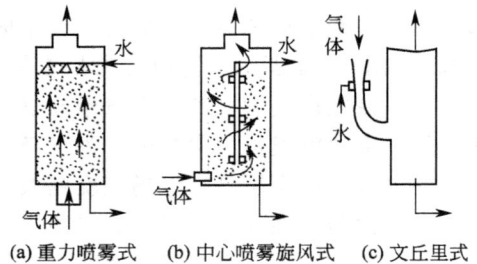

(a) 重力喷雾式　(b) 中心喷雾旋风式　(c) 文丘里式

图 3-14 典型湿式洗涤器示意

旋风式洗涤器主要适用于气量大和含尘浓度高的烟气，除尘效率一般可以达 90% 以上，最高可达 98%，阻力为 $250 \sim 1000Pa$。它有多种喷雾方式，在干式旋风分离器内部以环形方式安装一排喷嘴的为环形喷液旋风洗涤器，喷雾发生在外旋流处的尘粒上；在筒体的上部设置切向喷嘴，水雾喷向器壁，或直接向内壁供溢流水，使内壁形成一层很薄的不断向下流的水膜，而含尘气体由筒体下部切向导入旋转上升的则为旋风水膜除尘器；中心喷雾旋风洗涤器是液体从旋风筒中心轴向安装的多头喷嘴喷入，径向喷出的液体与下方进入的螺旋形上升气流相遇而黏附尘粒并去除。

文丘里洗涤器由文丘里管和旋风脱水器两部分组成，常用于除尘、气体吸收和高温烟气降温。水通过文丘里管喉口周边均匀分布的若干小孔后，被高速的含尘气流撞击成雾状液滴，气体中尘粒与液滴凝聚成较大颗粒，然后进入脱水器被分离。它是一种高效湿式除尘器，除尘效率高达 99% 以上，但阻力也很高，一般为 $1250 \sim 9000Pa$。

三、除尘装置的选择与应用

除尘技术的方法和设备很多，各具特色，实际选择时，除了需要考虑处理对象的性质和要求外，还得充分了解各种除尘装置的性能和特点，这样才能合理地选择，使除尘过程既经济又有效。具体可参考以下选择原则。

① 若粉尘粒径小，应该选择表 3-6 中的后三种除尘器，否则选择前三种。

② 若气体含尘浓度高，选择机械除尘，否则用文丘里洗涤器；若气体进口含尘浓度高而出口要求浓度低时，可先用机械除尘除去较大的粒子，再用电或过滤式除尘，去除较小的粒子。

③ 对黏附性强的粒子，最好选择湿式除尘器。

④ 若尘粒的电阻率在 $10^4 \sim 10^{11} \Omega \cdot cm$ 范围，气体温度在 500℃ 以下，可用电除尘器。若粒子的电阻率不在上述范围，可预先通过调节温度、湿度或添加化学品，使其满足电阻率要求。

⑤ 处理温度应该在高于露点温度 20℃ 下进行。温度太高时，会导致气体的黏度增加、压力损失也增加、除尘效率下降等；温度太低，则会有水分析出，影响除尘处理。

⑥ 若气体中含有易燃、易爆的成分时，应该预先处理后再除尘。

从目前除尘技术的发展来看，由于对除尘效果的要求越来越高，电除尘和新型袋式除尘器被越来越广泛地应用于工业生产；而旋风除尘器、湿式除尘器、惯性除尘器等由于其自身的一些优点，在不同的工作环境下与电除尘、袋式除尘器配合使用，也取得良好的效果。可以说，在相当长的一个历史时期，这些除尘技术还不会被淘汰，并将在各自不同的领域发挥作用。而一些新的除尘技术如超声波除尘也逐渐被应用于工业生产，发展前景广阔。

第三节　煤焦储运过程的粉尘控制

煤焦储运过程中所产生的粉尘控制主要有如下四种措施。

一、煤场的自动加湿系统

煤场的自动加湿系统如图 3-15 所示。

在煤堆表面沿煤堆长度方向喷水，煤堆湿润到一定程度，表面造成一层硬壳，可以起到防尘作用。喷水设施较为简单，常见有以下两种：一种是沿煤堆长度方向的两侧设置水管，在水管上每隔 30～40m 安装一个带有竖管的喷头；另一种是沿煤堆长度方向设置钢制水槽，在堆取料机上安装喷头和泵，可以随机移动喷洒。

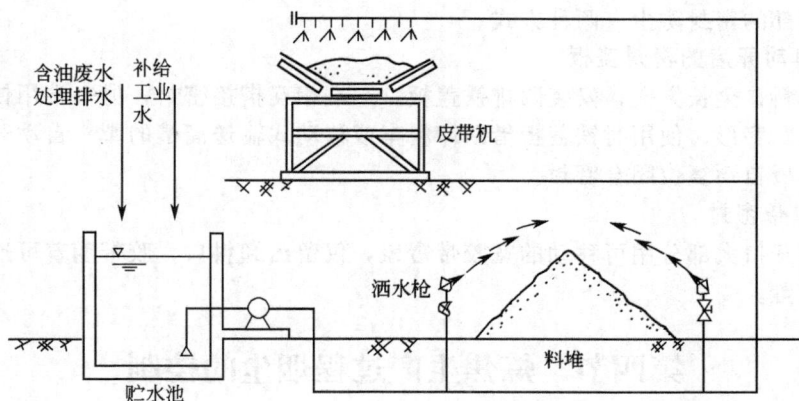

图 3-15　煤场自动加湿系统

二、喷覆盖剂

喷洒剂主要有无机盐类和各种有机物，如沥青、焦油、石油树脂、乙酸乙烯酯树脂、聚乙烯醇等，都是一些水溶性助剂。其含量一般为 3%，喷洒量为储煤量的 $(1.5 \sim 2.0) \times 10^{-5}$ 倍。当覆盖剂喷洒在煤堆表面时，能和粉煤凝固成具有一定厚度和一定强度及韧性的硬膜。此膜不仅能有效防止煤尘的逸出，还可防止煤的氧化及由于雨水冲刷造成的精煤流失。喷洒设备主要有固定管道和喷洒车两种类型。

三、除尘系统

如图 3-16 所示为一转运站除尘系统。在煤粉碎机上部的带式输送机头部和出料带式输送机的落料点附近安装吸尘罩，将集气后的含尘气体送袋式除尘器进行除尘，净化后经排风机、消声器、排气筒排入大气，回收下来的煤尘返回粉碎机后的输送带上与配合煤一起进入煤塔。

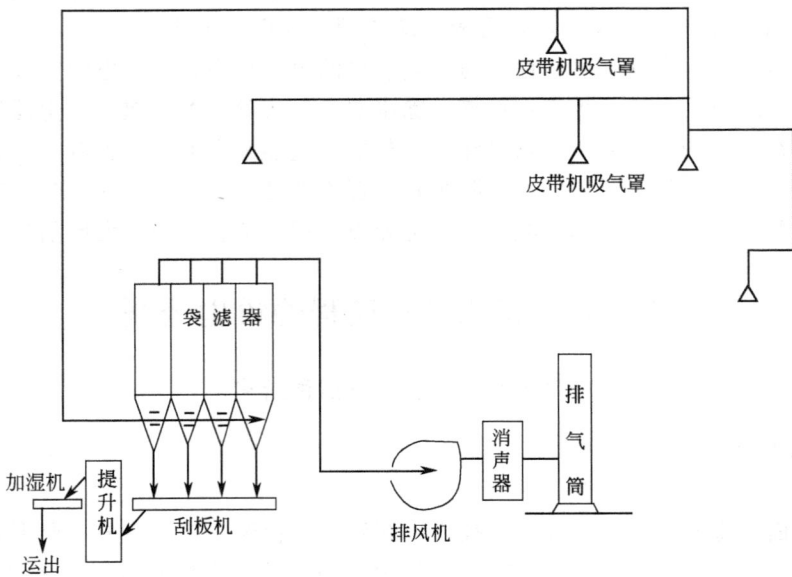

图 3-16　转运站除尘系统

四、配煤槽顶部密封防尘

配煤槽顶部的密封防尘有两种方式。

1. 采用自动开启的密封盖板

在槽顶部料口全长方向，安装两排铁盖板，一端相互搭接密封，另一端用铰链与土建基础固定成"人"字形，使用时铁盖板借助卸料车或移动式输送溜槽的犁头自动开启，犁头移过后，两块盖板自动复位闭合密封。

2. 采用胶带密封

将配煤槽开口大部分用可移动的宽胶带覆盖，仅留出卸料口，胶带随着可逆皮带的移动改变卸料口位置。

第四节　炼焦生产过程烟尘的控制

炼焦生产过程烟尘的控制包括装煤过程、推焦过程、熄焦过程及筛焦过程四大部分。

一、装煤过程烟尘的控制

1. 上升管喷射

这是连通集气管的方法，装煤时炭化室压力可增至 400Pa，使煤气和粉尘从装煤车下煤套筒不严处冒出，并易着火。采用上升管喷射，上升管根部形成一定的负压，可以减少烟尘喷出。喷射介质有水蒸气（压力应不低于 0.8MPa）和高压氨水（1.8～2.5 MPa）。用水蒸气喷射时，蒸汽耗量大，阀门处的漏失也多；且因喷射蒸汽冷凝增加了氨水量；会使集气管温度升高；此外，由于炭化室吸入了一定量的空气和废气，使焦炉煤气中的 NO 提高；当蒸汽压力不足时效果不佳，一般用 0.7～0.9 MPa 的蒸汽喷射时，上升管根部的负压仅为 100～200Pa。由于水蒸气喷射具有上述缺点，现多用高压氨水喷射代替蒸汽喷射。利用高压氨水喷射，可使上升管根部产生约 400 Pa 的负压，与蒸汽喷射相比减少了荒煤气中的蒸汽量和冷凝量，减

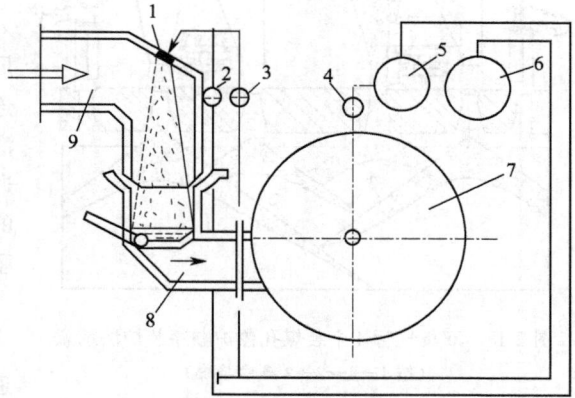

图 3-17　高低压氨水喷射示意

1—高低压氨水喷嘴；2—高压氨水三通阀；3—低压氨水三通阀；4—高压氨水泄压阀；5—高压氨水管；6—低压氨水管；7—集气管；8—承插管；9—桥管

少了荒煤气带入煤气初冷器的总热量，还可减少喷射清扫的工作量，因此得到广泛应用。图 3-17 为高低压氨水喷射装置。

在使用高压氨水喷射无烟装煤时，应考虑如下几个方面的问题。

① 使用结构合理的喷射，设计时要使喷嘴的喷洒角度与桥管的结构形式相适应，严禁氨水喷射到管壁及水封盘上。

② 宜采用高低压氨水合用的喷嘴，避免高压氨水喷嘴头内表面挂料堵塞。

③ 小炉门和炉盖尽可能严密。

④ 在考虑到上述几方面后，为达到比较好的无烟装煤效果，高压氨水喷射与双集气管、装煤车顺序装煤三结合是简单可行的方法。

⑤ 在使用高压氨水喷射无烟装煤的同时，应解决粉尘堵塞管道和机械化焦油氨水澄清槽的问题。

2. 顺序装煤

在利用上升管喷射造成炉顶空间负压的同时，配合顺序装煤可减轻烟尘的逸散。顺序装炉法的原则是：在任何时间内都只允许打开一个装煤孔，这样可以减少焦炉在装炉时所需要的吸力，炭化室内的压力能维持在零或负压状态，可以避免炉顶空间堵塞，缩短平煤时间，因而取得较好效果。尤其是在双集气管的焦炉上采取顺序装炉的方法，将会产生更好的效果。如图 3-18 为双集气管 4 个装煤孔焦炉的顺序装炉法。

最佳装煤顺序为 1 号、4 号、2 号、3 号煤斗（四个煤斗），这样能有足够的吸力通过上升管把装炉时产生的烟气吸走。煤斗 1 和煤斗 4 同时开始放煤，且同时放空，然后启开煤斗 2 的闸门放煤，只有当煤斗 2 完全放空时，才放煤斗 3 的煤，而且在放煤斗 3 的煤时必须进行平煤。整个装煤时间为 3.2min。由于顺序装煤法能使炭化室保持一定的负压，故在装煤时，不需放下煤车套管。此法操作需增加作业时间，并使焦油中焦油渣含量增多。

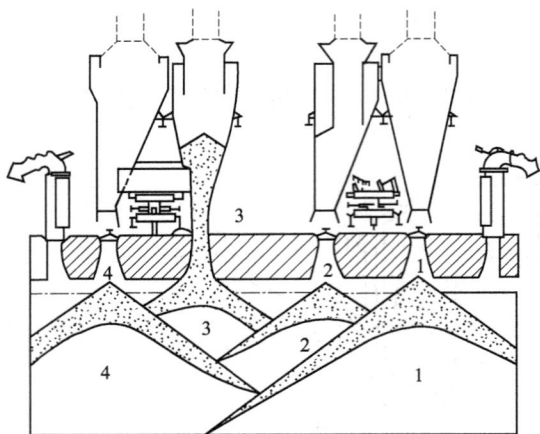

图 3-18 双集气管 4 个装煤孔焦炉顺序装炉法示意
（按 1→4→2→3 顺序装煤）

3. 连通管

在单集气管焦炉上，为减少装煤时的烟尘逸散，可采用连通管将位于集气管另一端的装炉烟气由该端装煤孔或专设的排烟孔导入相邻的、处于结焦后期的炭化室内。有的厂将连通管吊在专用的单轨小车上，有的将连通管附件设在煤半成品的下煤套筒上。此法的部分含尘装炉烟气送及相邻炭化室后，通过炉顶空间再进及集气管，故进入集气管的粉尘得以减少，且设备简单，但仍避免不了抽入空气而增加焦炉煤气中的 NO 含量。

4. 带强制抽烟和净化设备的装煤车

指装煤时产生的烟尘经煤斗烟罩、烟气道用抽烟机全部抽出。为提高集尘效果，避免烟气中的焦油雾对洗涤系统操作的影响，烟罩上设有可调节的孔以抽入空气，并通过点火装置，将抽入烟气焚烧，然后经洗涤器洗涤、除尘、冷却、脱水，最后经抽烟机、排气筒排入大气。排出洗涤器的含尘水放入泥浆槽，当装煤车开至煤塔下取煤的同时，经泥浆水排入熄焦水池，并向洗涤器用水箱中装入净水。洗涤器的形式有：压力降较大的文丘里管式、离心捕尘器式，低压力降的筛板式等。吸气机受装煤车荷载的限制，容量和压头均不可能很大，因此烟尘控制的效果受到一定的制约。

5. 带抽烟、焚烧和预洗涤的装煤车和地面净化的联合系统

该系统的装煤车上不设吸气机和排气筒，故装煤车的负重大为减轻。装煤时，装煤车上集成管道与地面净化装置的炉前管道上对应于装煤炭化室的阀门联通，由地面吸气机抽引烟气。装煤车上的预除尘器的作用在于冷却烟气和防止粉尘堵塞连接管道，宝钢采用该系统并结合上升管高压氨水喷射，取得了良好的效果，其缺点是投资高、耗量大和操作费用高。

6. 其他改善炉顶操作环境的措施

提高炉顶操作的机械化、自动化程度是改善炉顶操作的重要措施，目前国内外焦化生产中正在采用的有如下几种。

① 机械化启闭炉盖装置。多数采用一次定位、液压驱动或气动的电磁铁启闭炉盖装置，有的还附设风扫余煤、清扫炉盖和炉圈的装置。

② 上升管和桥管操作机械化。包括上升管的液压驱动启闭、上升管和桥管的机械清扫或喷洒洗涤。

③ 上升管盖水封密封。通过密封以降低上升管盖的温升、焦油凝结和固化，减轻清扫工作量。

④ 装煤孔盖密封。在装煤车上设置灰浆槽，用定量活塞将水溶灰浆经注入管流入装煤孔盖密封沟，或采用砂封结构的装煤孔盖、座。

⑤ 在全机械化基础上实行炉顶操作遥控。

二、推焦过程烟尘的控制

减少出焦烟尘的关键是保证焦炭充分而均匀地成熟，国内外有多种形式收集和净化正常推焦时散发的烟尘。

1. 焦侧固定式集尘大棚

焦侧集尘大棚是用一座钢结构的大棚（图 3-19）盖住整个焦侧操作台。大棚从焦侧炉顶上空开始，一直延伸到凉焦台，将拦集车轨道和熄焦车轨道全部罩在大棚内，依靠设在大棚顶部的排烟主管将烟尘抽出，再经洗涤器净化后排出。

焦侧大棚具有可有效控制焦侧炉门在推焦时排除的烟尘、原有拦焦车和熄焦车均能利用、焦侧操作台和焦侧轨道不必改建等优点。但也存在如下缺点：因抽吸的气体体积很大，故净化系统设备庞大，能耗较高；较粗大的尘粒仍降落在棚罩内，焦侧现场很脏，而操作工人是处在大棚之内操作，这样操作人员本身的工作环境更加恶化。此外，棚罩的钢结构易受腐蚀。

2. 移动集尘车

其基本结构是由设在熄焦车上的集尘罩

图 3-19 钢结构支撑的焦侧大棚

及带抽烟机和文丘里洗涤器的集尘车所组成。例如，美国环保技术公司——空气污染控制公司设计的集尘设备，是在现有的熄焦车上安装固定吸尘罩，它封闭了熄焦车的顶部及三个侧面，仅向焦炉的侧面开放，以接受红热焦炭。在熄焦塔内，喷洒水可由该侧面向熄焦车上的焦炭进行喷洒。

集尘罩内的含尘烟气由罩顶吸尘管道进入与熄焦车一起行走的集尘车，车上装有全部净化和抽烟机等设备，其中包括热水洗涤器。该设备通过喷嘴将 200℃、2.35×10^6 Pa 的热水喷出，由于降压变成蒸汽而洗涤烟尘，借助水流的冲力对气体产生推动作用，因而减轻了抽烟机的负荷。这种系统由于罩盖密封性较好，推焦后，熄焦车开往熄焦塔过程中，集尘车仍随熄焦车行走并转动，故提高了集尘效率。

3. 地面集尘系统

在熄焦车上方有固定式集尘罩，推焦时散发的烟尘经集尘罩通过沿炉组长向布置的固定通道式洗涤系统净化。集尘罩的出气管与固定通道的支管（每个炉孔一个）由气动阀门或连接器等接通。图 3-20 为固定通道式焦侧集尘系统。

集尘罩固定在导焦槽上，并随拦焦车移动，集尘罩的宽度与熄焦车的宽度相同，长度根据焦炭落入熄焦车后烟尘持续时间 t、熄焦车接焦的移动速度 v 和在时间 t 内落入熄焦车车厢长度 l 决定，即集尘罩的长度：

$$L = vt + l$$

为防止烟尘从开口处喷出，要求开口处具有一定的吸力。为收集炉门和导焦槽上部的烟尘，在炉门框和导焦槽的连接处还设有挠性罩。

地面集成系统的优点是熄焦车不必改造，净化系统固定安装在地面上，安装、使用和维修方便，采用袋式除尘器效率高，较文丘里管成本低，操作环境好。但是，由于要配置沿炉组长向的集尘通道，空间拥挤，其投资也较高，而且能耗大。

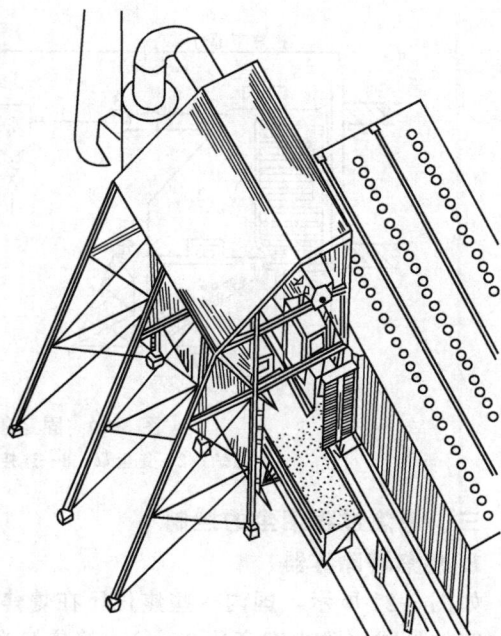

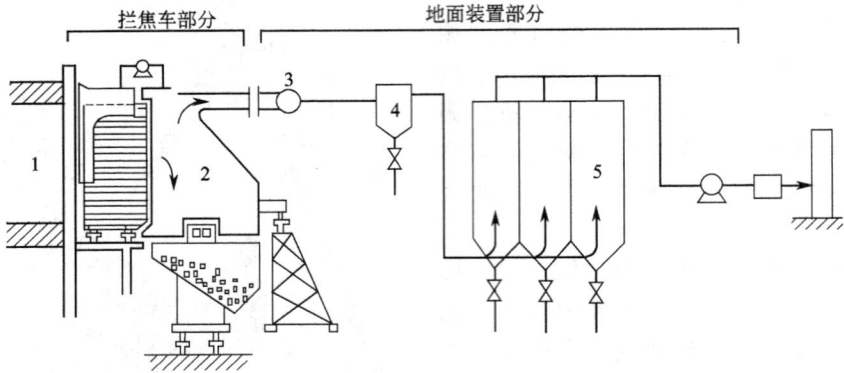

图 3-20　固定通道式焦侧集尘系统

1—焦炉；2—集尘罩；3—连接阀；4—预除尘器；5—袋式过滤器

三、熄焦过程烟尘的控制

1. 熄焦塔除雾器

如图 3-21 所示，国内一些焦化厂在熄焦塔里安装除雾器。采用木隔板或将木隔板做成百叶窗的形式（除尘率高达 90%）。熄焦塔也可采用耐热塑料挡板，使熄焦初期产生的蒸汽与塑料挡板摩擦产生静电而将焦粉吸附在塑料板上。另外，在熄焦后期，由于蒸汽含水滴较多，塑料挡板也可以起到挡水的作用。

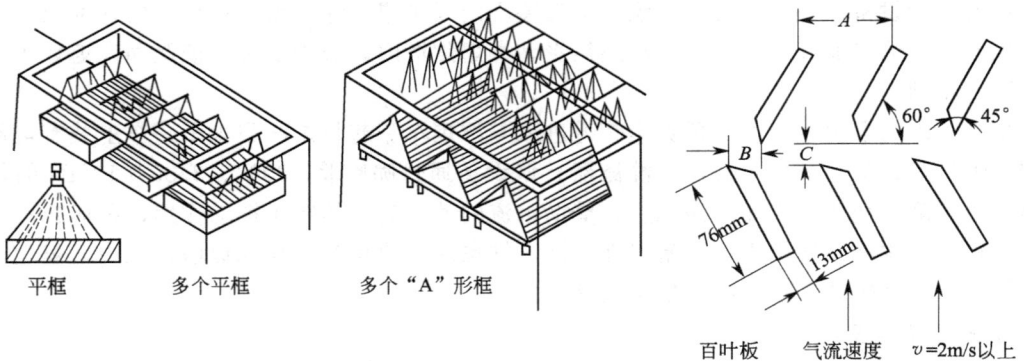

图 3-21　熄焦塔除雾器

2. 两段熄焦

这种方法是以焦罐车代替普通熄焦车。当焦罐车进入熄焦塔下部时，熄焦水从上部喷洒的同时，还从焦罐车侧面引水至底部，再从底部往上喷入焦炭内。熄焦后，焦炭水分为 3%～4%，因为焦尘厚，上层焦炭可以阻止底层粉尘向大气逸出。这种方法既有效又经济实用。

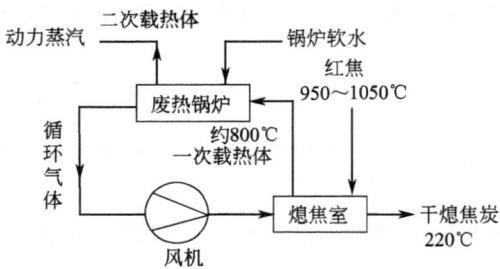

图 3-22　干法熄焦原理

3. 干法熄焦

图 3-22 所示为干法熄焦原理。

温度在 950～1050℃的焦炭从炭化室推出后进入熄焦室，鼓风机鼓入的惰性气体（作为换热介质）将熄焦室内红焦的热量带走，此时，惰性气体的温度可达 800℃，称为一次载热气体。该气体从熄焦室出来后进入废热锅炉，再经废热锅炉回收热量产生二次载热气体，同时原一次载热气体被冷却，再由鼓风机送至熄焦室，如此反复。该法具有节能和提高焦炭质量的优越性，还可有效地消除在湿法熄焦过程中所造成的大气污染与水污染。

四、筛焦系统的防尘捕集

湿法熄焦的焦炭表面温度为 50～75℃，在筛焦、转运过程中，焦炭表面的蒸汽与焦炭粉尘一起大量逸散，空气中含尘量可达 200～2000mg/m³ 空气，干法熄焦的焦炭产生的粉尘则更大。因此筛焦楼应设置通风除尘设备，并在筛焦设备上装设抽风机，使筛焦粉尘经除尘器处理后排入大气。

为解决通风除尘设备被含酚及 H_2S 的水汽腐蚀的问题，集尘设备、抽风机和管道可采用玻璃钢或不锈钢制作。另外，由于通风除尘设备还易因水汽冷凝黏附粉尘而堵塞，故需定期清扫，寒冷地区还要采取防冻措施。常用的有湿法除尘器和袋式除尘器，干法熄焦的筛焦粉尘一般多采用袋式除尘器，除尘后的焦粉经收集、加湿后，送回粉焦胶带机。

五、焦炉连续性烟尘的控制

1. 球面密封型装煤孔盖

密封装煤孔盖与装煤孔之间缝隙多采用的办法是在装煤车上设置灰浆槽，用定量活塞将水溶液灰浆注入装煤孔盖密封沟。

球面密封型装煤孔盖选用空心铸铁孔盖，并填以隔热耐火材料。图 3-23 为炉盖及炉座剖面。盖边和孔盖都做成球面状接触，非常密合，即使盖子倾斜，密封性也好。

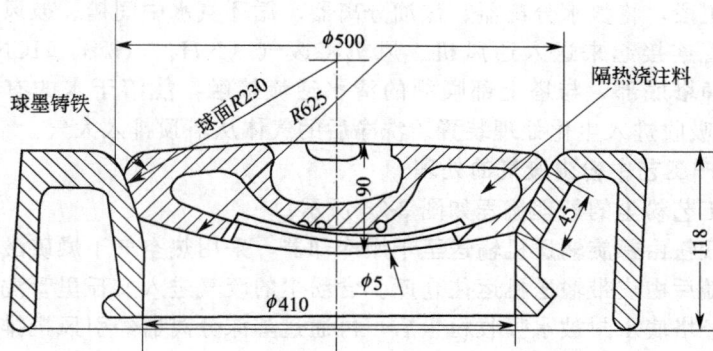

图 3-23　炉盖及座剖面（单位：mm）

2. 水封式上升管

由内盖、外盖及水封槽三部分组成。内盖挡住炽热的荒煤气，避免了外盖的变形及水封槽积焦油，水封高度取决于上升管的最大压力，目前水封式上升管已得到普遍应用。

3. 密封炉门

炉门的密封作用主要靠炉门刀边与炉门框的刚性接触，这就要求炉门框必须平整，门框若变形弯曲，刀边就难以密合。通常可以采用两种方法来提高炉门的密封性。

① 改进炉门结构，提高炉门的密封性和调节性，采用敲打刀边、双刀边及气封式炉门等方法。为操作方便，采用弹簧门栓、气包式门栓、自动炉门等均可取得良好的效果。

② 在推焦操作中采用推焦车一次对位开关炉门，防止刀边扣压位置移动。

第五节　化产回收与精制的气体污染控制

一、回收车间的气体污染控制

1. 采用排气洗净塔处理冷凝鼓风工段的废气

图 3-24 为排气洗净塔装置流程。

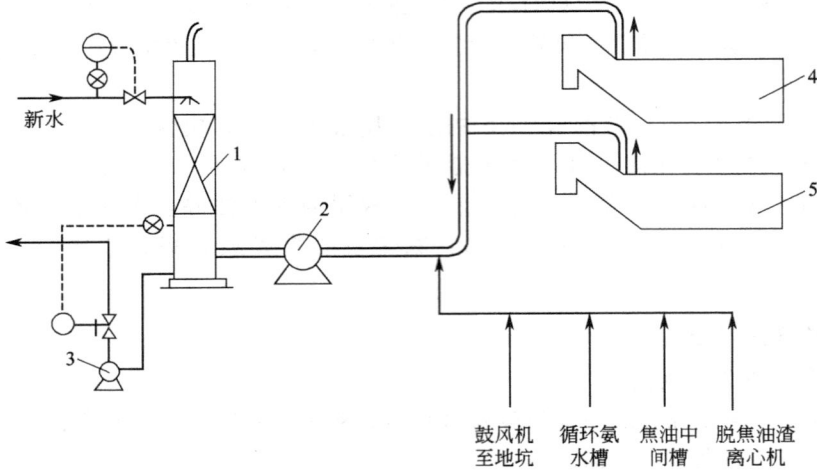

图 3-24　排气洗净塔装置流程

1—洗净塔；2—通风机；3—水泵；4—氨水分离器；5—焦油分离器

在冷凝鼓风工段，将氨水分离器、焦油分离器、循环氨水中间槽、鼓风机室集液槽以及各种贮槽的放散管连接起来送入通风机。风机将废气（NH_3、H_2S、HCN、H_2O 和 CO_2 等）送入排气洗净塔底部，与塔上部喷洒的清水逆流接触，能溶于水的有害气体如 NH_3、H_2S、HCN 被水吸收进入生化处理装置。洗净后的气体从塔顶排入大气。

2. 硫酸铵生产工艺中粉尘废气的处理

硫酸铵生产工艺粉尘的处理流程如图 3-25 所示。

结晶出的硫酸铵由螺旋输送机输送至干燥冷却器，采用热空气干燥硫酸铵晶体，经管式间冷装置冷却，随后由皮带输送机运往仓库。含粉尘的废气进入文丘里管洗涤塔与塔顶喷水并流接触。废气经塔底水封被水吸收粉尘后，再通过雾沫分离器经引风机排至大气。

3. 采用焚烧处理粗苯蒸馏工序的废气

粗苯蒸馏工序尾气的焚烧处理流程如图 3-26 所示。

来自脱苯塔的苯蒸气经冷凝器冷却，进入油水分离器分离出粗苯。从输送粗苯管道顶部放散管中以及油水分离器顶部放散管排出的废气（主要成分是 NH_3、H_2S、HCN 及残留苯）直接进入防止回火器，再通过一定压力的水封装置进入粗苯加热炉进行焚烧，产生的废气与加热炉的大量废气一同排放。

4. 采用焚烧法处理蒸氨工序的废气

焚烧蒸氨工序的废气流程如图 3-27 所示。

从蒸氨塔顶排出的废气（主要成分是 NH_3、H_2S、HCN 及含少量烃类的水蒸气等），经分缩器浓缩使其含氨量为 18％～20％后进入焚烧炉上部。同时，在焚烧炉中送入煤气和空气，煤气在炉顶燃烧产生高温（1000～1200℃）还原性烟气，使进入焚烧炉上部的氨处于

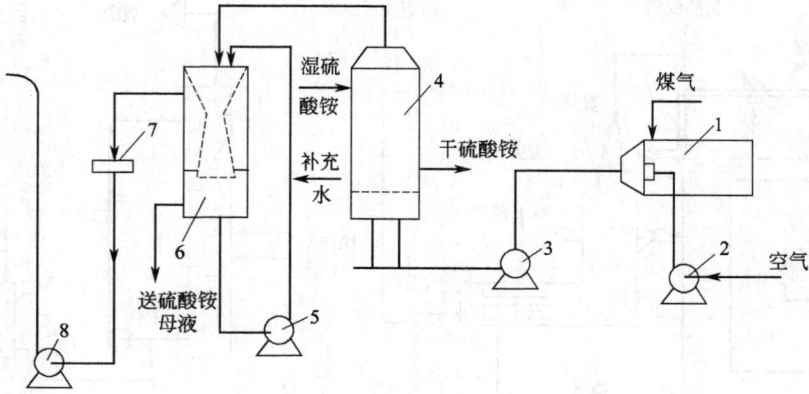

图 3-25　硫酸铵粉尘的处理

1—热风炉；2—燃烧风机；3—热风风机；4—干燥冷却器；5—洗涤泵；

6—文丘里管洗涤塔；7—雾沫分离器；8—引风机

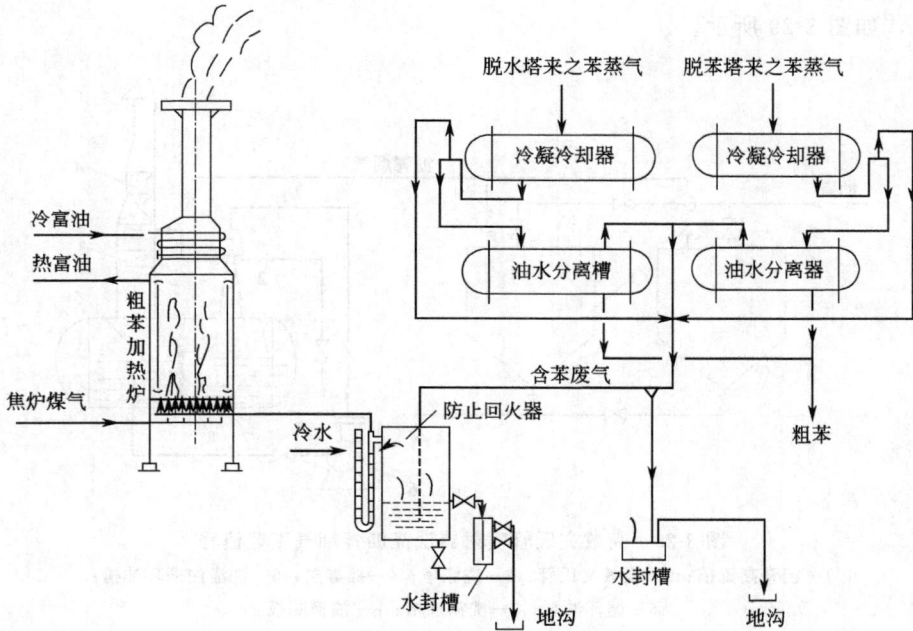

图 3-26　粗苯尾气焚烧处理流程

高温还原气氛中，经催化剂层分解为 N_2 和 H_2，同时，HCN 和烃类与水蒸气反应生成 N_2、CO 和 H_2。

二、精制车间污染气体控制

1. 吸收法处理废气

（1）洗油吸收法　用洗油在专门的吸收塔中回收苯族烃，将吸收了苯族烃的洗油，送至脱苯蒸馏装置中，提取粗苯，脱苯后的洗油冷却后重新回到吸收塔以吸收粗苯。如图 3-28 所示的精萘排气洗净装置就是采用洗油吸收法处理废气。

（2）高效文丘里管喷射器吸收洗涤　用高效文丘里管喷射器吸收洗涤焦油加工时产生的

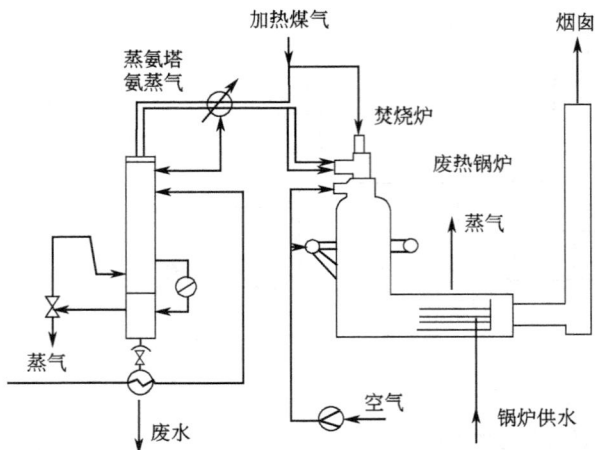

图 3-27 氨气完全焚烧流程

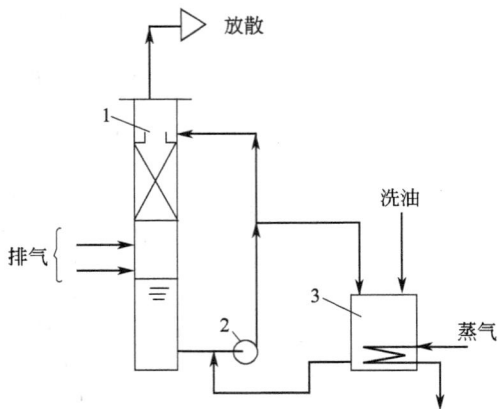

图 3-28 精萘排气洗净装置
1—填料式排气洗净塔；2—洗油循环泵；3—循环洗油槽

沥青烟气，如图 3-29 所示。

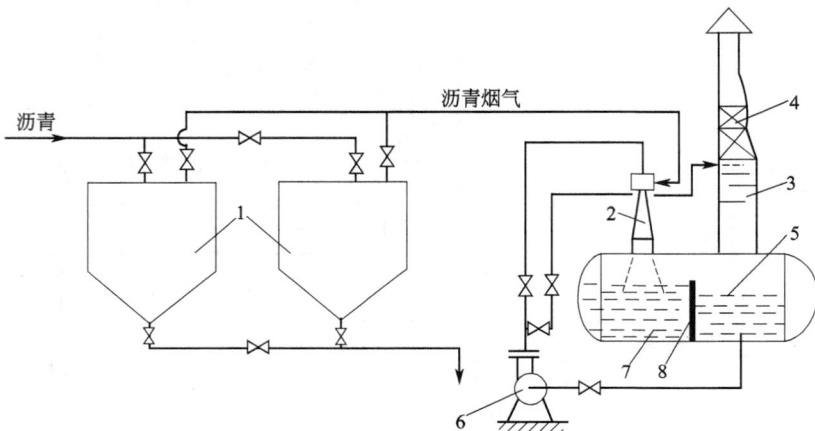

图 3-29 高效文氏管喷射器洗涤沥青烟气工艺流程
1—沥青高置槽；2—高效文氏管；3—洗涤塔；4—捕雾层；5—洗涤油循环油槽；
6—循环油泵；7—洗涤油槽；8—油槽隔板

　　烟气经循环泵送入高效文丘里管喷洒后进入洗涤塔洗涤，吸收液仍是焦油洗油，烟气中的有效成分被洗涤液吸收，洗涤后的废气排入大气。采用高效文丘里管喷洒，具有足够的吸力和压头，维护方便，净化效率高。

　　（3）酸碱液吸收法　酚生产工序采用 NaOH 作吸收液处理排放的污染气体，图 3-30 为含酚气体净化系统。吡啶生产工序采用 H_2SO_4 作吸收液处理排入的污染气体。

　　2. 吸附法处理废气

　　用加热再生的活性炭吸附法回收含苯的废气，其工艺流程如图 3-31 所示。

　　含苯的废气进入吸附器（Ⅰ）进行吸附。同时吸附器（Ⅱ）系统通入解吸剂水蒸气进行脱附。脱附后的苯蒸气和水蒸气进入间接冷凝器 1，冷凝后经分离器排出大量水蒸气。在间接冷凝器 3 中继续将苯及剩余的水蒸气冷凝，冷凝的苯入贮槽，未冷凝的气体去燃烧。解吸

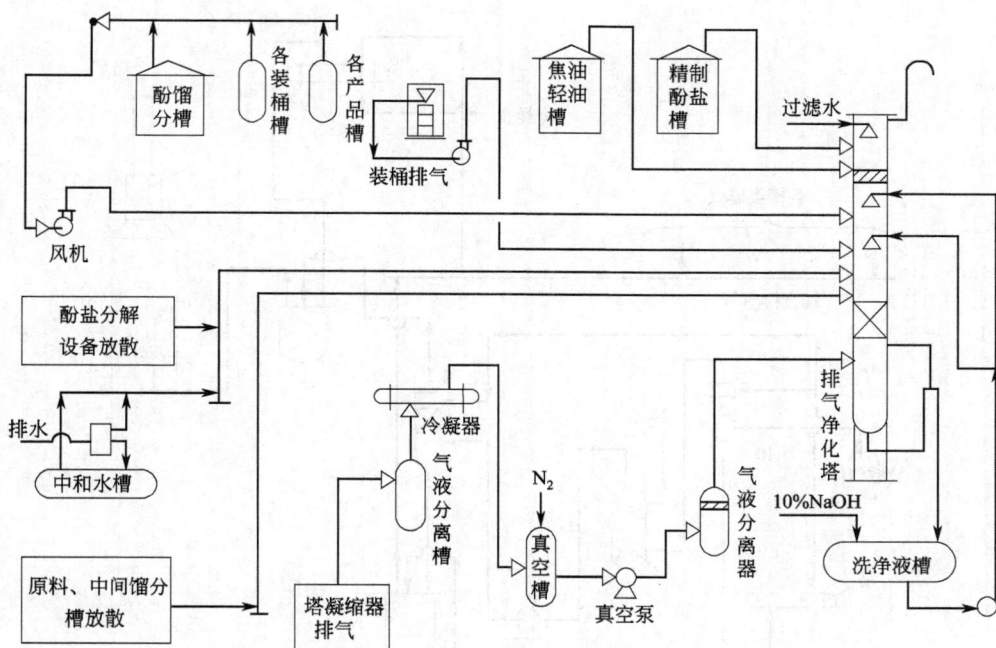

图 3-30　含酚气体净化系统

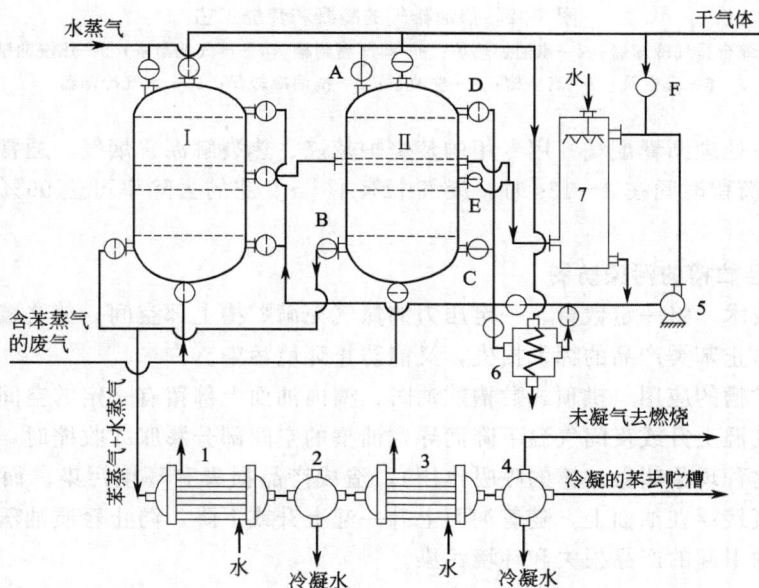

图 3-31　活性炭吸附回收苯流程

Ⅰ、Ⅱ—吸附器；1,3—间接冷凝器；2,4—气水分离器；5—风机；

6—预热器；7—直接冷凝器；A、B、C、D、E、F—阀门

后，对活性炭进行再生。在吸附器（Ⅰ）失效后，用吸附器（Ⅱ）吸附，吸附器（Ⅰ）按照上述流程进行再生，完成吸附器（Ⅰ）和（Ⅱ）的轮换操作。

3. 用冷凝和焚烧的方法处理废气

（1）处理焦油工序的放散废气　图 3-32 为焦油排气的冷凝和焚烧工艺。

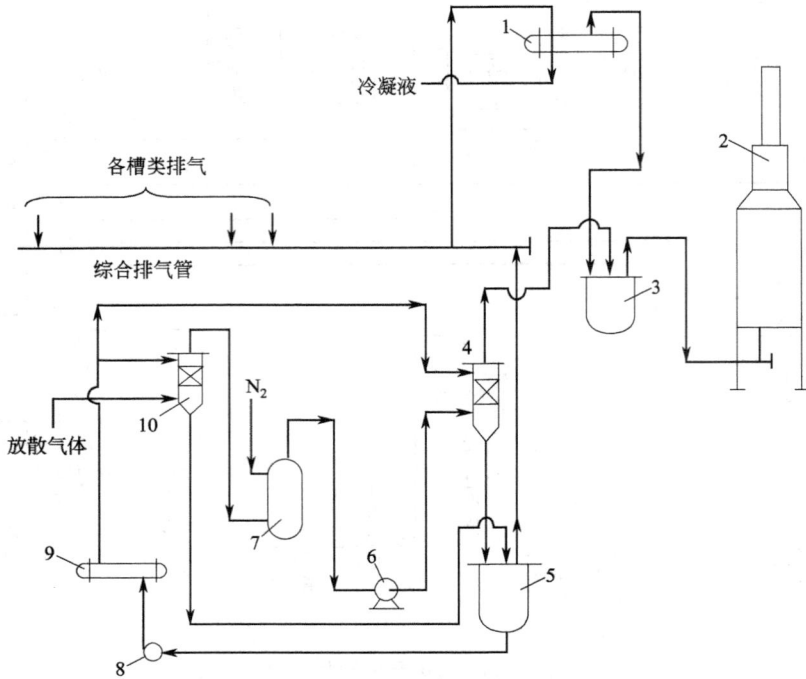

图 3-32　焦油排气的冷凝和焚烧工艺

1—综合排气冷却器；2—焦油加热炉；3—排气密封槽；4—排气洗净塔；5—热洗油槽；
6—真空泵；7—真空槽；8—洗油泵；9—洗油冷却器；10—大气冷却器

（2）焚烧法处理沥青烟气　用专用的焚烧炉焚烧、热裂解沥青烟气，通常焚烧的温度在 $800 \sim 1000 \, ℃$，滞留时间在 $3 \sim 13s$ 时，废气中苯并 [a] 芘的去除率可达 99%，含量可降至 $20mg/m^3$ 以下。

4. 苯类产品贮槽的污染防制

（1）氮封技术　将一定数量、一定压力的氮气充满贮槽上部空间，使之覆盖在苯类产品的表面，既能防止苯类产品的挥发损失，又能防止环境污染。

（2）浮顶贮槽的应用　拱顶式贮槽贮油时，槽内油面上部留有一定的空间。在向槽内注油及由于白天气温上升或夜间气温下降而导致油槽的空间部分膨胀或收缩时，会引起内部气体进出贮槽（这种现象叫做油槽的呼吸作用），造成产品损失和环境污染。而浮顶槽没有空间部分，槽盖直接浮在油面上，随着油面上升一起上升或下降，防止轻质油蒸发，也就不存在因呼吸和注油引起的产品损失和环境污染。

第六节　气化过程废气的处置

一个煤气化厂排放气体主要有三处：锅炉烟囱排放气、硫回收尾气以及脱酸性气工段的再生器排放的富二氧化碳气。为满足环境保护的要求，煤气化厂对这几处所排气体都必须经过气体净化工序达到环保标准后排入大气。另外，加煤装置煤气泄漏、煤气站循环冷却及吹风阶段等都会排出一定数量的污染气体而污染环境，不容易引起人们的重视。下面着重对这些污染气体的治理做一简单介绍。

一、控制煤气炉中加煤装置的煤气泄漏

采用蒸气封堵设备活动部分，局部负压排风的办法。平时通过加强对设备的保养来阻止煤气泄漏。

二、煤气站循环冷却的废气治理

煤气站循环冷却水中的有害物质（如酚、氰化物等）会随着水蒸气而逸出，飘逸在沉淀池、凉水塔周围。可以通过降低循环水中有害物质的含量、改进凉水塔设计等手段来控制这类有害气体。如凉水塔顶可以设置更为有效的捕滴层来控制飘散的水雾及携带的有害物质。

三、吹风阶段排出吹风气时废气的治理

水煤气一般采用间歇生产，运行时在吹风阶段会吹出含有化学热和大量显热的烟尘和废气。大型水煤气站均设置必要的热量回收装置，即蓄热室、废热锅炉，也设置离心式旋风除尘器控制烟尘。图 3-33 为回收吹风气和水煤气显热的工艺流程。

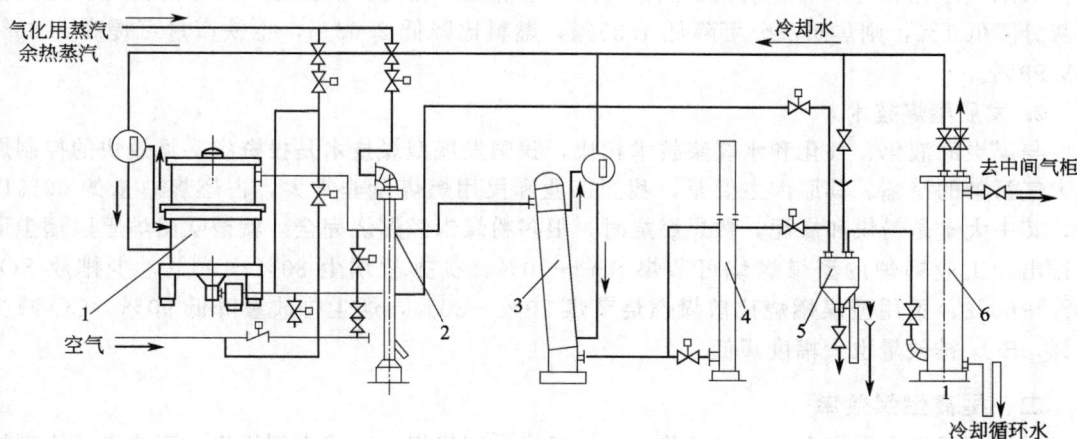

图 3-33 回收吹风气和水煤气显热的工艺流程
1—水煤气炉；2—集尘器；3—废热锅炉；4—烟囱；5—洗气箱；6—洗涤塔

吹风气流在旋风除尘器或冲击法集尘器分离出气流中的颗粒粉尘后，进入废热锅炉回收显热，再经旋风除尘器排入大气。同时，制气阶段上吹制气时水煤气也经除尘器除尘，废热锅炉回收显热后进入洗气箱、洗气塔净化冷却，最后进入中间气柜。

四、发展烟气除尘、脱硫技术

如采用高压静电除尘的电除尘器和高温脱硫、活性炭吸附脱硫等方法减少烟尘。

五、改革气化的工艺和设备

采用国家"九五"攻关项目——新型（多喷嘴对置）水煤浆气化炉，该装置日处理 15t 煤，有先进的集散控制。另外，采用高温气化工艺，如气流床和熔融床等。

六、利用大气自净能力，废气高空排放

对于难以去除的有毒物质或无论采用什么控制方法和净化装置均难以除净的尾气处理，本着净化脱除为主，烟囱排放稀释为辅的经济原则，将废气通过烟囱排入空气，利用大气的稀释作用，降低地面大气污染物浓度。

第七节 燃煤大气污染控制

控制燃煤对大气的污染，可通过对煤炭的加工与转化，来提高煤炭的燃烧效率和设备的热效率，在煤炭燃烧过程的前、中、后各个环节，采取有效的措施，做好固渣、固硫、脱硫、除尘等工作。

一、煤炭加工与转化工业

在煤炭加工中的筛分、洗选、型煤成型和焦化等物理转化技术已相当成熟，对煤炭的化学转化，如气化、液化和水煤浆技术，正在向大工业生产发展。

1. 选煤

首先，选煤是合理利用煤炭资源，保护环境的最经济、最有效的技术途径。通过选煤降低煤的灰分和硫分，可减轻烟尘、SO_2 及 NO 等对环境的污染；其次，选煤为燃煤后费用昂贵的烟气净化和污染控制减轻负担；再次，选煤是节能的重要措施，对于炼焦煤，选后精煤灰分降低 1%，则焦炭灰分可降低 1.33%，燃料比降低 2.66%，生铁产量可提高 2.66%～3.99%。

2. 发展型煤技术

与煤炭的液化、气化和水煤浆技术相比，我国发展型煤技术是投资省、见效快的控制燃煤大气污染的措施。其原因主要是，我国工业和民用燃煤量非常大，占燃煤总量的 60% 以上，其中大量是粉煤和煤泥，散煤燃烧时，很多粉煤未经燃烧完全，就被吹出炉膛以烟尘形式排出。工业锅炉的型煤燃烧可节煤 8%～10%，少排放烟尘 80%～90%，少排放 SO_2 50%～60%；民用型煤燃烧比散煤燃烧节煤 20%～30%，烟尘排放量降低 90%，CO 减少 70%，SO_2 排放量也大幅度降低。

二、提高燃煤效率

首先，要提高燃煤发电机组的热效率，发展大型机组，改造中型机组，逐步淘汰小型机组，并积极推广热电联产。机组热效率的提高，可以减少 CO 的排放量、供电耗煤量以及各种污染物的排放量。

其次，要对工业与民用锅炉进行技术改造和引用先进的燃烧技术和设备，逐步增设煤的集中转换设备，如集中供热锅炉、煤制气厂等。目前我国的工业与民用锅炉主要是火床燃烧方式，其炉膛和风室结构的技术水平低，热效率只有 75% 左右，与国外先进锅炉的一般热效率 80%～85% 相比，存在较大差距，且污染物的排放严重超标。应积极开发适合中国煤种的新型燃烧器，发展高效低污染的粉煤燃烧技术。

三、控制煤烟排放物

当煤源和燃煤过程未能控制住燃煤大气污染时，在燃烧器的排烟过程中进行排放物控制几乎成了最后的手段。由于技术难度大，其设备及运行费用都很高。因此，发展新型、高效、廉价的设备和工艺，如推广高效除尘器，发展烟气净化与粉煤灰综合利用技术，鼓励探索集烟气净化和节能于一体的新技术等，应受到广泛的重视。

四、节能与优化能源结构

大力推行节能技术，如应用微机控制锅炉的燃烧过程等，既能节约资源，提高经济效益，还能减少煤炭用量和烟尘排放，是一项高层次的控制燃煤大气污染的措施，对保护环境有着双重意义。此外，优化能源结构，开发新型无污染能源，是减少大气污染的重要途径和发展方向。

第八节　含二氧化硫废气的治理技术

大气中 SO_2 的人为来源包括化石燃料燃烧和含硫物质的工业生产过程，其排放量约占大气中 SO_2 总量的 2/3。SO_2 排放量较大的工业部门有火电厂、钢铁、有色冶炼、化工、炼油、水泥等。其中，煤炭在我国能源结构中仍占有 67% 的份额，燃煤排放的 SO_2 占总排放量的 80% 以上，是治理 SO_2 污染的重点。

控制 SO_2 污染的技术按脱硫工艺和燃烧的结合点可分为：燃料脱硫（即燃烧前脱硫）、燃烧脱硫（即燃烧中脱硫）和烟气脱硫（即燃烧后脱硫）三种。目前，烟气脱硫仍被认为是控制 SO_2 污染最行之有效的途径，应用最广泛；其次是循环流化床燃烧脱硫，正在推广应用。其他脱硫技术尚未达到商业广泛应用的程度。下面将具体介绍这三种脱硫技术。

一、原煤脱硫

原煤脱硫技术是通过选煤可以部分去除原煤中所含硫分、灰分和其他杂质，从而达到脱硫目的。煤内所含硫呈两种化合方式：有机硫和无机硫。脱硫方法分为物理法、化学法、气化法、液化法。

1. 物理法

煤中的硫约有 2/3 以硫化铁形式存在，硫化铁的相对密度（$\rho=5$）大于煤（$\rho=1.25$），是顺磁性物质，而煤是反磁性物质，将煤破碎后，用高梯度磁分离法或重力分离法将硫化铁除去，脱硫率为 60% 左右。该方法简单经济，但脱硫效率低。

2. 化学法

利用某些化学药品与煤中的硫反应后将硫脱除，能同时脱除无机硫和有机硫，一般用于高硫煤。例如，用碱溶液将煤浸泡后，通过微波照射，使硫化合物的化学键断裂，生成 H_2S 与碱反应而被去除，可去除 90% 的无机硫和 70% 的有机硫。我国近几年的煤炭入选率一直在 20% 左右，与世界主要产煤国家的 60% 相差甚远。

3. 煤的气化法

煤的气化是指用水蒸气、氧气或空气作气化剂将煤进行热分解，转化为 H_2、CO、CH_4、CO_2 等小分子的可燃气体。硫在煤气中主要以 H_2S 形式存在，可在吸收塔中与 Na_2CO_3 或 $Fe(OH)_2$ 等溶液反应脱除。由于除去了煤中的灰分与硫化物，因此煤气是一种清洁燃料，是清洁燃煤技术的发展方向之一。

4. 煤的液化法

煤可用各种方法加氢制取液化油。制取过程中有机硫在加氢时转变为 H_2S，在去除酸性气体的环节中脱除。煤的液化可直接催化加氢或溶剂萃取，也可间接变换，即先将煤气化，再将 CO 和 H_2 制成合成气，最终合成为液体碳氢化合物。但煤的液化成本较高，使其应用受到限制，发展缓慢。

二、燃烧脱硫

流化床锅炉中加入石灰石（$CaCO_3$）或白云石（$CaCO_3 \cdot MgCO_3$）粉作脱硫剂，它们在燃烧过程中受热分解生成 CaO、MgO，与烟气中 SO_2 结合生成硫酸盐被排出炉外，从而

减少了 SO_2 的排放，减少了大气污染。$CaCO_3$ 在氧化性气氛中的基本脱硫反应为：

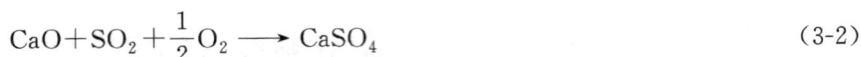

$$CaCO_3 \longrightarrow CaO+CO_2\uparrow \tag{3-1}$$

$$CaO+SO_2+\frac{1}{2}O_2 \longrightarrow CaSO_4 \tag{3-2}$$

在煅烧过程中由于析出 CO_2，使石灰石或白云石产生更多空隙，增加了气-固接触面积，有利于反应的进行。由于气-固反应的特点是反应多在固体表面进行，所以石灰石的颗粒越大其利用率越低。

燃烧过程脱硫包括型煤固硫、流化燃烧脱硫、炉内喷钙等技术。

1. 型煤固硫

用石灰、沥青、电石渣、造纸黑液等作固结剂，再掺入一定的黏结剂，将粉煤拼压成型即为型煤。型煤用于有炉排的炉子，如中、小型火床燃烧工业锅炉和民用炉灶。型煤燃烧时，可固硫 $50\%\sim70\%$，减少烟尘 60%，但脱硫剂利用率较低，一般为 50%。

燃烧过程中，黄铁矿和有机硫被氧化为 SO_2，与石灰反应生成硫酸盐，则硫被固定于灰渣之中，因此同时起到脱硫、减少细煤灰飞扬及提高锅炉效率的作用。温度和反应时间是型煤固硫的主要影响因素，此时希望燃烧过程中 SO_2 与 CaO 尽可能有较长的接触时间，以保证气-固反应，但由于生成的 SO_2 很快逸入燃烧室空间，与 CaO 接触时间过短，因此固硫率较低。

2. 流化燃烧脱硫

流化燃烧脱硫是把粒径 3mm 左右的煤屑、煤粒和脱硫剂（$<$1mm 的石灰石粉）送入燃烧室，从炉底鼓风使床层处于流化状态进行燃烧和脱硫反应。燃烧时保持床层 $800\sim900℃$ 的温度，此温度是 $CaCO_3$ 在氧化性气氛中脱硫反应的最佳反应温度，因为在 750℃ 以下，$CaCO_3$ 的分解困难；1000℃ 以上生成的 $CaSO_4$ 又将分解。

反应过程中，由于 $CaCO_3$ 转变 CaO 时使原 $CaCO_3$ 内的自然孔隙扩大了许多，这有利于 $CaSO_4$ 的生成。但是，生成的 $CaSO_4$ 分子体积是 CaO 的 3 倍，因此在反应一开始，就会在 CaO 的表面生成一层厚度约为 $32\mu m$ 的致密 $CaSO_4$ 薄层，阻碍了 SO_2 通过该薄层向 CaO 颗粒内部的扩散并进行反应。可见，石灰粉越细，其利用率越高。但是，脱硫反应比燃烧反应慢，其中一些细料可能尚未进行脱硫反应就被气流带走。循环流化床（CFB）锅炉采用的飞灰复燃和缺氧燃烧技术，同时提高了钙的利用率和脱硫效率。飞灰复燃是将带走的细料重新送入燃烧室进行再循环使用，相当于增加脱硫剂在炉膛的停留反应时间；缺氧燃烧形成强还原性气氛，使硫化合物生成 H_2S，与 CaO 反应成 CaS，再氧化成 $CaSO_4$。由于 CaS 分子体积小，解决了微孔堵塞问题。CFB 锅炉脱硫率较高，通常 $n(Ca)/n(S)=1.5\sim2.5$，脱硫率为 $80\%\sim90\%$。

CFB 锅炉具有许多优越性，能同时脱硫、脱硝，灰渣中含有 CaO 和 $CaSO_4$，是硅酸盐水泥的优质混合材料。此外，CFB 锅炉还具有燃料适应性广、燃烧效率高、负荷调节性好等优点。因此，循环流化床锅炉是目前发展很快、生命力很强的清洁煤燃烧技术。其缺点是，因 $n(Ca)/n(S)$ 较高，运行费用和固体排渣量大；运行电耗高；固体颗粒对锅炉部件磨损严重等。

3. 炉内喷钙

这种方法是把干细粉或浆液状的钙基或钠基脱硫剂喷入炉膛、炉膛出口或尾部烟道等不同位置，由此得到不同的脱硫效率。一般将干石灰粉喷入炉膛，当 $n(Ca)/n(S)\geqslant2$ 时，脱硫率为 $20\%\sim50\%$。由于炉膛喷钙的脱硫率和石灰石利用率低，固体废物量大，一般不用于新建锅炉。但其优点是不需要对锅炉做较大的变动，适用于原有火电厂煤粉炉的改造。为了提高脱硫率，可将炉膛燃烧脱硫与烟气脱硫联合使用，如采用烟道内干喷碳酸氢钠、天然碱等技术，或将飞灰加石灰处理成含水 60% 的硅酸钙，喷入烟温为 $100\sim200℃$ 的烟道等，均可有效提高脱硫率。

三、烟气脱硫

烟气脱硫（flue gas desulfurization，FGD）是目前技术最成熟，能大规模商业化应用的脱硫方式。是控制酸雨和 SO_2 污染最主要的技术手段。虽然研究开发的烟气脱硫技术已有100 多种，但进入实用的只有十几种。商业应用中湿式洗涤工艺约占烟气脱硫装置的 85%，半干式喷雾干燥法约占 8.4%。由于 FGD 处理的烟气量大、SO_2 浓度低，其投资和运行费用非常高，经济上中小型的工业锅炉难以承受，大多数应用于电站锅炉。

烟气脱硫技术主要是利用各种碱性的吸收剂捕集烟气中的 SO_2，将之转化为较为稳定且易机械分离的硫化合物或单质硫，从而达到脱硫的目的。

烟气脱硫工艺按脱硫剂和脱硫产物是固态还是液态分为干法和湿法，脱硫剂和脱硫产物分别是液态和固态的脱硫工艺为半干法。干法用固态脱硫剂脱除废气中的 SO_2，气-固反应速度慢，脱硫率和脱硫剂的利用率一般较低，但脱硫产物处理容易，投资一般低于传统湿法，有利于烟气的排放和扩散。湿法是用溶液吸收烟气中的 SO_2，气-液反应传质效果好，脱硫率高，技术成熟，但脱硫产物难处理，投资较大，且烟温降低不利于排放，烟气需再次耗能加热。

按脱硫产物是否回收利用，烟气脱硫还可分为抛弃法和回收法。抛弃法是将 SO_2 转化为固体产物抛弃掉，但存在残渣污染与处理问题。回收法则由反应产物制取硫酸、硫黄、液体二氧化硫、化肥或石膏等有用物质，还可将反应后的脱硫剂再生循环使用，各种资源可以综合利用，避免产生固体废物。但回收法的费用普遍高于抛弃法，经济效益低。目前仍以采用抛弃法为主。

下面介绍一些主要的烟气脱硫方法。

1. 干法烟气脱硫

干法烟气脱硫技术包括电子束法、脉冲电晕法、荷电干粉喷射法、催化氧化法、活性炭吸附法、和流化床氧化铜法等。

（1）电子束法　电子束脱硫技术是一种物理与化学方法相结合的高新技术。它利用电子加速器产生的等离子体氧化烟气中的 SO_2（NO_x），并与注入的 NH_3 反应，生成硫铵和硝铵化肥，实现脱硫、脱硝目的。在辐射场中，燃煤烟气中的成分 O_2、H_2O（气），吸收高能电子的能量，生成大量反应活性极强的活性基团和氧化性物质，如·O、·OH、O_3 等。这些氧化性物质与气态污染物进行各种氧化反应，举例如下：

$$SO_2 + 2 \cdot OH \longrightarrow H_2SO_4 \tag{3-3}$$
$$NO + \cdot O \longrightarrow NO_2 \tag{3-4}$$
$$NO_2 + \cdot OH \longrightarrow HNO_3 \tag{3-5}$$

生成的 H_2SO_4 和 HNO_3 与加入的 NH_3 发生如下反应：

$$H_2SO_4 + 2NH_3 \longrightarrow (NH_4)_2SO_4 \tag{3-6}$$
$$HNO_3 + NH_3 \longrightarrow NH_4NO_3 \tag{3-7}$$

反应生成的硫酸铵和硝酸铵气溶胶微粒带有电荷，很容易被捕集。脱硫工艺流程如图3-34 所示，大致由烟气冷却、加氨、电子束照射和副产品收集等几部分组成。电子在高真

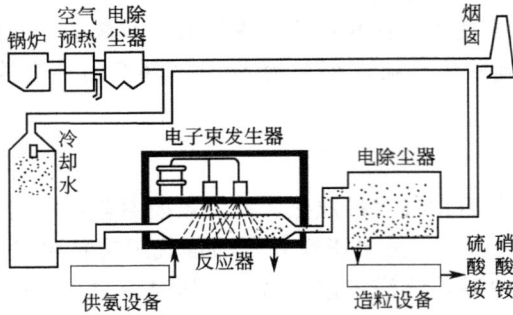

图 3-34　电子束烟气脱硫工艺流程

空的加速管里由高电压加速，然后透射过 $30\sim50\mu m$ 的两片金属箔照射烟气。约 130℃ 的排出烟气经静电除尘后，部分烟气进入喷水冷却塔降温、除尘，使烟温降到适于脱硫、脱硝的温度（约 65℃），再进入同时喷入氨气的反应器脱硫。烟气水露点通常小于 60℃，所以冷却水在塔内完全被汽化，一般不会产生需进一步处理的废水。反应器内的烟气被电子加速器产生的高能电子束照射，发生脱硫、脱硝反应，生成硫酸铵和硝酸铵。在反应器中喷水可以吸收反应产生的热量，随后经干式静电除尘器将脱硫副产品与烟气分离。净化后的烟气与未处理的烟气混合升温后送入烟囱排放。

电子束法是 1970 年日本荏原（Ebara）公司首先提出的烟气脱硫技术。20 世纪 80 年代以来，先后在日本、美国、德国、波兰等国家进行研究并建立了中试工厂。1992～1994 年，日本建造了三座小型示范厂，取得了预期的效果。目前，电子束法继续受到许多国家的关注。荏原公司在我国成都电厂 90MW 机组上实施了电子束脱硫示范工程。1998 年 1 月，系统趋于正常，是当时世界上处理烟气量最大的电子束脱硫装置。另外，电子束法脱硫效率≥90%，可同时脱硫脱硝，投资较低，副产物可用作肥料，无废渣排放；但运行电耗高，运行成本还受到肥料市场的直接影响。

（2）气相催化氧化法　干式气相催化氧化已实际应用于有色金属冶炼和锅炉烟气脱硫。除尘净化后的含 SO_2 烟气进入催化转化器，在一定温度下通过催化剂作用，将 SO_2 氧化为 SO_3，继而转化为硫酸加以收集。SO_2 的氧化反应为：

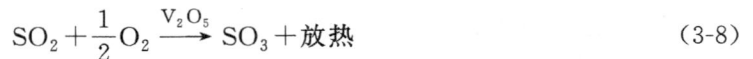

$$SO_2 + \frac{1}{2}O_2 \xrightarrow{V_2O_5} SO_3 + 放热 \tag{3-8}$$

实际上，这是一个可逆放热反应，因此降低反应温度和提高反应压力有利于反应的进行。能加速 SO_2 转化反应的催化剂很多，铂的活性最高，但价格昂贵且易中毒，一般不使用；Cr_2O_3、Fe_2O_3 等金属氧化物也具有一定的活性，但使用温度过高受到限制；只有以 SiO_2 为载体的 V_2O_5 价格便宜又不易中毒，且在最低温度下（500～550℃）活性最高，目前在硫酸生产中被广泛采用。

气相催化氧化法对低 SO_2 浓度（含量低于 2%）的锅炉烟气脱硫工艺流程为：烟气在 500℃左右除尘，再进入催化转化器反应，然后流经省煤器、空气预热器放热降温至 230℃ 左右，最后进入吸收塔，用稀硫酸洗涤吸收 SO_3，待气体冷却到 104℃，则可得到含量为 80% 的硫酸。这就要求实际生产中转化反应必须分段进行。在每段中，反应是在绝热条件下进行的，反应后的气体温度必然升高，因此要将气体冷却（即除去反应热）至一定温度后，再进入下一段进行绝热反应，然后再将反应热移去，如此使转化反应和换热两个过程依次交替进行，直到达到要求的最终转化率为止。对于冶炼工业中高 SO_2 浓度（含量高于 2%）的烟气，催化反应放热量大，必须将反应热从系统中不断导出，才能保证最适宜的反应温度，因此工程上采用分段转化反应，一般分 3～4 段。

（3）活性炭吸附法　该法的原理是：活性炭是良好的吸附剂，它可以吸附 SO_2 从而减少其排放。同时，活性炭可以再生，再生时放出高浓度的 SO_2，进一步可以还原成硫或氧化成硫酸，从而回收硫资源。吸附剂的吸附能力与其比表面积（颗粒孔隙的表面积与其体积之比）有关，要求吸附剂有较大的比表面积。虽然很多产品的比表面积都很大，但目前只有活性炭适于工业使用。其反应过程如下：

吸附过程

$$SO_2 \longrightarrow SO_2^* \tag{3-9}$$

$$O_2 \longrightarrow 2O^* \tag{3-10}$$

$$H_2O \longrightarrow H_2O^* \tag{3-11}$$

氧化过程　　　　　　$$SO_2^* + O^* \longrightarrow SO_3^* \tag{3-12}$$

水合过程　　　　　　$$SO_3^* + H_2O^* \longrightarrow H_2SO_4^* \tag{3-13}$$

稀释过程　　　　$$H_2SO_4^* + nH_2O^* \longrightarrow (H_2SO_4 \cdot nH_2O)^* \tag{3-14}$$

式中，$*$ 表示为吸附状态。

影响活性炭对 SO_2 吸附的因素有：

① 活性炭的比表面积，比表面积大有利于吸附；

② 烟气中氧和水蒸气的分压，分压高有利于吸收；

③ 床层温度，温度低有利于吸附。此法的设备为活性炭吸附罐。

2. 半干法烟气脱硫

半干法烟气脱硫技术包括旋转喷雾干燥法、炉内喷钙增湿活化法、增湿灰循环脱硫技术等。

（1）旋转喷雾干燥法　这是美国 JOY 公司和丹麦 NIRO 公司 1978 年联合开发的脱硫工艺，已有超过 10% 的脱硫市场占有率。喷雾干燥法脱硫率一般为 85%，高者可达 90% 以上，多用于低硫煤烟气脱硫，其工艺流程如图 3-35 所示。将石灰 $Ca(OH)_2$ 或 Na_2CO_3 等制成的浆液喷入雾化干燥反应器，雾化后的碱性液滴吸收烟气中 SO_2，同时烟气的热量使液滴干燥形成石膏固体颗粒，再用袋式除尘器将固体颗粒分离。$Ca(OH)_2$ 吸收 SO_2 的总反应为：

$$Ca(OH)_2 + SO_2 + H_2O \longrightarrow CaSO_3 \cdot 2H_2O \tag{3-15}$$

$$CaSO_3 \cdot 2H_2O + \frac{1}{2}O_2 \longrightarrow CaSO_4 \cdot 2H_2O \tag{3-16}$$

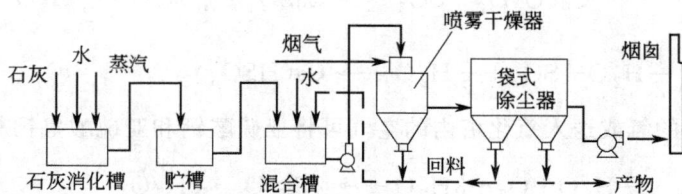

图 3-35　喷雾干燥法脱硫工艺

常用的雾化装置有压力喷嘴和高速旋转（10000～50000r/min）离心雾化器两种。雾化液滴及其分布要细而均匀，喷嘴或雾化轮应耐磨、耐腐蚀、防堵塞。吸收剂除用 $Ca(OH)_2$ 或 Na_2CO_3 之外，石灰石、苏打粉、烧碱等也可用作吸收剂。石灰脱硫常将固体颗粒循环使用以提高吸收剂利用率；钠脱硫则一次通过吸收器即可完全反应。石灰的实际用量通常是理论计算量的 2.5 倍左右，循环使用可降至 1.5 倍；钠吸收剂利用率较高，一般为 1.1 倍。袋式除尘器被广泛用于喷雾干燥系统的固体捕集，因为沉积在袋上的未反应的石灰可与烟气中残余 SO_2 反应，脱硫率占系统总脱硫率的 10%～20%，滤袋可以看成一个固定床反应器。

影响脱硫率的因素有烟气温度、速度、湿度和 SO_2 浓度等。反应器入口烟温为 150℃左右，较高的入口烟温，可以增加浆液含水量，改善反应器内干燥阶段的传质条件，使脱硫率提高。出口烟温一般为 $80\sim100℃$，要求比绝热饱和温度高 $10\sim30℃$。出口烟温越低，则固体粒料中残留水分越多，传质条件越好，脱硫率越高。烟气进口 SO_2 浓度越高，需要更高的 $n(Ca)/n(S)$ 才能达到较高的脱硫率。反应器内烟气流速约 $1.5m/s$，石灰系统的烟气停留时间为 $10\sim12s$。

(2) 炉内喷钙-炉后增湿活化脱硫　这是由芬兰 Tampella 公司和 IVO 公司开发的一种脱硫率较高、设备简单、投资低、能耗少的脱硫技术。其特点是除了将石灰石粉喷入炉膛中 $850\sim1150℃$ 烟温区，完成式(3-1)、式(3-2) 的反应之外，在空气预热器后增设了一个独立的活化反应器，在这里喷雾化水或蒸汽使烟气中未反应的 CaO 增湿活化，进行水合反应生成 $Ca(OH)_2$，接着与烟气中 SO_2 反应生成 $CaSO_3$，部分 $CaSO_3$ 进一步氧化成 $CaSO_4$，总反应可表示为：

$$CaO+H_2O+SO_2+\frac{1}{2}O_2 \longrightarrow CaSO_4+H_2O$$

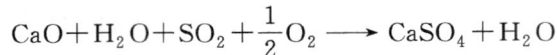

烟气经过加水增湿活化和干脱硫灰再循环，可使总脱硫率达到 75% 以上，若将干脱硫灰加水制成灰浆喷入活化器增湿活化，可使总脱硫率超过 85%。

3. 湿法烟气脱硫

已商业化或完成中试的湿法脱硫工艺包括石灰（石灰石）法、双碱法、氨吸收法、磷铵复肥法、稀硫酸吸收法、海水脱硫、氧化镁法等 10 多种。其中，又以湿式钙法占绝对统治地位，其优点是技术成熟、脱硫率高，$n(Ca)/n(S)$ 比低，操作简便，吸收剂价廉易得，副产物便于利用。

(1) 石灰或石灰石洗涤法　该法属于湿法脱硫的一种，工艺成熟，运行可靠，是国外工业化烟气脱硫的主要方法。该工艺以石灰 $[Ca(OH)_2]$ 或石灰石（$CaCO_3$）浆液吸收烟气中的 SO_2，脱硫产物亚硫酸钙（$CaSO_3 \cdot \frac{1}{2}H_2O$）可用空气氧化为石膏回收，也可直接抛弃，脱硫率达到 95% 以上。吸收过程的主要反应为：

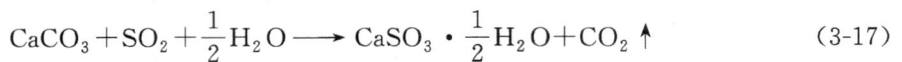

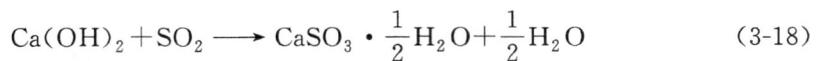

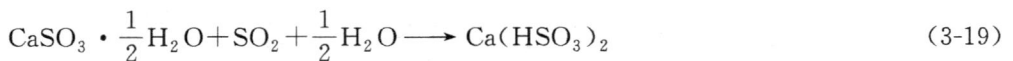

$$CaCO_3+SO_2+\frac{1}{2}H_2O \longrightarrow CaSO_3 \cdot \frac{1}{2}H_2O+CO_2 \uparrow \tag{3-17}$$

$$Ca(OH)_2+SO_2 \longrightarrow CaSO_3 \cdot \frac{1}{2}H_2O+\frac{1}{2}H_2O \tag{3-18}$$

$$CaSO_3 \cdot \frac{1}{2}H_2O+SO_2+\frac{1}{2}H_2O \longrightarrow Ca(HSO_3)_2 \tag{3-19}$$

氧化过程即废气中的氧或送入氧化塔内的空气可将亚硫酸钙和亚硫酸氢钙氧化成石膏：

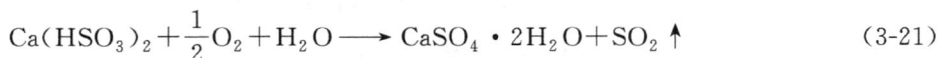

$$2CaSO_3 \cdot \frac{1}{2}H_2O+O_2+3H_2O \longrightarrow 2CaSO_4 \cdot 2H_2O \tag{3-20}$$

$$Ca(HSO_3)_2+\frac{1}{2}O_2+H_2O \longrightarrow CaSO_4 \cdot 2H_2O+SO_2 \uparrow \tag{3-21}$$

回收式石灰或石灰石脱硫工艺流程如图 3-36 所示。整个工艺分两步完成，即吸收和氧化。吸收塔内的吸收液与除尘后进入的烟气反应后，被送入氧化塔内制取石膏。烟道气脱硫常用的吸收塔有：空塔（最常用）、填料塔、湍球塔、板式塔、喷射鼓泡塔、液柱喷淋塔、托盘喷淋塔和文丘里/喷雾洗涤塔等。

石灰或石灰石的吸收效率与浆液的 pH 值、钙硫摩尔比、液气比、吸收温度、石灰/石灰石的粒度、浆液固体浓度、气体中 SO_2 浓度、洗涤器结构等众多因素有关。

(2) 双碱法　双碱法是针对石灰或石灰石法易结垢和堵塞的问题发展的一种脱硫工艺。双

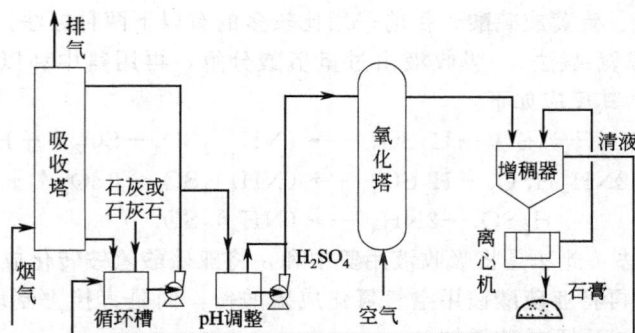

图 3-36 石灰或石灰石脱硫工艺

碱法采用钠化合物为第一碱，吸收 SO_2，吸收液用石灰石或石灰作为第二碱再生，吸收效率高，但碱耗较大。具体过程如下：首先采用钠化合物（$NaOH$、Na_2CO_3 或 Na_2SO_3）溶液吸收烟气中的 SO_2，生成 Na_2SO_3 和 $NaHSO_3$，由于吸收塔内用的是溶于水的钠化合物作为吸收剂，不会结垢。然后将离开吸收塔的溶液导入一开口反应器，加入石灰或石灰石进行再生反应，生成亚硫酸钙或硫酸钙沉淀，再生后的钠溶液返回吸收塔重新使用。吸收反应为：

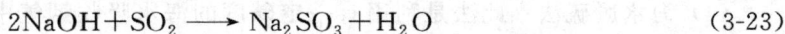

$$Na_2CO_3 + SO_2 \longrightarrow Na_2SO_3 + CO_2 \uparrow \tag{3-22}$$

$$2NaOH + SO_2 \longrightarrow Na_2SO_3 + H_2O \tag{3-23}$$

$$Na_2SO_3 + SO_2 + H_2O \longrightarrow 2NaHSO_3 \tag{3-24}$$

反应器中的再生反应为：

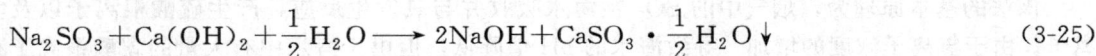

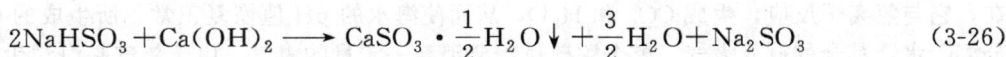

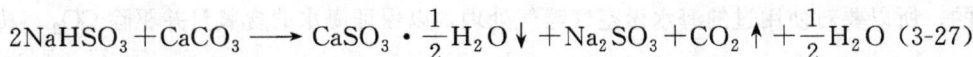

$$Na_2SO_3 + Ca(OH)_2 + \frac{1}{2}H_2O \longrightarrow 2NaOH + CaSO_3 \cdot \frac{1}{2}H_2O \downarrow \tag{3-25}$$

$$2NaHSO_3 + Ca(OH)_2 \longrightarrow CaSO_3 \cdot \frac{1}{2}H_2O \downarrow + \frac{3}{2}H_2O + Na_2SO_3 \tag{3-26}$$

$$2NaHSO_3 + CaCO_3 \longrightarrow CaSO_3 \cdot \frac{1}{2}H_2O \downarrow + Na_2SO_3 + CO_2 \uparrow + \frac{1}{2}H_2O \tag{3-27}$$

将亚硫酸钙进一步氧化，才能回收石膏。此法的脱硫率也很高，可达 95％ 以上。缺点是吸收过程中，生成的部分 Na_2SO_3 会被烟气中残余 O_2 氧化成不易清除的 Na_2SO_4，使得吸收剂损耗增加和石膏质量降低。电站锅炉烟气中，大约有 5％～10％ 的 Na_2SO_3 被氧化为 Na_2SO_4。如果溶液中的 OH^- 和 SO_3^{2-} 保持足够高的浓度，则可除去 Na_2SO_4。

$$Na_2SO_4 + Ca(OH)_2 + 2H_2O \longrightarrow 2NaOH + CaSO_4 \cdot 2H_2O \tag{3-28}$$

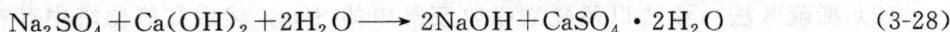

若吸收塔采用稀硫酸来除去硫酸钠，这也要增加硫酸消耗：

$$Na_2SO_4 + H_2SO_4 + 2CaSO_3 + 4H_2O \longrightarrow 2CaSO_4 \cdot 2H_2O + 2NaHSO_3 \tag{3-29}$$

（3）氨法　该法采用氨水或液态氨为吸收剂，吸收 SO_2 后生成亚硫酸铵和亚硫酸氢铵，氨可留在产品内，成为化肥。其反应如下：

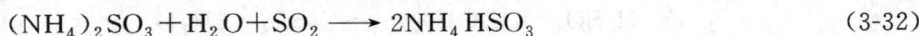

$$NH_3 + H_2O + SO_2 \longrightarrow NH_4HSO_3 \tag{3-30}$$

$$2NH_3 + H_2O + SO_2 \longrightarrow (NH_4)_2SO_3 \tag{3-31}$$

$$(NH_4)_2SO_3 + H_2O + SO_2 \longrightarrow 2NH_4HSO_3 \tag{3-32}$$

$(NH_4)_2SO_3$ 对 SO_2 有更好的吸收能力，当 NH_4HSO_3 比例增大，吸收能力降低，需补充氨将亚硫酸氢铵转化成亚硫酸铵，即进行吸收液的再生，反应式为：

$$NH_3 + NH_4HSO_3 \longrightarrow (NH_4)_2SO_3 \tag{3-33}$$

此外，还需引出一部分吸收液，这部分吸收液可以采用不同的方法加以处理，分别可以回收硫酸铵、硫酸钙、硫黄或硫酸。目前采用比较多的有以下两种方法。

① 酸分解法（或氨-酸法） 吸收液由过量硫酸分解，再用氨中和以获得硫酸铵，同时制得浓的 SO_2 气体，其反应如下：

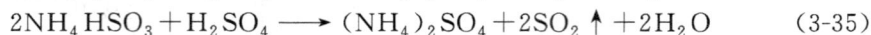

$$(NH_4)_2SO_3 + H_2SO_4 \longrightarrow (NH_4)_2SO_4 + SO_2\uparrow + H_2O \tag{3-34}$$

$$2NH_4HSO_3 + H_2SO_4 \longrightarrow (NH_4)_2SO_4 + 2SO_2\uparrow + 2H_2O \tag{3-35}$$

$$H_2SO_4 + 2NH_3 \longrightarrow (NH_4)_2SO_4 \tag{3-36}$$

② 氨-亚硫酸铵法 此法是将吸收液用氨中和，将亚硫酸氢铵转化成亚硫酸铵；与氨-酸法的区别在于该法不再将亚硫酸铵用空气氧化成硫酸铵，而是直接去制取亚硫酸铵的结晶，分离出亚硫酸铵产品，而不是硫酸铵。

该法也可用固体碳酸氢铵作氨源来代替氨水，以便储运。碳酸氢铵具有与 NH_3 同样的吸收能力，主要反应为：

$$2NH_4HCO_3 + SO_2 \longrightarrow (NH_4)_2SO_3 + 2CO_2 + H_2O \tag{3-37}$$

$$(NH_4)_2SO_3 + SO_2 + H_2O \longrightarrow 2NH_4HSO_3 \tag{3-38}$$

吸收 SO_2 后的母液主要含有 NH_4HSO_3，加入固体 NH_4HCO_3 中和可生成 $(NH_4)_2SO_3$，生成的 $(NH_4)_2SO_3$ 溶解度小，可结晶析出。

$$NH_4HSO_3 + NH_4HCO_3 \longrightarrow (NH_4)_2SO_3 + H_2O + CO_2 \tag{3-39}$$

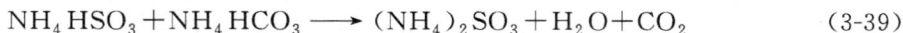

（4）海水脱硫法 此法是利用有一定碱度的海水吸收烟气中的 SO_2，其优点是过程简单；可以不需另加吸收剂；只需对吸收过 SO_2 的海水鼓入空气进行处理，即可以基本达到原有海水的质量水平，直接排入大海不会造成对环境的污染；投资和运行费用低。

该法的基本原理为，烟气中的 SO_2 被海水吸收并与氧发生反应，产生硫酸根离子以及氢离子。由于氢离子浓度的增加，导致海水的 pH 值降低，但由于海水中有大量的碳酸根离子存在，它与氢离子反应，生成 CO_2 和 H_2O，从而使海水的 pH 值恢复正常。所生成的 CO_2 一部分溶于水，其余的放入大气。整个脱硫过程要消耗一定量的氧气。由于氧气是海洋生物所必需的，所以要对使用过的海水做空气曝气处理，以保证海水的含氧量并驱除 CO_2。其反应如下：

$$SO_2 + H_2O + \frac{1}{2}O_2 \longrightarrow SO_4^{2-} + 2H^+ \tag{3-40}$$

$$HCO_3 + H^+ \longrightarrow CO_2 + H_2O \tag{3-41}$$

海水脱硫只适用于沿海地区。位于沿海的电厂一般都用海水作为凝汽器的循环水，直接利用凝汽器下游的循环水可以进行脱硫。

（5）稀硫酸法 该法以稀硫酸吸收废气中的 SO_2，然后在氧化塔中存在催化剂（含 Fe^{3+}）的条件下，经空气氧化制成硫酸，一部分硫酸回吸收塔内循环使用，另一部分送去与石灰石反应生成石膏。该法吸收氧化总的反应为：

$$2SO_2 + O_2 + 2H_2O \xrightarrow{催化剂} 2H_2SO_4 \tag{3-42}$$

生成石膏的反应为：

$$H_2SO_4 + CaCO_3 + H_2O \longrightarrow CaSO_4 \cdot 2H_2O + CO_2\uparrow \tag{3-43}$$

或

$$H_2SO_4 + Ca(OH)_2 \longrightarrow CaSO_4 \cdot 2H_2O \tag{3-44}$$

该法简单，操作容易，不需特殊设备和控制仪表，能适应操作条件的变化，脱硫率可达 98%，投资和运转费用较低。但该法中产生的稀硫酸腐蚀性较强，必须采用合适的防腐材料；此外，所得稀硫酸浓度过低，不便于运输和使用。

（6）钠碱法 该法以碳酸钠或碳酸氢钠溶液作为吸收剂吸收烟气中的 SO_2。其优点是：

可用固体吸收剂，而且阳离子是非挥发性的；不存在吸收剂在洗涤过程中的挥发产生氨雾问题；钠盐溶解度比较大，因此吸收系统不存在结垢、堵塞等问题，吸收能力比较强。缺点是碱的成本相对较高。在日本，目前有 60％的脱硫过程采用此法。

钠碱法可分为钠盐循环法（WL 法）、亚硫酸钠法、钠盐-氟铝酸分解法等。

① 钠（钾）盐循环法　该法以亚硫酸钠或亚硫酸钾为吸收剂，二氧化硫的脱除率可达90％以上。吸收母液经冷却、结晶、分离出亚硫酸氢钠（钾），再用蒸汽将其加热分解，生成亚硫酸钠（钾）及 SO_2，亚硫酸钠（钾）又可以循环使用，SO_2 回收可用于制造硫酸。WL 法分为 WL-Na 法和 WL-K 法。

WL-Na 法的反应为：

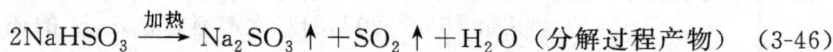

$$Na_2SO_3 + SO_2 + H_2O \longrightarrow 2NaHSO_3 \text{（吸收过程产物）} \tag{3-45}$$

$$2NaHSO_3 \xrightarrow{\text{加热}} Na_2SO_3 \uparrow + SO_2 \uparrow + H_2O \text{（分解过程产物）} \tag{3-46}$$

WL-K 法的反应为：

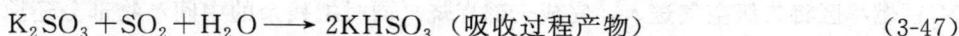

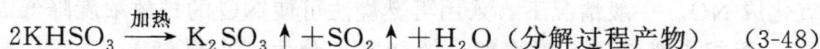

$$K_2SO_3 + SO_2 + H_2O \longrightarrow 2KHSO_3 \text{（吸收过程产物）} \tag{3-47}$$

$$2KHSO_3 \xrightarrow{\text{加热}} K_2SO_3 \uparrow + SO_2 \uparrow + H_2O \text{（分解过程产物）} \tag{3-48}$$

由于 WL-K 法的 SO_2 吸收率高，但分解过程需要的热量多，所以通常采用 WL-Na 法。

吸收母液中，亚硫酸氢钠（钾）经加热分解得到的 SO_2 仅含有水，所以生产的硫酸浓度很高。对于制酸过程中未反应的 SO_2 可重返回 WL 法的吸收塔再被吸收，所以不需要酸的二次转化装置，操作方便，设备结构简单。

② 亚硫酸钠法　该法吸收液为 NaOH 或 Na_2CO_3 溶液，吸收剂不循环使用，亚硫酸钠回收作为副产品，反应方程如下：

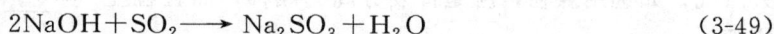

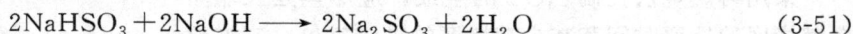

$$2NaOH + SO_2 \longrightarrow Na_2SO_3 + H_2O \tag{3-49}$$

$$Na_2SO_3 + SO_2 + H_2O \longrightarrow 2NaHSO_3 \tag{3-50}$$

$$2NaHSO_3 + 2NaOH \longrightarrow 2Na_2SO_3 + 2H_2O \tag{3-51}$$

使用该法，SO_2 的吸收率高达 95％以上，设备简单，操作方便。但由于苛性钠供应紧张，亚硫酸钠的销路有限，该法仅适用小规模处理。

第九节　氮氧化物废气的治理

煤燃烧过程中产生的氮的氧化物主要是一氧化氮（NO）和二氧化氮（NO_2），这二者统称为 NO_x，此外还有少量的氧化二氮（N_2O）产生。控制 NO_x 排放的重点是对燃料燃烧过程及其排放物的治理，主要方法有改变燃烧条件和废气脱硝两种。

一、改善燃烧条件（低 NO_x 燃烧技术）

用改变燃烧条件的方法来降低 NO_x 的排放，统称为低 NO_x 燃烧技术，其应用最广，相对简单、经济，并且是有效的方法。具体的措施有：分级燃烧、再燃烧、烟气再循环和各种低 NO_x 燃烧器等。在组织低 NO_x 燃烧时，不仅要使产生的 NO_x 尽可能减少，还要避免对燃烧设备产生负面影响，应根据不同的具体情况选用不同的方法。下面主要以锅炉为对象进行讨论。

1. 空气分级燃烧

将燃烧所需的空气分成两级送入，使燃烧分两级完成，燃烧室分级燃烧如图 3-37 所示。一级空气与燃料一起送入燃烧室，燃煤、燃油时约为所需空气总量的 80％，燃气时约 70％。由于燃料先在缺氧的富燃料条件下燃烧，燃烧区内的燃烧速度和温度水平降低，抑制了

NO_x 生成。完全燃烧所需的二级空气在燃烧器附近适当位置送入，形成贫燃料的二级燃烧区，此时虽然空气量多，但燃烧温度已经降低，NO 生成量不大。分级燃烧的实质是偏离化学计量比的燃烧，NO 可比常规燃烧降低 20%～40%。

组织分级燃烧要同时考虑 NO_x 控制和正常燃烧两个方面，应保证两级空气恰当的分配比例，以及炉内燃料与空气的充分混合。

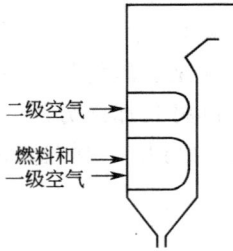

图 3-37　分级燃烧示意图

2. 再燃烧法（燃料分级燃烧）

再燃烧法就是使燃料分级燃烧，如图 3-38 所示。各自都分两级送入的燃料与空气将燃烧分成三个区域：初燃区送入 80%～85% 的一次燃料，在 α（空气过剩系数）>1 的氧化性气氛下进行燃烧，生成 NO、CO_2、H_2O、SO_2、O_2 和灰分等；再燃区送入其余 15%～20% 的二次燃料，在 $\alpha<1$ 的还原性气氛下燃烧，产生的碳氢基团 CH 与部分 NO 反应形成 HCN、NH_3 等中间产物，中间产物再与 NO 反应生成 N_2；燃尽区将二级空气送入，完成全部燃烧，同时把残余的中间产物部分还原成 N_2，部分氧化成 NO。一般情况下，采用再燃烧法可使 NO 的排放浓度降低 50% 以上。

组织再燃烧，可以将整个燃烧室划分为三个燃烧区，也可使每个燃烧器分别形成不同的再燃烧区。二次燃料可以与一次燃料相同，如全部采用煤粉，也可以采用其他燃料，如油或气体燃料。但要求二次燃料容易着火燃烧，因为燃烧区域分为三级，使得燃料和烟气在再燃区内的停留时间相对较短。因此最理想的二次燃料是天然气，如选用煤粉，应是挥发分高的煤种，而且粒度要细。

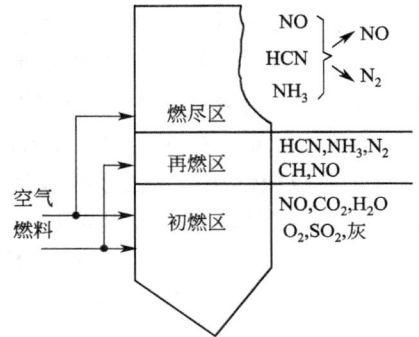

图 3-38　再燃烧原理示意图

采用再燃烧法控制 NO_x 的生成，应尽量延长燃料在燃烧区的停留时间和减少初燃区的过剩空气；二次燃料送入位置必须合适，一般尽量靠近初燃区喷入以保证反应时间，但要防止初燃区的氧进入再燃区，对还原不利；二段燃料和二级空气均要保证充分混合，以便完全燃烧。

3. 烟气再循环法

此法是从锅炉尾部抽取一部分温度较低的惰性烟气送入炉膛燃烧区，使炉内温度和氧的浓度降低，从而抑制了热力型 NO_x 的生成。其主要原因是减少了 N_2 和 O_2 的高温分解，以及增强了燃烧区的还原性气氛。该法降低 NO_x 的效果与烟气再循环率 r（再循环烟气量与无再循环排烟量之比）和燃料品种有关。研究表明，当 $r<20\%～30\%$ 时，NO_x 排放量随 r 增大明显减少，r 大于这个范围后 NO_x 排放量基本不再减少，而且过大的 r 还会因炉温太低导致脱火和燃烧不稳定，增加不完全燃烧热损失。当再循环率在一定范围内时，烟气再循环可增大燃烧器出口速度，加强燃料和空气混合，有助于改善燃烧，因此该法常与分级燃烧法结合使用。

4. 低 NO_x 燃烧器

除了在燃烧室内采用上述的分级燃烧、再燃烧和烟气再循环等技术来降低 NO_x 的浓度外，也可以将这些原理用于燃烧器，使燃烧器不仅能保证燃料着火和燃烧的需要，还能最大限度地抑制 NO_x 的生成，这就是低 NO_x 燃烧器。世界各国的大锅炉公司分别发展了各种类型的低 NO_x 燃烧器，NO_x 降低率一般在 30%～60%。

燃烧器一般分为旋流和直流两种类型。圆形旋流燃烧器通常采用空气分级燃烧技术，它分两次或多次供入空气进行分段燃烧，一次空气通入，在燃料出口附近形成富燃区，抑制了燃料 NO_x 生成；其余空气是从燃烧器周围的一些空气喷口送入，与未燃尽燃料混合，继续燃烧并形成燃尽区。图 3-39 为空气分级低 NO_x 燃煤燃烧器的工作原理，煤粉与空气分三段混合，形成三个空气过剩系数 α 不同的燃烧区。这类燃烧器结构复杂、阻力大，运行、维修费用高。

低 NO_x 直流燃烧器多采用浓淡燃烧技术降低 NO_x 的排放，称为浓淡燃烧器，其工作原理是使用上下靠得很近的燃料喷口形成偏离化学计量比的燃烧。即一部分燃料在 $\alpha < 1$ 条件下过浓燃烧，由于缺氧，燃烧温度比通常低，NO_x 减少；另一部分燃料在 $\alpha > 1$ 条件下过淡燃烧，由于空气量大，使燃烧温度低，也可使 NO_x 降低。

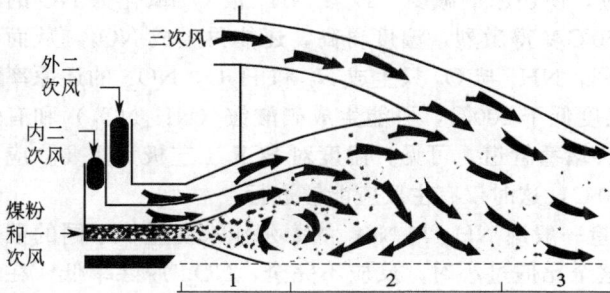

图 3-39　空气分级低 NO_x 燃煤燃烧器工作原理
1—富燃区（$\alpha = 0.4$）；2—二次燃烧区（$\alpha = 0.7$）；3—燃尽区（$\alpha = 1.2$）

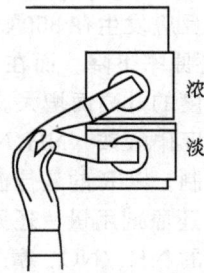

图 3-40　煤粉浓淡燃烧器示意

实现煤粉浓淡燃烧方式的关键是，如何将一次风煤气流中的煤粉分离成浓淡两股风煤气流。四角切圆直流燃烧器多采用离心分离原理，分叉弯管是一种简单的垂直分离分离器，如图 3-40 所示。煤粉气流由于离心作用向上支管浓集，于是两个喷口分别形成过浓和过淡火焰，在喷口上方还有二次风。当然也可通过分离作用，在炉膛水平方向形成中心富燃料和外围贫燃料的分区燃烧。另外，还有其他的煤粉浓缩方法，如旋风分离浓缩、百叶窗锥形轴向浓缩及管内加装偏流导向器浓缩等。

二、烟气脱硝技术

烟气脱硝是 NO_x 控制措施中最重要的方法。废气脱硝技术可分为干法和湿法两类。干法有气相还原法、分子筛或活性炭吸附法等，湿法有采用各种液体（水、酸、碱液等）的氧化吸收法。这里主要介绍气相还原法。

1. 选择性催化还原法

选择性催化还原法（selective catalytic reduction，SCR）因其脱除 NO_x 的效率高（一般为 80%~90%）、还原剂用量少，得到最广泛应用。

这种方法是以氨（NH_3）作为还原剂喷入废气，在较低温度和催化剂的作用下，将 NO_x 还原成 N_2 和 H_2O。所谓选择性是指 NH_3 具有选择性，它只与 NO_x 进行反应，而不与氧发生反应。基本的放热还原主反应如下：

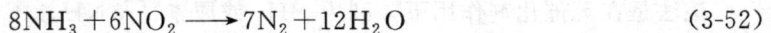

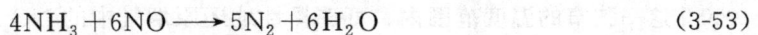

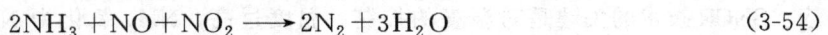

$$8NH_3 + 6NO_2 \longrightarrow 7N_2 + 12H_2O \tag{3-52}$$

$$4NH_3 + 6NO \longrightarrow 5N_2 + 6H_2O \tag{3-53}$$

$$2NH_3 + NO + NO_2 \longrightarrow 2N_2 + 3H_2O \tag{3-54}$$

SCR 工艺流程如图 3-41 所示。影响催化脱硝的因素有：

（1）催化剂　上述反应如果没有催化剂的作用，只有在很窄的高温范围内（989℃左右）进行，而采用催化剂时，其反应温度可以大幅度降低。不同的催化剂具有不同的活性，因而反应温度和脱硝效果也有差异。目前，大都采用非贵金属作催化剂，如 Al_2O_3 为载体的铜铬催化剂、TiO_2 为载体的钒钨和亚铬酸铜催化剂、氧化铁载体催化剂等，贵金属催化剂多采用铂。

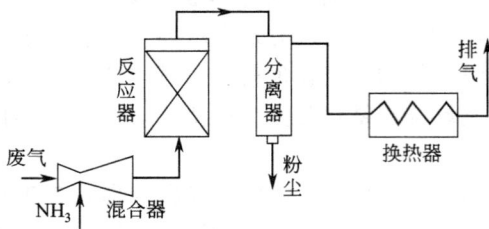

图 3-41　选择性催化还原法脱硝工艺示意

（2）反应温度　采用某种催化剂，如铜铬催化剂，当上述反应的温度改变时，可能发生一些不利于 NO_x 还原的副反应，尤其当温度较高时。例如，发生 NH_3 分解为 N_2 和 H_2 的反应，使还原剂减少，或者 NH_3 被 O_2 氧化为 NO 的反应。这些反应发生在 350℃以上，超过 450℃变得激烈，温度再高，还能再生成 NO_2，从而使 NO_x 的还原率下降。而在 200～350℃之间，NH_3 与 O_2 只生成 N_2 和 H_2O，NO_x 的还原率随着反应温度的升高而增大。研究表明，温度低于 200℃，可能生成硝酸铵（NH_4NO_3）和有爆炸危险的亚硝酸铵（NH_4NO_2），严重时会堵塞管道。可见，温度对 SCR 工艺极为重要，应实施严格控制。SCR 的最佳温度为 300～400℃，这时仅有主反应能够进行。

（3）还原剂用量　还原剂 NH_3 的用量一般用 NH_3 与 NO_2 的摩尔比来衡量，不同的催化剂有不同的 NH_3/NO_x 摩尔比范围。当这个比值过小时，反应不完全，NO_x 脱除率低。在一定范围内，脱除率随 NH_3/NO_x 摩尔比值增大而上升。但 NH_3/NO_x 摩尔比值过大则对脱除率无明显影响，且增加未反应氨的泄漏或排放，造成二次污染，也使还原剂耗量增加。

（4）空间速度　空速标志废气在反应器内的停留时间，一般由实验确定。空速过小，催化剂和设备利用率低；空速过大，气体和催化剂的接触时间短，反应不充分，则 NO_x 脱除率下降。

SCR 装置用于锅炉烟气脱硝有不同的布置方式，各有优缺点：

① 高灰装置，按 SCR—空气预热器—电除尘器—FGD 次序布置，烟气温度（300～400℃）满足反应要求，但催化剂处于高尘烟气中，易污染中毒或失效；

② 低灰装置，按电除尘器—SCR—空气预热器—FGD 次序布置，反应温度合适，但高温高效除尘困难；

③ 尾部装置，按空气预热器—电除尘器—FGD—SCR 次序布置，催化剂活性和利用率高、寿命长，且可自由控制反应温度，但烟气进入 SCR 之前需要再加热，能耗增加。

2. 非选择性催化还原法（NSCR）

该法是在贵金属铂、钯等催化剂作用下，反应温度为 550～800℃时，用 H_2、CH_4、CO 或由它们组成的燃料气作为还原剂，将废气中的 NO_x 还原为 N_2，同时，还原剂发生氧化反应生成 CO_2 和 H_2O。该法 NO_x 脱除率可达 90%，但还原剂耗量大，需采用贵金属催化剂和装设热回收装置，费用高，以及还原剂发生氧化反应时导致催化剂层温度急剧升高，工艺操作复杂，因此逐渐被淘汰，多改用选择性催化还原法。

3. 选择性非催化还原法（SNCR）

该法是在无催化剂作用下，利用 NH_3 或尿素［$(NH_2)_2CO$］等氨基还原剂，在 950～1050℃这一狭窄的温度范围内，可选择性地还原烟气中的 NO_x，而基本上不与烟气中 O_2 反应。SNCR 技术的关键是对温度的控制。温度过高，NH_3 氧化为 NO 的量增加，导致 NO_x 排放浓度增大，低于 900℃时，NH_3 的反应不完全，还原剂耗量增加。烟气中 O_2、CO 浓度增加，最佳反应温度向低温移动，且范围变窄；而 SO_2 浓度增加时，反应温度则向高温移动且范围变宽。此外，要注意 NO_x 还原不完全时会产生有毒的 N_2O。

在锅炉中的相应温度区喷入还原剂，并保证与烟气良好混合，否则未充分反应的 NH_3 遇到 SO_3 会生成 $(NH_4)_2SO_4$，易造成空气预热器堵塞，并有腐蚀危险。SNCR 法不需要催化剂，还原剂不与 O_2 反应，使催化床温度较低，避免了 NSCR 法的一些技术问题；但还原剂耗量大，NO_x 脱除率低，一般为 30%～50%，也有报道达 60%～80%。

第十节　CO_2 排放控制及综合利用

CO_2 是重要的化工原料，还被广泛应用于食品冷藏保鲜、焊接保护、衰老油田提高采油率、超临界流体萃取等方面，前景十分广阔。在许多化工工艺中排放的 CO_2 含量高，数量大，可以成为很好的 CO_2 来源。因此，回收利用废气中的 CO_2 不仅是环境保护的需要，也是化工生产的需要。大量化石燃料燃烧产生的烟道气，具有排放量大、CO_2 浓度低（10%～20%）的特点，处置或回收利用的经济效益差，这部分 CO_2 气体的分离和利用日益受到人们的重视。含 CO_2 废气的控制一般分为分离提纯和处置或利用两部分，目前已开发的 CO_2 分离提纯技术有以下几种。

一、吸收法

吸收法利用溶剂吸收废气中的 CO_2，然后把 CO_2 从溶液中分离出来，再经压缩、冷却后待进一步处置。物理吸收与化学吸收比较，选择性较低，分离效果差。但由于吸收剂再生时可以采用闪蒸，不需要再沸器，因此能耗低。一般用于不要求全部回收 CO_2 的废气。化学吸收的吸收剂主要有碳酸钠、碳酸钾、乙醇胺及氨等水溶液。化学吸收 CO_2 的回收率较高，吸收剂挥发损失小，但流程中都有一个加热解吸再生过程，消耗一定能量，特别适用于系统有充分余热可以利用的场合。

二、膜分离法

膜分离法利用 CO_2 对某种特殊膜的渗透性能使之分离，特别适用于 CO_2 含量大于 20% 的天然气处理，投资和运行费用只相当于氨吸收法的 50%，且结构简单，操作简便。但由于膜的性能存在不稳定性，至今尚未在工业上广泛应用。此外，该技术用于燃煤锅炉烟道气，可脱除 80% 的 CO_2，但能耗占用煤能耗的 50%～70%，目前经济上无法承受。

三、纯氧/烟气再循环燃烧

此方法主要是针对烟气中浓度较低 CO_2 分离浓缩时消耗巨大能量这一问题而提出的。电厂锅炉采用纯氧和再循环烟气混合，组织煤粉燃烧。当 O_2 与再循环烟气之比恒定时，循环结果使烟气中 CO_2 的体积分数高达 80%～90%，然后处置或进一步提纯。该方法需要进一步研究解决的问题是，纯氧锅炉和大型空气分离制氧设备的研制，以及降低制氧过程的能量消耗。

四、改变煤气化联合循环

在煤气化联合循环的工艺流程中，用蒸汽（H_2O）将 CO 转化为 H_2 和 CO_2。分流后的 H_2 进入燃气轮机燃烧，CO_2 送去压缩、冷却。此方法可脱除 90% 的 CO_2，但发电成本将增加 30%～50%。

五、低温分离法

利用废气中 CO_2 与其他成分气体的不同物理性质，采用适当的压缩冷却条件，使 CO_2 液化分离。压力较高就需要消耗较多的能量，但相应冷冻的能量消耗较少。

研究表明，上述各种分离提纯技术用于烟道气脱除 CO_2 的经济性，纯氧/烟气再循环燃烧法能量利用最有效，能耗为总燃煤的 $26\%\sim31\%$，而其他方法为 50% 左右；该法的热效率从没有脱除 CO_2 时的 35% 仅降到 $24\%\sim26\%$，其他方法降到 15% 左右。几种方法对 CO_2 的回收率均达 $90\%\sim100\%$。

目前，从废气中脱除出来的 CO_2，虽然有上述广泛的商业用途，但应用的数量有限，大部分仍需作进一步的适当处置，以防其重新逸入大气。可以采取的处置方法包括送入地下含水层、废弃的井矿和洞穴以及深海等。这些方法都受到地理地质条件的限制，主要是容纳空间。

送入地下含水层的 CO_2 或是溶于封闭的地下水中，或是以高密度的 CO_2 储存于地质封闭区内。CO_2 送入超过 800m 深度，即以超临界高密度相存在。此方法处置费用较高。送入各种废弃的井矿或地下洞穴进行处置，方法简单，费用最低，但前提是必须有这类孔洞的存在。

深海具有最大的容纳量，是处置 CO_2 最优场所。在 3000m 深度时，CO_2 的密度比海水还大，因而会沉入海底，扩散或沉积，直到溶解。实际上，在 200m 深度时，CO_2 的密度就较高，它与海水还会形成含水固形物 $CO_2 \cdot 6H_2O$ 或 $CO_2 \cdot 8H_2O$，其密度比液体 CO_2 和海水都大，会继续下沉。此方法处置费用不是很高，需要研究的问题是 CO_2 送入合适深度以及对海洋环境的长远影响。

各种处置方案费用都比从废气中分离提纯 CO_2 费用低。只要控制 100 年内 CO_2 不重返大气，处置费用合适，即可采用。

第十一节　有机废气的治理

有机废气治理是指用多种技术措施，通过不同途径减少石油损耗、减少有机溶剂用量或排气净化以消除有机废气污染。有机废气污染源分布广泛。为防止污染，除减少石油损耗、减少有机溶剂用量以减少有机废气的产生和排放外，排气净化是目前切实可行的治理途径。常用的方法有吸附法、吸收法、催化燃烧法、热力燃烧法等。选用净化方法时，应根据具体情况选用费用低、耗能少、无二次污染的方法，尽量做到化害为利，充分回收利用成分和余热。多数情况下，石油化工业因排气浓度高，采用冷凝、吸收、直接燃烧等方法；涂料施工、印刷等行业因排气浓度低，采用吸附、催化燃烧等方法。下面简单介绍一些常见的、有代表性的净化方法和工艺流程，以达到一般了解的目的。

一、含烃类废气的直接燃烧

直接燃烧也称直接火焰燃烧，它是把废气中可燃的有害组分当作燃料直接烧掉，此法只适用于净化可燃有害组分浓度较高的废气，或者是用于净化有害组分燃烧时热值较高的废气，因为只有燃烧时放出的热量能够补偿散向环境的热量时，才能保持燃烧区的温度，维持燃烧的继续。多种可燃气体或多种溶剂蒸气混合存在于废气中时，也可直接燃烧。一般来说，安全的直接燃烧法，废气中有机物的浓度应在爆炸下限的 25% 以内。

烃是指分子结构中除碳、氢外，不含其他元素的一类化合物。烃类在高温下易氧化燃烧，完全氧化时生成 CO_2 和 H_2O。直接燃烧法就是利用烃类的这一性质而采用的方法。

炼油厂和石油化工厂的高浓度低碳排放气常汇集到火炬燃烧处理。火炬燃烧虽是安全措施，但同时也造成资源和能源的巨大浪费；而且，火炬产生的黑烟、噪声以及燃烧不完全时产生的异味气体对周围环境造成二次污染。近年来，国内许多工厂建立了瓦斯管网，把废气引入锅炉、加热炉燃烧，节省了大量燃料，消灭了火炬。

本法工艺简单、投资小，适用于高浓度、小风量的废气，但对安全技术、操作要求较高。

二、有机污染物的催化燃烧

催化燃烧实际上为完全的催化氧化，即在催化剂作用下，使废气中有害可燃组分完全氧化为 CO_2 和 H_2O。与其他种类的燃烧法相比，催化燃烧法具有以下特点：

① 催化燃烧为无火焰燃烧，安全性好；

② 燃烧温度要求低（300～400℃），辅助燃料消耗少；

③ 对可燃组分浓度和热值限制少；

④ 不允许废气中含有尘粒和雾滴，目的是为了延长催化剂的使用寿命；

⑤ 燃烧开始时，由于气体温度较低，需要补充热量启动装置，故对于频繁间歇、短期排放有机废气的场合不太合适。

用于催化燃烧的催化剂以贵金属 Pt、Pd 催化剂最多，也有以 Al_2O_3 为载体的催化剂，此催化剂可做成蜂窝状或粒状等，然后将活性组分负载其上，现已使用的有蜂窝陶瓷钯催化剂、蜂窝陶瓷铂催化剂、γ-Al_2O_3 粒状铂催化剂等或以镍铬合金、不锈钢等金属为载体，已经应用的有镍铬丝蓬体球钯催化剂、铂钯/镍 60 铬 15 带状催化剂、不锈钢丝钯催化剂以及金属蜂窝体的催化剂等。

针对排放废气的不同情况，可以采用不同形式的催化燃烧工艺，但不论何种工艺，其流程的组成有以下几个共同特点：

① 进入催化燃烧装置的气体要经过预处理，除去粉尘、液滴及有害组分，避免催化床层的堵塞和催化剂中毒；

② 进入催化床层的气体温度必须达到所用催化剂的起燃温度，催化反应才能进行；

③ 催化燃烧反应放出大量的反应热，对这部分热量必须回收。

催化燃烧工艺流程分为分建式(一般用于处理气量较大的场合）和组合式（一般用于处理气量较小的场合）两种。催化燃烧的设备为催化燃烧炉，包括预热和燃烧两部分。

本法起燃温度低、节能、净化率高、操作方便、占地面积少；但投资投资较大，适用于高温或高浓度的有机废气。

三、吸附法

在治理含烃类化合物废气中，广泛应用了吸附法，此法具有以下特点：

① 可以较彻底地净化废气，即可进行深度净化，特别对于低浓度废气的净化，比其他方法显示出更大的优势；

② 在不使用深冷、高压等手段的情况下，可以有效地回收有价值的有机组分。

由于吸附剂对被吸附组分（吸附质）吸附容量的限制，此法最适宜处理中低浓度废气，不适宜处理污染浓度太高的废气。

可以净化烃类化合物废气的吸附剂有活性炭、硅胶、分子筛等，其中应用最广泛、效果最好的吸附剂是活性炭。

活性炭可吸附的有机物种类较多，吸附容量较大，并在水蒸气存在下也可对混合气中的有机组分选择性吸附。通常活性炭对有机物的吸附效率随相对分子质量的增大而提高。当吸附饱和后，活性炭脱附再生，将废气吹脱后催化燃烧，转化为无害物质，再生后的活性炭继续使用。当活性炭再生到一定次数后，吸附容量明显下降，则需要更新活性炭。活性炭对苯类废气具有良好的吸附性能，但对其他烃类废气吸附性较差。主要缺点是运行成本较高，不适合于湿度大的环境。

常用的吸附方法有如下几种：

（1）直接吸附法　有机废气经活性炭吸附，可达 95％ 以上的净化率，设备简单、投资小；但活性炭更换频繁，增加了装卸、运输、更换等工作程序，导致运行费用增加。

（2）吸附-回收法　利用纤维活性炭吸附有机废气，在接近饱和后用过热水蒸气反吹，进行脱附再生；本法要求提供必要的蒸汽量。

（3）新型吸附-催化燃烧法　此法综合了吸附法及催化燃烧法的优点，采用新型吸附材料（蜂窝状活性炭）吸附，在接近饱和后引入热空气进行脱附、解析，脱附后废气引入催化燃烧床无焰燃烧，将其彻底净化，热气体在系统中循环使用，大大降低能耗。本法具有运行稳定可靠、投资省、运行成本低、维修方便等特点，适用于大风量、低浓度的废气治理，是目前国内治理有机废气较成熟、实用的方法。

四、冷凝法

1. 适用场合

冷凝法适用于以下场合：

① 处理高浓度废气，特别是含单纯有害物组分的废气，若实际溶剂的蒸气压低于冷凝温度下的溶剂饱和蒸气压时，此法不适用；

② 作为燃烧和吸附净化的预处理；

③ 有害物含量较高时，通过冷凝回收的方法减轻后续净化装置的操作负担；

④ 处理含有大量水蒸气的高温废气。

2. 特点

此法在治理有机废气中，表现出如下特点：

① 所需设备和条件比较简单，回收物质纯度高；

② 对废气的净化程度受冷凝温度的限制，要求净化程度高或处理低浓度废气时，需要将废气冷却到很低温度，经济上不合算；

③ 在某些特殊情况下，可采用直接接触冷凝法。

该法常与吸附、吸收等过程联合应用，已达到既经济回收率又比较高的目的，此法需要附属冷冻设备，主要应用于制药、化工行业，印刷企业较少采用。

五、吸收法

一般采用物理吸收，即将废气引入吸收液进行净化，待吸收液饱和后经加热、解析、冷凝回收。此法的应用不如燃烧（催化燃烧）法、吸附法等广泛，影响应用的主要原因是有机废气的吸收剂均为物理吸附，其吸收容量有限。此法主要用于净化水溶性有机物，目前在石油炼制及石油化工的生产及储运中常采用此法进行烃类气体的回收利用。

本法适用于大气量、低温度、低浓度的废气，但需配备加热解析回收装置，设备体积大、投资较高。

六、其他方法

除了上述几种常规的有机废气处理技术外，近十多年还开发了一些新技术，下面仅就生物处理技术和高压脉冲电晕脱除有机废气进行简单的介绍。

1. 生物处理技术

该法利用微生物降解有机废气中溶解到水中的有机物质，使气体得到净化。该法能耗低、运转费用省。对食品加工厂、动物饲养场、黏胶纤维生产厂、化工厂等排放低浓度恶臭气体的处理十分有效，并已有研究报告表明对苯、甲苯等废气的处理也有一定的效果。

由于是微生物处理，故该法采用的生物反应器的处理能力较小，往往需要很大的占地面积，在土地资源紧张的地方，应用受到限制。另外，受微生物品种的限制，并不是所有的有机物都能用生物法处理。事实上，该法对于大多数难以降解的有机物而言，根本无法应用。

用生物反应器处理有机废气，主要经历如下几个步骤：

① 废气中的有机物和水接触并溶于水中；

② 溶于水中的有机物被微生物吸收，吸收剂被再生复原，继而再用以溶解新的有机物；

③ 被微生物所吸收的有机物，在微生物的代谢过程中被降解，转化成微生物生长所需的养分或 CO_2 和 H_2O。

废气生物处理的基本条件为水分、养分、温度、氧气（有或无）及酸碱度等。

处理工艺通常有两种：废气的液态生物处理系统，主要指活性污泥工艺；废气的固态生物处理系统，主要指土壤处理工艺。

由于有机废气的生物处理研究时间不长，此技术还有待从各方面进行深入研究。

2. 高压脉冲电晕法

脉冲电晕放电法去除有机物的基本原理是通过前沿陡峭、脉宽窄（纳秒级）的高压脉冲电晕放电，能在常温常压下获得非平衡等离子体，既产生大量的高能电子和·O、·OH 等活性粒子，与有害物质分子进行氧化、降解反应，使污染物最终转化为无害物。国内外近年对该技术的初步研究表明能达到较好的去除效果。研究结果表明，在线-桶式、线-板式和针-板式三种电晕反应器中，线-板式效果最好，线-桶式次之，针-板式效果最差。该法的能耗较低，适用于低浓度有机废气的处理；去除效果也与有机物的种类有关；在反应器中添加催化剂可大大提高脉冲电晕放电法去除有机物的效率。圆桶直径较小的线-桶式或板间距较小的线-板式净化器效果较好，但直径稍大的净化器效果欠佳，此法目前还仅限于实验室研究。

复 习 题

1. 什么叫除尘装置？除尘器大体上可以分为哪两类？常见的除尘器有哪些类型？
2. 除尘装置的主要性能指标包括哪些？
3. 什么是除尘效率？
4. 简述除尘装置的原则。
5. 煤焦储运过程中所产生的粉尘控制主要有哪四种措施？
6. 炼焦生产过程烟尘的控制主要包括哪四大过程？
7. 控制燃煤对大气的污染，主要可采用哪些措施？
8. 控制 SO_2 污染的技术按脱硫工艺和燃烧的结合点可分为哪三种？目前，哪种方法被认为是控制 SO_2 污染最行之有效的途径？
9. 原煤脱硫方法分为哪几种？
10. 燃烧过程脱硫主要包括哪三种技术？
11. 低 NO_x 燃烧技术的具体措施有哪些？
12. 烟气脱硝技术可分为哪两类？
13. 目前已开发的 CO_2 分离提纯技术主要有哪几种？

第四章

煤气化废水污染及控制

第一节　煤气化废水的特征

一、煤气化废水的来源及水量水质

煤气化废水是煤气厂在发生煤气过程中所产生的污染物浓度极高的污水,含有大量的酚、硫化物、氰化物和焦油,以及众多的杂环化合物和多环芳烃。水质和水量取决于所采用的工艺和生产操作条件,主要产生于煤气洗涤、冷凝和分馏塔等处,以循环氨水污染最为严重;而且煤的级别越低,水质越恶劣。对于煤加压气化工艺,粗煤在冷凝冷却时,其中所含的饱和水分(主要是加压气化工艺多需加水蒸气和煤本身所含的水分)逐步冷却下来,这些冷凝水汇入喷淋系统循环使用,为了使循环过程的水平衡,需将多余的水排除而形成废水,也就是说,煤加压气化工艺所产生的废水实质上是来源于其水循环系统的排污水,其中溶解或悬浮有粗煤气中的多种成分。由于粗煤气的各种组分受许多因素的影响,诸如原料煤种类、成分、气化工艺及其操作等,废水中污染物浓度会有所差异。表4-1列出了不同燃料气化时产生的废水量,表4-2则列出了三种气化工艺的废水水质。由此可以看出,气化工艺不同,废水水质也不尽相同,与固定床相比,流化床和气流床的废水水质比较好。由于废水成分复杂,污染物浓度高,因而不能用简单的方法将其完全净化,在处理过程中应首先着眼于将其有价物质回收,然后考虑杂质处理和废水的无害化处理。煤气化废水处理通常可以分为预处理、二级处理和深度处理。预处理主要是指有价物质,如酚、氨的回收;二级处理主要是生化处理;深度处理普遍应用的方法有混凝法、活性炭吸附法和臭氧氧化法。

表 4-1　不同燃料气化废水量比较

燃料	不循环/(m³/t)	全部循环/(m³/t)	燃料	不循环/(m³/t)	全部循环/(m³/t)
焦炭和无烟煤	16~25	0.1~0.15	泥煤	15~25	0.1~0.25
硬煤	25~30	0.1~0.25	木材	15~25	0.8~1.20
褐煤	15~25	0.1~0.35			

表 4-2　三种气化工艺的废水水质

废水中杂质	固定床(鲁奇炉)	流化床(温克勒炉)	气流床(德士古炉)
苯酚/(mg/L)	1500~5500	20	<10
氨/(mg/L)	3500~9000	9000	1300~2700
焦油/(mg/L)	<500	10~20	无
甲酸化合物/(mg/L)	无	无	100~1200
氰化物/(mg/L)	1~40	5	10~30
COD/(mg/L)	3500~23000	200~300	200~760

对于目前比较典型的鲁奇加压气化工艺,气化1t煤产出1.0m³废水,除蒸汽冷凝水外还有煤本身所含的水分。因此,不同煤质所含的水分不同,气化废水的量也大不相同。如沈北褐煤含水量为20.7%~22.2%(质量分数);而云南开远小龙潭褐煤则高达35.6%;官地贫煤仅0.3%,所以,气化1t煤产生的废水量也大致在0.8~1.1m³范围内。废水组成见表4-3。

表 4-3　鲁奇加压气化工艺废水组成

项　　目	煤中含水	未分解水蒸气水	蒸汽冷凝水	生成水	蒸油分离水	煤气净化水
水量(质量分数)/%	21.0	53.6	13.1	7.1	2.3	2.9

对于不同的煤种，废水中污染物会有所差异，但水质组分大致相同，特别是酚的组成基本恒定，浓度很高，废水中 COD 的 60%（质量分数）以上是酚类物质，其中挥发酚占 40%（质量分数）以上。从表 4-3 中可以看出，在采用鲁奇加压气化工艺时，废水中酚含量可高达 5500mg/L，远远地超过了出水含酚浓度小于 0.5mg/L 的排放标准。另外，污染物中氨的浓度也很高。若直接对此类废水进行生化处理，很难使处理后的废水达到排放标准。因此，一般均首先回收酚和氨，通常使生化处理前的废水酚含量不超过 $200 \sim 300$mg/L，然后进行生化处理。酚和氨的回收不仅避免了资源的浪费，而且大大降低了后续废水的处理难度，对处理后出水效果有着重大的影响。

二、煤气化废水的可生化性分析

煤加压气化废水中的有机污染物，有的易于被生物氧化，有的则难于生物降解。对此类废水的可生化性分析可采用 BOD_5/COD 值法进行。废水中的 COD 由可生化降解的 COD_B 和不可生化降解的 COD_N 两部分组成，即：

$$COD = COD_B + COD_N \tag{4-1}$$

设 COD_N/COD 之比为 N，它表示难降解有机物所占最大比例数。设 BOD_5/COD_B 之比为 M，它反映了可降解有机物的换算关系，并表示生物降解的速率。M 越大，说明生物氧化速度越快，生化处理效果越好；而 N 越大，说明难降解的有机物越多，可生化性越差。将 M 和 BOD_5 代入式(4-1) 得：

$$COD = COD_N + \frac{1}{M}BOD_5 \tag{4-2}$$

为了消化吸收我国从德国引进的沈阳煤加压气化厂煤气化废水处理技术，金承基等人对沈阳煤加压气化厂的煤加压气化废水做了大量的实验研究工作，根据进出水 COD 和 BOD_5 的实测值，建立了一元回归方程，即：

$$COD = 418 + \frac{1}{0.34}BOD_5 \tag{4-3}$$

M 值不受浓度影响，但 COD_N 值与浓度有关，根据式(4-1) 得：

$$COD_N = COD - COD_B = COD(1 - COD_B/COD) \tag{4-4}$$

设 $COD_B/COD = K$，它表示废水的最大可生物降解程度或 COD 中可降解部分所占的比例，则：

$$COD_N = COD(1 - K) \tag{4-5}$$

水质一定时，K 值是一个常数，当 COD 为 2000mg/L 时，据回归方程 (4-3)，求得 M 为 0.34，则 K 为 0.791，R 值为 0.27（R 为 BOD_5/COD）。因此，难降解 COD 即 COD_N 为

$$COD_N = COD(1 - 0.791) = 0.21COD \tag{4-6}$$

式中的 0.21 就是 COD_N 与 COD 之比值，即 N 值。用 M 和 N 值来评价煤加压气化废水的可生化性时，要比仅仅使用 R 值全面得多，因为它包括了速度和程度两个方面。评价标准参见表 4-4。

表 4-4　可生化性评价标准

评价参数	评价等级			
	良好	较好	尚好	差
	评价值			
M	>0.6	0.45～0.60	0.25～0.45	<0.25
N	<0.2	>0.2	<0.5	>0.50
$R/\%$		>45	>30	<30

按照表 4-4 中所述，煤加压气化废水脱酚后，M 值为 0.34，N 值为 0.21，可生化性尚可，由此说明了采用生物方法处理煤加压气话的可行性。

第二节　煤气化废水与预处理

煤气化废水的处理方法可分为物理化学法和生物处理两大类。由于它们各具特点，所以在实际应用中往往将这些方法结合在一个处理工艺流程内。物理化学法包括蒸氨、除油、溶气气浮、溶剂萃取脱酚、碱性氰化法、次氯酸钠氧化法、活性炭吸附法和混凝沉淀等方法，每种方法都是有选择地去除或回收废水中某一种或几种污染物质。因此，物理化学法常常需要几种方法联合使用，通常运行费用较高而且只能使个别项目达到排放标准，所以，物理化学方法主要是作为生物处理的预处理和后处理，或用于废水回用的处理工艺。煤气化废水中的许多污染物质可通过微生物的生物化学作用来降解。与物理化学法相比，生物处理法具有运行费用低、操作简便、适用范围广等特点，是煤气化废水处理工艺中的主体。

煤加压废水中的预处理主要是指有价物质的回收，一般指的是对酚和氨的回收，常用方法主要有溶剂萃取脱酚、蒸氨等。

一、酚的回收

煤加压气化过程中，煤的部分含氧化合物大约在 250～300℃ 之间开始分解，酚便是其中的主要产物，它随着粗煤气的流动进入煤净化系统。含酚废水的来源有两个方面：一是制气原料煤未完全分解，随煤气夹带出来的系统冷凝废液；二是粗煤气在冷却、洗涤过程中产生的过剩废水。

到目前为止，国内外去除或降低煤气化废水中酚含量的方法很多，但主要有两个基本途径：一是从生产工艺着眼，尽可能改革工艺，降低污染物浓度，减少废水水量，并循环或重复使用煤气洗涤水，使废水趋于"零排放"；二是当废水洗涤是盈水循环系统时，采用回收利用或处理方式解决外排废水。

多年来，我国通常采用溶剂萃取法或稀释法使生化处理前的废水中酚含量不超过 200～300mg/L，然后经过一段或两段生化处理，使排放废水中酚含量达到国家要求的污水排放标准，即 0.5mg/L 以下。

1. 溶剂萃取脱酚

酚在某些溶剂中的溶解度大于在水中的溶解度，因而当溶剂与含酚废水充分混合接触时，废水中的酚就转移到溶剂中，这种过程称为萃取，所用的溶剂称为萃取剂。萃取脱酚是目前在气化和焦化废水的预处理中常用的工艺。大中型煤气站和焦化厂都建有这样的装置，其流程如图 4-1 所示。

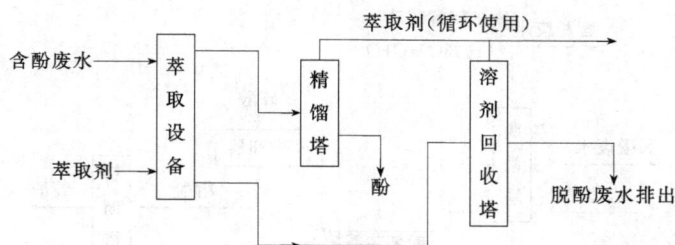

图 4-1　萃取脱酚流程示意

（1）萃取剂　萃取脱酚时使用的萃取剂要求分配系数高、易与水分离、毒性低、损失少、容易反萃取、安全可靠等，国内普遍采用的萃取剂是重苯溶剂油。几种萃取剂的性能比较见表 4-5。

（2）萃取设备　萃取设备有脉冲筛板塔、箱式萃取器、转盘萃取和离心萃取机等，国内多用脉冲筛板塔。

（3）脉冲萃取脱酚　脉冲萃取脱酚主要采用往复叶片式脉冲板塔。以筛板代替填料可缩小塔的尺寸，附加脉冲可提高萃取效果。此塔分为三层，中间为工作区，上下两个扩大部分为分离区。在工作区内有一根纵向轴，轴上装有若干筛板，筛板与塔体内壁之间要保持一定的间隙，筛板上筛孔的孔径为 6~8mm，中心轴依靠塔顶电动机的偏心轮装置带动，做上下脉冲运动。

脉冲萃取脱酚的装置流程为含酚废水和溶剂油在塔内逆向流动。脱酚后废水从塔底排出，送往蒸氨系统。萃取酚后含酚溶剂油从塔顶流出，送往再生塔进行反萃取。

当溶剂溶了较多的酚后，可用碱洗或精馏的方法得到酚钠盐或酚。萃取剂可循环使用，一般萃取脱酚的效率在 90%~95% 之间。几种萃取剂的性能比较见表 4-5。

表 4-5　几种萃取剂的性能比较

溶剂名称	分配系数	相对密度	性能说明
重苯溶剂油	2.47	0.885	不易乳化，不易挥发，萃取效率大于 90%，但对水有二次污染
二甲苯溶剂油	2~3	0.845	油水易分离，但毒性大，二次污染严重
粗苯	2~3	0.875~0.880	萃取效率 85%~90%，易挥发，有二次污染
焦油洗油	14~16	1.03~1.07	萃取效率高，操作安全，但乳化严重，不易分层
5%N-503+95%煤油	8~10	0.804~0.809	萃取效率高，二次污染少，但 N-503 较贵
异丙醚	20	0.728	萃取效率大于 99%，不需要碱反萃取

2. 水蒸气脱酚法

采用水蒸气直接蒸出废水中的挥发酚，然后用碱液吸收随水蒸气而带出的酚蒸气，成为酚钠盐溶液，再经中和与精馏，使废水中的酚得到回收和利用，其工艺如图 4-2 所示。

含酚废水经回收酚后，水中仍含有 100mg/L 以上的酚，这种低浓度的含酚废水还不能直接排放，必须进行无害化处理，目前常用的是生化处理法。

二、氨的回收

目前对氨的回收主要采用水蒸气汽提-蒸氨的方法，由于废水的碱度主要是由挥发氨造成的，固定氨仅占 1.0%（质量分数），所以汽提效率较高，其工艺流程见图 4-3。

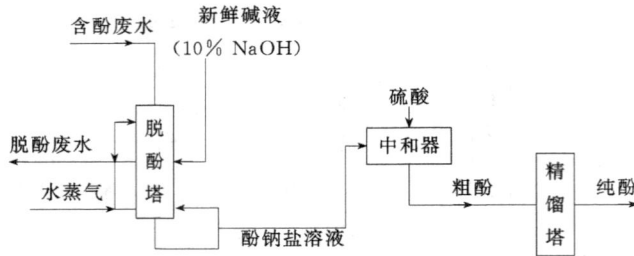

图 4-2　水蒸气脱酚工艺流程示意

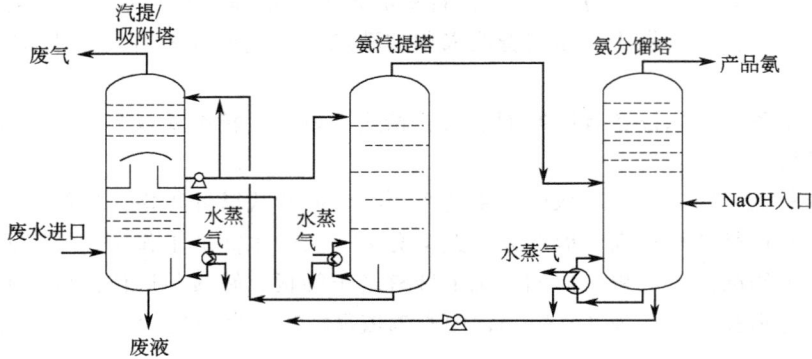

图 4-3　氨回收流程示意

　　废水经汽提，析出可溶性气体，再通过吸收器，氨被磷酸铵溶液吸收，从而使氨与其他气体分离，再将此富氨溶液送入汽提器，使磷酸铵溶液再生，并回收氨。回收的氨再经过蒸馏提纯，在此加入苛性碱是为了防止微量成分的形成。

　　脱酚蒸氨后的废水，酚和氨的浓度大大降低，可以送去二级处理，经生化处理后，废水可接近排放标准。表 4-6 为沈阳某煤加压气化厂废水水质一览表。

表 4-6　沈阳某煤加压气化厂废水水质一览表

项　目	未脱酚蒸氨废水	脱酚蒸氨废水	项　目	未脱酚蒸氨废水	脱酚蒸氨废水
pH 值	7.9～8.4	7.7～8.0	固定氨/(mg/L)	190～330	170～320
COD/(mg/L)	9000～21000	1000～2000	吡啶/(mg/L)	107～570	0.46～3.5
BOD/(mg/L)	4600～10500	400～700	氰化物/(mg/L)	40～60	0.05～1.0
挥发酚/(mg/L)	43400～5700	45	硫化物/(mg/L)	137～268	7.6～24
固定酚/(mg/L)	1300～1900	308～580	碱度/(mg/L)	19000～24000	586～1025
挥发氨/(mg/L)	3300～140640	40～140			

表 4-7　云南省某化肥厂鲁奇加压气化废水水质一览表

序号	污染物名称	含量/(mg/L)	序号	污染物名称	含量/(mg/L)
1	单元酚	43.06	7	异丙醚	67.98
2	多元酚	308.0	8	硫化物	1.53
3	游离氨	80.89	9	NCH	9.0
4	固定氨	765.88	10	CO	95.46
5	脂肪氨	507.5	11	甲醇	254.8
6	吡啶	150.72	12	轻油	142.4

云南省某化肥厂现有鲁奇加压气化工艺，未脱酚蒸氨废水中 COD 含量约为 16900～21000mg/L，总酚含量为 9600～13200mg/L，挥发酚含量为 3000～5000mg/L，氨氮含量为 2300～7200mg/L，经溶剂脱酚和水蒸气提氨后，废水中挥发酚和挥发氨的去除率可达 99％ 和 98％ 以上，COD 也相应减少了 90％ 左右。脱酚蒸氨后废水水质见表 4-7。

煤加压气化废水中酚、氨等污染物的含量与煤种及气化工艺等因素有很大的关系，如果气化炉所产的酚类很高（如鲁奇炉），从废水中回收酚、氨就可能是经济的；如果酚的含量不高则可在采用生化处理前对废水进行稀释——降低酚的浓度，而后再进入生化处理，这样可不必进行废水的萃取脱酚处理，直接进入二级生化处理装置。因此，是否对废水中酚、氨等物质加以回收，需要根据废水水质或者说需要根据采用气化炉的形式和煤种而定的。

第三节　煤气化废水处理技术

一、组合生物处理技术

经过对酚、氨进行回收和对酚、氨预处理后的煤加压气化废水，仍需采用生物处理工艺来降低其中污染物质的含量，以达到排放标准。现阶段国内外对煤加压气化处理的研究也主要是着重于强化生化段处理效率、如向曝气池中投加粉末活性炭或葡萄糖铁盐等，目前使用较多的生化法是二段或三段活性污泥法。国内一些学者也对其他经济、有效的生化法做了研究，下面以昆明理工大学施水生等人开发的低氧曝气—好氧曝气—接触氧化三级生化法处理煤加压气化废水的工艺为例加以介绍。

1. 工艺流程

鲁奇加压气化废水处理的试验及生产性实际应用的研究，采用了低氧曝气—好氧曝气—接触氧化法生物处理的工艺流程，如图 4-4 所示。

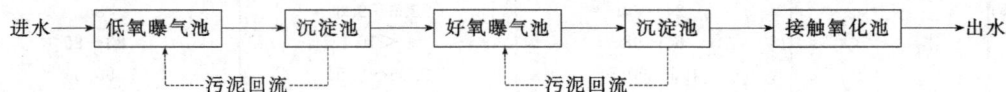

进水→低氧曝气池→沉淀池→好氧曝气池→沉淀池→接触氧化池→出水
（低氧曝气池下：污泥回流；好氧曝气池下：污泥回流）

图 4-4　低氧曝气—好氧曝气—接触氧化法生化阶段工艺流程

经预处理后的煤加压气化废水，首先进入低氧曝气池，在低氧浓度下，利用兼性菌特性改变部分难降解有机物的性质，使一些环状、链状高分子变成短链低分子物质，这样，在低氧状态下能降解一部分有机物，同时使其在好氧状态下也易于被降解，从而提高对有机物的降解能力。进入好氧曝气池后，在好氧段去除大部分易降解的有机物，使进入接触氧化池的废水有机物浓度降低，且留下的大部分是难降解的有机物。在接触氧化池中，经过充氧的废水以一定流速流经装有填料的滤池，使废水与填料上的生物膜接触而得到净化。接触氧化法的特点是有较高的生物量；除填料表面有生物膜外，在填料空隙之间，还有悬浮生长的微生物。接触氧化膜上的微生物数目多，种类也丰富，能降解难降解的有机物，因此，对难降解有机物的去除效果好。接触氧化池出水的 COD 可达 150～300mg/L，在经进一步的混凝沉淀处理后可达到排放标准。

采用本工艺流程对煤加压气化废水进行处理时，需要对原废水中的油类污染物质进行必要的预处理。如对云南省某化肥厂现有鲁奇炉气化废水进行生化处理前，采用了斜管除油池除油，除油池对油及其他污染物具有较高的去除效果：油的去除率为 84.5％；COD 去除率为 27.56％，酚的去除率为 46.5％，硫化物的去除率为 82.64％。出水中所剩油类物质主要是乳状油，乳状油用斜管除油池去除效果不太好，即使再延长水力停留时间和减少水力负荷进行试验，除油效果提高也很小。停留时间和水力负荷的大小影响除油效果和除油池的容积，从而直接影响投资大小。设计中，除油池停留时间可采用 0.5h，水力负荷可取 4.8 $m^3/(m^2 \cdot h)$。表 4-8 为该厂经过斜管除油池后进入生化段的废水水质。

表 4-8 生化段进水水质一览表

项 目	范 围	项 目	范 围
pH 值	7.3~8.9	油/(mg/L)	40~98
COD/(mg/L)	424~2100	氨氮/(mg/L)	54~89
BOD_5/(mg/L)	130~528	吡啶/(mg/L)	4.5~90.45
挥发酚/(mg/L)	43~47	硫化物/(mg/L)	24~64
氰化物/(mg/L)	1.44~20.2	异丙醚/(mg/L)	20~68

进行生化处理，首先应进行污泥接种；接着开始微生物的培养、驯化；驯化结束后，接触氧化池填料上长出一定量的生化膜，待接触氧化生物池中生物膜完全成熟后（约 4 个月），整个流程便具备了处理高浓度煤加压气化废水的能力。经过低氧曝气—好氧曝气—接触氧化三级生物处理工艺处理后，煤加压气化废水的出水 COD 浓度在 200mg/L 左右，其他指标均能达到排放标准；再经过混凝沉淀处理，COD 也能达到排放标准，出水水质稳定。表 4-9 为该厂用此工艺对鲁奇煤加压气化废水处理后的进出水水质的比较结果。

表 4-9 生化阶段进出水水质一览表

主要污染物质	生化段进水/(mg/L)	生化段出水/(mg/L)	去除率/%
COD	845~2100	82~284	85~90.2
BOD_5	340~528	15~31	94.6~65
酚	12~47	0.05~0.2	99.8~99.9
氰化物	1.44~20.2	0.019~0.26	98.7
硫化物	24~64	3.6~9.6	85
油	60~98	<10	83~89
吡啶	4.5~90.5	0.45~8.51	90.5
异丙醚	20~68	未检测出	100
氨氮	75~101	13.3~15.9	84

2. 难降解有机物的去除

煤加压气化废水中难降解有机物的含量高达 23%（质量分数），也就是说，如果进水 COD 为 1500~1600mg/L，则其中有 350~400mg/L 为难降解有机物，因此，对于煤加压气化废水，仅用好氧生物处理，其效果是不会很好的。生化段出水的 COD 仍较高，仍在 350~450mg/L 之间。低氧曝气—好氧曝气—接触氧化三级生物处理工艺对煤加压气化废水难降解有机物有较高的去除效果，可使生化段出水 COD 降至 83~284mg/L。

第一级曝气池在低溶解氧浓度的条件下运行，利用低氧曝气池中兼性微生物对废水中难降解有机物进行"同时酸化发酵"反应，使大分子难降解有机物改变结构和性质，使其在好氧条件下易于被氧化，从而提高了 COD 的去除率。如进入生化段的 COD 为 1114.4mg/L，低氧曝气池出水的 COD 为 855.47mg/L，也即为进入好氧曝气池的 COD，好氧曝气池出水 COD 为 341.38mg/L，其单池去除率为 60%。没有一级低氧曝气池的"同时酸化发酵"作用，二级好氧曝气池在较短的时间内处理难降解有机物含量如此高的废水是难以达到这样的处理效果的。

二级曝气池出水 COD 较低，一般在 309~400mg/L，其中有相当一部分仍是难降解有机物。如果要进一步提高出水水质，降低出水 COD，若仍采用活性污泥法处理，则效果不好。第三级采用接触氧化法，由于其填料上的生物相种类丰富，促进了生化段出水水质的提高，对提高出水水质起到了很大的作用。其原因一方面是填料上的微生物中有些对难降解有机物的连续降解作用；另一方面是由于原生动物的旺盛繁殖，使出水中浊度、活细菌数、悬浮固体、COD、有机氮等都在下降，从而提高出水水质。

由于低氧曝气—好氧曝气—接触氧化三级生物处理工艺具有去除煤加压气化废水中难降解有机物的作用，生化段 COD 去除率高，所以生化段出水 COD 浓度段低。例如，进入生化段废水 COD 分别为 845.7mg/L 和 1470.53mg/L，生化段出水 COD 分别为 82.99mg/L 和 223.7mg/L，生化段 COD 去除率达 90.2%；其中难降解有机物分别为 194mg/L 和 340mg/L（以 $N=0.23$ 计），经处理后，去除废水中难降解有机物分别为 111.81mg/L 和 116.22mg/L。即该工艺可使原水中 34%～57%的难降解有机物被去除，从而使生化段出水 COD 降低 37%～57%。由此证明了采用低氧曝气—好氧曝气—接触氧化三级生物处理工艺处理煤加压气化废水是非常有效的。

3. 脱氮

实践表明，采用低氧曝气—好氧曝气—接触氧化三级生物处理煤加压气化废水还具有较好的除氮功能，其氨氮去除率为 84%。

生物脱氮主要是通过两种生物活动：一是产生污泥；二是从有机化合物中获取能量的呼吸作用。全部有生命的生物物质和许多无活性的有机物质都含有氮，但是构成微生物的细胞物质中，氮的含量很小，仅占 9%～12%（质量分数），平均为 10%，因而通过合成微生物细胞除氮，其去除率很低，所以传统活性污泥法对氮的去除率也就是在 20%～40%。

生物脱氮反应指的是氮的分解还原反应或反硝化作用，它包括把废水中存在的硝酸盐和亚硝酸盐还原成释放到大气中的气态氮的反应。通过这种工艺除去氮是由于生物氧化还原的结果，反应能量从有机物中获取，反应式如下：

$$NO_2^- + 3H(\text{电子供给体}\text{——}\text{有机物}) \longrightarrow 1/2N_2\uparrow + H_2O + OH^- \tag{4-7}$$

$$NO_3^- + 5H(\text{电子供给体}\text{——}\text{有机物}) \longrightarrow 1/2N_2\uparrow + 2H_2O + OH^- \tag{4-8}$$

这些反应中，低氧曝气池起着与氧相同的作用，即为氢离子的电子受体。因为硝酸盐的电子轨道非常类似氧的电子轨道，因而硝酸盐很容易代替氧作为电子受体，其差别在于细胞色素的电子传输，特定的还原酶被硝酸盐还原酶置换，这种硝酸盐还原酶能催化电子，使其最终传输给硝酸盐而不是氧。脱氮有机物纯种培养的研究表明，溶解氧的存在阻碍了把末端电子传输给硝酸盐所需酶的形成。

通过上述生物脱氮反应原理分析可知，要使废水中硝酸盐与亚硝酸盐的氮去除，反应器中必须符合如下的脱氮作用条件，即反应器中不含有溶解氧，有兼性菌团和合适的电子供体（能源）的存在。低氧曝气池由于生物絮体的形成，增加了氧向生物絮体的阻力，又由于在低溶解氧浓度下运行，氧的浓度梯度减小，因此氧不易向污泥絮体深部渗透，在生物污泥絮体深部形成厌氧环境，所以在污泥絮体深部为实现反硝化生物脱氧创造了无氧的条件。第一级低氧曝气池中的微生物主要是芽孢杆菌属和真菌属的兼性微生物，这些微生物大部分可以异化脱氮。对于兼性微生物，既可以好氧氧化有机物，在厌氧条件下也可以对有机物酸化发酵、异化脱氮。在低氧曝气池中，能产生这两种作用的微生物种类之间的差别是很小的，当环境合适的时候，好氧条件下产生的微生物，会立即表现出脱氮的能力。煤加压气化废水中BOD 很高，其碳氮比很高，达 6～7，为脱氮反应提供了能源，因此第一级低氧曝气池具备了上述条件，而对废水中氮有较高的脱除能力。

废水中氨氮的去除效果与硝化反应密切相关，第二级好氧曝气池水力停留时间长，泥龄也长，为硝化菌的繁殖提供了良好的条件。完成硝化反应的亚硝化和硝化细菌为专性化能自养菌，对有机物十分敏感。BOD 对硝化有很大的影响，Antonlee 曾经以 BOD 对硝化作用的影响进行了研究，结果表明：BOD 浓度很高，氨氮去除率低；BOD 浓度很低，氨氮去除率高。过高的 BOD 物质将对硝化菌的增长有一定的阻碍作用。煤加压气化废水中存在着大量的有机物。第一级低氧曝气池已去除了大量的 BOD 物质，减轻了有机物对硝化反应的影响，从而有利于硝化反应，提高氨氮去除率。

活性污泥法中，代时长的微生物容易被处理水挟出，因而不能在污泥中存活，但是在接触氧化池生物膜中，与废水停留时间没有关系，增长速度相当慢的生物（如硝化菌等）也可能生存，因而可使氨氮硝化。因此，第三级采用接触氧化法不但可获得低 BOD_5 和 COD 的出水，而且还可以获得充分硝化的出水。由于生物膜内层是厌氧状态，因而有可能产生脱氮作用。

4. BOD、酚、氰等污染物的去除

煤加压气化废水生化处理主要控制指标是 COD，只要 COD 得到良好的控制，BOD_5 和酚等指标都不会成问题。在低氧曝气—好氧曝气—接触氧化工艺的稳定运行阶段，以云南省驻昆解放军化肥厂鲁奇加压气化工艺产生的废水为例，生化段进水 BOD_5 约在 $340\sim528$ mg/L，生化段出水 BOD 为 $15.7\sim39.99$mg/L，去除率达 95%。生化段出水能达到排放标准。在酚的去除方面，生化脱酚的进水浓度为 $43\sim47$mg/L，最高时可达 126mg/L，挥发酚可生化性好，比较容易去除，在总曝气时间为 40h 期间内，第一级曝气池出水酚浓度就可能达到排放标准；在总曝气时间为 $20\sim26$h 期间，第二级曝气池出水酚浓度就能达到排放标准。因此，对于煤加压气化废水中挥发酚的去除只要有 10h 左右的曝气时间，出水酚浓度就可以达到排放标准。在 100 多次的检测数据中，生化段对酚的去除率达 $99.6\%\sim99.8\%$，生化段出水浓度在 $0.05\sim0.2$mg/L，达标率为 100%；进入生化段氰化物浓度在 $1.44\sim20.2$mg/L，生化段出水浓度在 $0.19\sim0.26$mg/L，去除率为 $98.1\%\sim98.7\%$；硫化物等去除率也比较高，硫化物去除率为 85%，油类去除率在 $83\%\sim89\%$，吡啶去除率为 90%，异丙醚去除率为 100%（生化段出水中测不到）。从该厂的运行来看，低氧曝气—好氧曝气—接触氧化三级生物法对煤加压气化废水中的 BOD_5、酚、氰等污染物去除效果较好。

5. 缓冲能力

低氧曝气—好氧曝气—接触氧化三级生物法处理煤加压气化废水，具有很好的缓冲性能。第一方面原因是该工艺前面二级处理采用完全混合反应器进行处理。完全混合反应器的特征是反应器中各部分的池液组成相同，池液中物料浓度较低，等于出水中的浓度，入流废水可以在瞬间和池液均匀混合，因而骤然增加的负荷可为全池混合液共同分担，迅速被稀释，使微生物承受的负荷不会过高。第二方面原因是由于第一级曝气池的保护作用，即使进水负荷突然增加，第一级曝气池受到冲击，但由于在第一级曝气池中使入流负荷进行稀释，进入第二级曝气池的浓度将会降低，第二级曝气池和第三级接触氧化池仍然可在比较平稳的状态下工作，从而使生化段的出水稳定。第三方面原因是第三级接触氧化池本身具有较大的缓冲作用。因为接触氧化池内填料上具有生物膜，生物膜上具有各类丰富的、数量众多的微生物群体。由于微生物数量多，突然增加浓度不至于使微生物负担过重，因而不会影响出水的水质。

6. 主要运行控制参数

（1）低氧曝气池溶解氧浓度 低氧曝气池中主要微生物为兼性微生物，兼性微生物在好

氧条件下氧化有机物，在厌氧条件下对有机物进行酸化发酵。在低氧曝气池内，兼氧菌对有机物的酸化发酵，属"同时酸化发酵"现象，也即在有机物好氧化的同时，污泥絮体内对有机物发生酸化发酵反应。兼性厌氧菌酸化发酵时增长很慢，在好氧条件下生长繁殖快，因此，低氧曝气池中溶解氧浓度是一个很重要的运行指标。曝气池溶液溶解氧浓度过低，将有利于污泥絮体内形成厌氧状态，也就有利于"同时酸化发酵"，但不利于兼性厌氧微生物的生长繁殖，因为兼性厌氧菌在酸化发酵反应时，分解有机物过程中产生的能量几乎都用于有机物的发酵，只有少部分合成菌体。曝气池中溶解氧浓度高，将有利于兼性微生物的生长，但污泥絮体内部厌氧条件难以维持，将影响"同时酸化发酵"效果。在低氧曝气池中，当进水 COD 相同时，不同溶解氧浓度下的生化段出水 COD 见图 4-5。

由图 4-5 可见，低氧曝气池中溶解氧浓度在 0.5mg/L 左右，生化段出水 COD 最低，说明对难降解有机物去除效果最好，也说明"同时酸化发酵"效果好；溶解氧浓度在 1.5mg/L 以上，出水 COD 高，对难降解有机物去除效果差，说明"同时酸化发酵"效果差；溶解氧浓度在 2mg/L 以上，生化段出水 COD 很高，实际已经成为好氧曝气池，因此，"同时酸化发酵"现象将消失；溶解氧浓度在 0.1mg/L

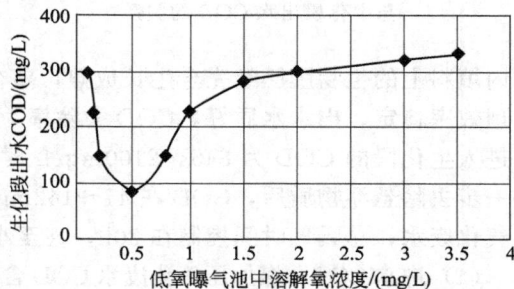

图 4-5　进水 COD 相同时不同溶解氧浓度下的生化段出水 COD

以下，生化段出水 COD 重新回升，这时有利于"同时酸化发酵"反应，但兼氧微生物的生长繁殖慢，难以提高反应器中微生物的浓度，故影响了生化段出水水质。以此看来，第一级低氧曝气池中溶解氧浓度应控制在 0.5mg/L 左右，以取 0.2～0.6mg/L 为宜。

（2）低氧曝气池中水力停留时间　低氧曝气池水力停留时间（曝气时间）是一个重要的技术经济参数，它将影响着处理效果、设备容积的大小、占地面积、基建投资等。因煤加压气化废水中难降解有机物含量高，第一级低氧曝气池的功能是利用兼氧微生物对废水中难降解有机物的酸化发酵，使其改变结构和性质，在好氧条件下易被去除，因此，第一级低氧曝气池的曝气时间要求长一些。若第一级采用厌氧悬浮污泥法来达到上述目的，如采用厌氧酸化反应器，尽管酸化发酵阶段反应速度快，其水力停留时间仍需 10～24h，通常采用 1d 时间。这主要是在酸化发酵阶段，分解有机物过程中产生的能量几乎都用于有机物的发酵，极少部分用于合成菌体，因此，兼氧菌在酸化发酵阶段增值很少，难以维持较高的微生物浓度，因而就需要较长的水力停留时间。只要能提高微生物的浓度，即使采用厌氧生物工艺处理有机废水，同样可降低水力停留时间，如用上流式厌氧污泥反应器处理土豆废水和制糖废水，由于反应器中保留了高浓度的厌氧污泥，其水力停留时间仅需 4～6h。

第一级曝气池在低氧浓度下运行，池中发生酸化发酵和进行好氧氧化的微生物菌种差别不大，只是在不同条件下表现出不同的生理特性。在好氧条件下产生的污泥，只要条件合适，即可对有机物进行酸化发酵。第一级曝气池在低氧条件下运行，既能创造提高"同时酸化发酵"效果的条件，又能使兼氧菌很好的繁殖生长。因为兼氧菌在有氧条件下生长繁殖快，第一级曝气池中能够维持较高的微生物浓度，其值达 7～10g/L，因而第一级曝气池水力停留时间比采用厌氧悬浮污泥反应器水力停留时间短，第一级低氧曝气池中水力停留时间与生化段出水 COD 浓度的关系如图 4-6 所示。由图可见，第一级低氧曝气池水力停留时间在 5h 左右，生化段出水 COD 在 180mg/L 左右，对难降解有机物的去除已经有较好的效果，

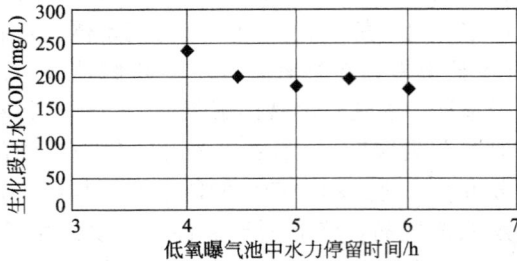

图 4-6　低氧曝气池中水力停留时间
与生化段出水 COD 的关系

所以，第一级低氧曝气池水力停留时间取 5h 为宜。

（3）总曝气时间　生化处理曝气时间往往影响着处理效果和构筑物容积，直接影响着处理设施的造价和投资。一般情况下，曝气时间长，处理效果好，但构筑物容积大，投资大。本工艺总曝气时间的范围约在 20～40h，前期总曝气时间为 40h 左右，后期流程处理稳定后总曝气时间缩短为 20h 左右。在总曝气时间为 20h 期间内，第三级接触氧化池内填料上的生物膜已经完全生长成熟，整个流程具备了处理高浓度煤加压气化废水能力，处理效率稳定，出水水质好，COD 去除率为 85%～90.2%，生化段出水溶解性 COD 很低。在进入生化段的 COD 为 845～2100mg/L 时，生化段出水 COD 在 82.99～284mg/L 之间，进一步去除悬浮物质后，COD 在 41～142mg/L 之间，达到排放要求。因此，本工艺处理煤加气化废水，总曝气时间控制在 20h，甚至小于 20h，对去除 COD 来说均能满足要求。

（4）进水 COD　煤加压气化废水 COD 含量高，对于未脱酚蒸氨废水，COD 高达 16000～21000mg/L，预处理油污 COD 达 27.56%，预处理出水 COD 在 1159～1521mg/L 之间，加上生活污水和冲地坪污水的汇入，COD 还会减少，因而进入生化段的 COD 一般不会超过 1600mg/L。从本工艺运行结果来看，只要生化段入水的 COD 不超过 2000mg/L，其生化段出水中溶解性 COD 可控制在 150mg/L 以下。只要在生化段出水后进一步去除悬浮物质，如采用混凝沉淀，就能使 COD 达到排放标准。

（5）COD 负荷　煤加压气化废水难降解有机物含量高，COD 和 BOD 差值较大，BOD_5 易达标，因此，以 COD 作为主要控制指标更有意义。

微生物通过氧化和同化作用分解有机污染物，在容氧充足的情况下，反应速度主要取决于微生物和所供给的食物量，即污泥负荷。而单位反应器容积所能承受的有机污染物量，则称为容积负荷。污泥负荷能较全面地体现 COD、时间和生物量等因素的作用，对生化处理效果有着极为重要的影响。本工艺中 COD 污泥负荷与去除率的关系如图 4-7 所示。当 COD 溶解负荷在 0.2～1.0kgCOD/kgVss 时，COD 去除率为 80%～90.9%；COD 污泥负荷小于 1.0kgCOD/(kgVSS·d) 时，去除率大于 80%；COD 污泥负荷小于 0.5kgCOD/(kgVSS·d) 时，去除率大于 85%。容积负荷也是生化处理的重要参数，COD 容积负荷与去除率关系见图 4-8。当容积负荷在 1.2～2.2 kgCOD/(m³·d) 时，COD 去除率为 80%～90%；COD 容积负荷小于 2.2 kgCOD/(m³·d) 时，COD 去除率大于 80%；COD 容积负荷小于 2.52kgCOD/(m³·d) 时，COD 去除率大于 85%。正常运转期间 COD 负荷与去除率的统计见表 4-10。

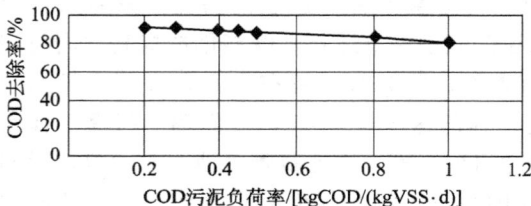

图 4-7　COD 污泥负荷与去除率关系曲线

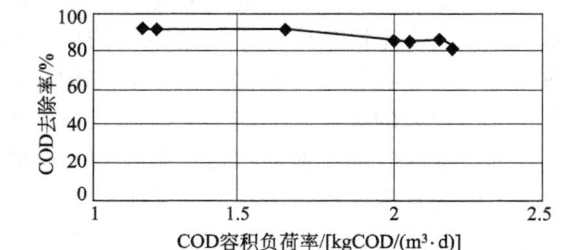

图 4-8　COD 容积负荷与去除率关系曲线

表 4-10　正常运转期间 COD 负荷去除率统计表

COD 污泥负荷/[kgCOD/(kgVSS·d)]	0.2	0.28	0.40	0.45	0.50	0.81	1.0	
COD 去除率/%	90.9	90	88	87	86	82.9	80	
COD 容积负荷/[kgCOD/(m³·d)]	1.16	1.2	1.64	2.0	2.01	2.05	2.16	2.2
COD 去除率/%	90.9	90.5	90	86	85.5	85	83	80

(6) 技术比较　虽然煤加工气化废水中难降解的有机物较多，但采用低氧曝气—好氧曝气—接触氧化三级生物处理工艺处理，生化效果好，曝气时间也不太长，其对废水的处理效果与其他工艺的对比见表 4-11。表中三段六级活性污泥法为金承基等人的研究成果，比国内外其他一些研究和生产成果的效果要好得多，而采用本工艺处理效果又提高了许多。从表 4-11 中可见，两种工艺选用的废水种类一致，煤气工艺均为鲁奇加压气化工艺，制气原料煤均为劣质煤，费时、组成与浓度接近，唯一不同的是生化处理工艺。由于废水中难降解有机物含量高，采用三段六级活性污泥法处理，去除 COD 的效果差，去除率仅有 72%~79%。要使废水达到排放标准，生化处理后必须设置活性吸附处理单元。这样流程较复杂，增加投资，提高了处理成本。采用低氧曝气—好氧曝气—接触氧化法工艺，对废水中难降解有机物去除效果好，生化段出水 COD 低，其值在 82.99~284mg/L。实际上出水溶解性 COD 浓度很低，只要进一步去除出水悬浮物质，COD 就能达到排放标准，可节省投资、降低造价和减少运行成本以及简化操作程序。对于我国来说，该工艺有很大的推广应用价值。

表 4-11　生化处理结果比较

比较项目		生化段工艺流程	
		三段六级活性污泥法	低氧曝气—好氧曝气—接触氧化法
COD/(mg/L)	进水	698~2147	845~2100
	出水	148~610	82~284
	效率/%	72~79	85~90.2
BOD$_5$/(mg/L)	进水	239~492	340~528
	出水	15.6~26.7	15.17~30.98
	效率/%	93.6~94.6	94.6~95
酚/(mg/L)	进水	9.27~21.5	43~47
	出水	0.06~0.18	0.05~0.20
	效率/%	>99	99.6~99.8
负荷/[kgCOD/(kgVSS·d)]		0.1~0.5	0.2~1.0
水力停留时间/d		0.67~1.0	0.83
废水类型		煤加压气化废水	煤加压气化废水
制气工艺		鲁奇加压气化工艺	鲁奇加压气化工艺
原料煤		劣质褐煤	劣质褐煤

二、煤气化废水脱氮技术的进展

随着人们对环境问题的日益重视和废水处理技术的发展，国内外对废水生物脱氮技术的研究已不仅限于城市污水，也开始对一些含有高浓度氨氮的难处理工业废水进行了研究，特别是焦化和煤气化废水。采用的工艺流程主要有：缺氧—好氧两级流化床法，悬浮污泥 A/O 工艺和多等级处理工艺等。流化床法具有水力停留时间短、污染物负荷高、设备容积小和处理效果好等优点，但为使流化床内载体流化所需回流比较大，故动力消耗和运行费用较高，而且载体流化的控制要求高，操作管理复杂。悬浮污泥法的主要缺点是水力停留时间长，设备容积大。煤气废水脱氮是煤气化废水处理的一个难题，目前，国内外对煤气化废水脱氮技术的研究虽然已经取得了一定的进展，但还存在着一些问题，主要是煤气化废水中的碳氮比偏低，至使反硝化不完全，采用常规的生物脱氮工艺总氮去除率不高。针对煤气化废水水质的特点，提出采用亚硝酸型硝化-反硝化处理煤气化废水新工艺，该工艺与常规生物脱氮工艺相比，污染物负荷能力增加，需氧量和碳源需要量减少，反硝化效率明显增高，可提高总氮去除率。

第四节　废水处理工艺流程

气化废水经过有价物质回收、预处理、生化处理、深度处理等过程后才能达到排放要求，所以一般情况下该类废水的处理工艺流程都很复杂，但是目前在国内外都形成了比较成熟的典型的处理工艺流程。

1. 德国鲁奇公司煤加压气化废水处理工艺流程

德国鲁奇公司煤加压气化废水处理工艺流程如图 4-9 所示。废水经沉降槽分离焦油，过滤去除细小颗粒，使悬浮总量降至 10mg/L 后送萃取塔，用溶剂脱酚，使废水中酚含量降到 100mg/L 以下；再进入汽提塔脱氮，以水蒸气为热源，使氨含量降至 100mg/L 以下，同时可去除一部分硫、氰、酚和油；然后进入曝气池，进行生化处理，使挥发酚、脂肪酸、氰化物和硫化物等大部分被处理；再进入二次沉淀池，除去大部分悬浮物；接着进入絮凝池，投药凝聚，进一步去除悬浮物，出水经砂滤，使悬浮物降至 1mg/L 以下；出水进入活性炭吸附罐，经活性炭吸附处理，总酚含量可低于 1mg/L，COD 降至 50mg/L，废水无色无臭，可排放到河流中。

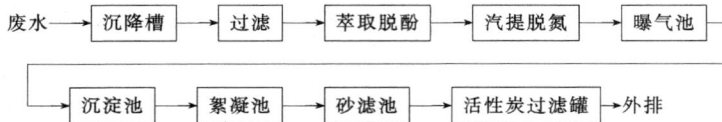

图 4-9　德国鲁奇公司煤加压气化废水处理工艺流程

2. 国内某煤加压气化废水处理工艺流程

国内某煤加压气化废水处理工艺流程如图 4-10 所示。经脱酚蒸氨后的废水进入斜管隔油池，废水中残余的大部分油类物质可被去除，经调节池进入生化段处理，然后由机械加速澄清池去除悬浮状和胶体的污染物质。生化段采用低氧曝气—好氧曝气—接触氧化三级生物处理。

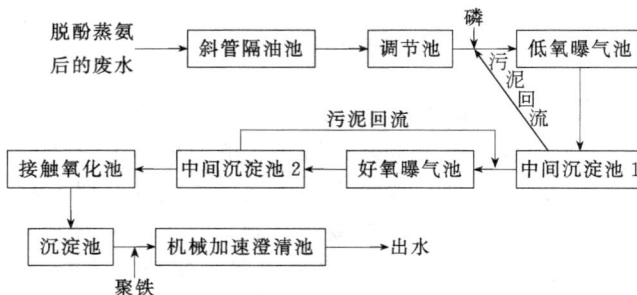

图 4-10　国内某煤加压气化废水处理工艺流程

本工艺特点是利用低氧与好氧、污泥法与生物膜法合理组织和搭配，来强化生化段处理效果。经处理后废水中难降解有机物、酚类、氰类等物质明显去除，生化段出水中，溶解性有机物污染物浓度已经很低了，再经澄清池去除悬浮状和胶体状有机污染物，出水基本达到排放标准，可外排或作为循环用水。

复 习 题

1. 气化废水的来源及危害。
2. 气化废水的主要控制方法有哪些？

第五章

焦化废水的污染及控制

第一节 焦化废水的来源及危害

一、焦化废水产生的概况

焦化废水主要来自炼焦、煤气净化及化工产品的精制等过程，排放量大，水质成分复杂。从焦化废水产生的源头分，有炼焦带入的水分（表面水和化合水）、化学产品回收及精制时所排出的水，其水质随原煤和焦化工艺的不同而变化。剩余氨水及煤气净化和化学产品精制过程中的工艺介质分离水属于高浓度焦化废水。对于焦化蒸馏和酚精制蒸馏中，分离出来的某些高浓度有机污水，因其中含有大量不可再生和生物难降解的物质，一般要送焦油车间管式焚烧炉焚烧。煤气净化和产品精制过程中，从工艺介质中分离出来的其他高浓度污水要与剩余氨水混合，经蒸氨后以蒸氨废水的形式排出，送焦化厂污水处理站处理。

焦化厂的生产全过程，一般可以分为煤的准备、炼焦、煤气净化和回收以及化学产品精制等步骤。因此，焦化厂所产生的废水数量与性质，随采用的工艺和化学产品精制加工深度的不同而有所不同。目前，我国焦化生产工艺流程及废水来源见图 5-1。

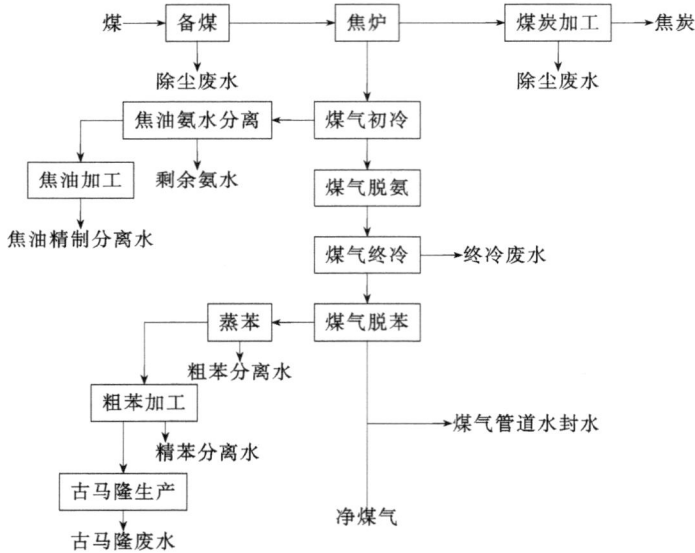

图 5-1 焦化生产工艺流程及废水来源

二、焦化废水的组成及分类

1. 炼焦煤中表面水及化合水

炼焦煤一般都经过洗选，常规炼焦时，装炉煤水分控制在 10% 左右，这部分附着水在炼焦过程挥发逸出；同时煤料受热裂解，又析出化合水。这些水蒸气随粗干馏煤气一起从焦炉引出，经初冷器冷却形成冷凝水，称剩余氨水。该股废水含有高浓度的氨、酚、氰化物、硫化物以及有机油类等，这是焦化工业主要治理的废水，是污水处理站主要的废水来源。

2. 生产过程中引入的生产用水和蒸汽等形成的废水

生产过程中引入的生产用水所形成的废水主要有洗选煤、物料冷却、换热、熄焦、水封、冲洗地坪、化验、补充循环水系统等生产过程排放的废水。这些废水可分为生产净排水和生产废水两部分。

（1）生产净排水　主要分为间接冷却水排水以及排放的蒸汽冷凝水等，该废水基本不含污染物。

（2）生产废水　来源于与物料直接接触的水，主要有以下 3 种。

① 接触煤、焦粉尘物质的废水　该类废水主要有：炼焦煤储运、转运、破碎和加工过程中的除尘洗涤水；焦炉装煤或出焦时的除尘洗涤水；湿法熄焦水；焦炭转运、筛分和加工过程的除尘洗涤水。

这种水主要污染物是高浓度的固体悬浮物，一般经澄清处理后可重复使用。水量因采用除尘器的种类及数量的不同而有很大变化。

② 含有酚、氰、硫化物和有机油类的酚氰废水　该类废水主要有：煤气终冷的直接冷却水；粗苯加工的直接蒸汽冷凝分离水；焦油精制加工过程的直接蒸汽冷凝分离水、洗涤水；煤气管道水封水；车间地坪或设备清洗水等。

这类污水含有一定浓度的酚、氰、硫化物及石油类，与前述煤中所形成的剩余氨水一起通称酚氰废水。该类废水不仅水量大，而且成分复杂、危害大，是焦化废水治理的重点。

③ 生产古马隆树脂过程中的洗涤废水　该类废水主要是古马隆树脂水洗废液。废水的水量很小，且只存少数生产古马隆产品的焦化厂所具有。这种废水一般呈白色乳化状态，除含有酚、油物质外，还因聚合反应所用的催化剂不同，而含有其他物质。

焦化废水组成如图 5-2 所示。

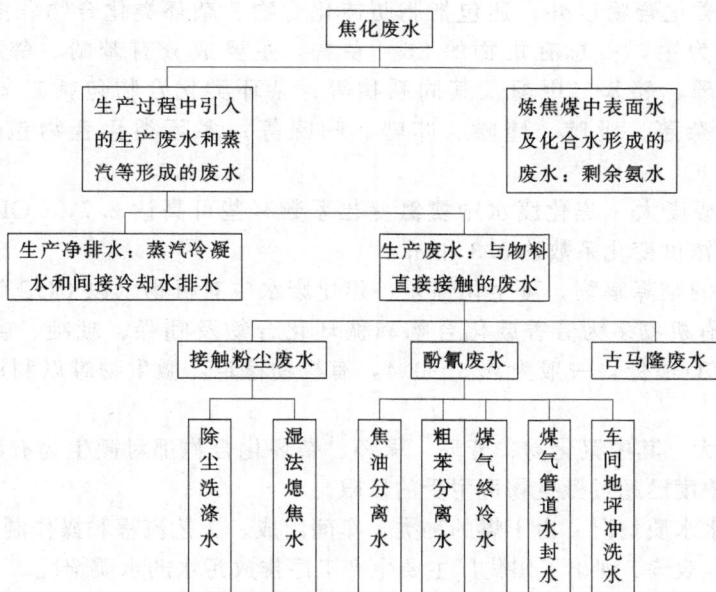

图 5-2　焦化废水组成

三、焦化废水的排放现状与危害

1. 我国焦化废水治理概述

我国自己开办的第一座焦化厂是 1914 年开始修建的石家庄焦化厂。现在，我国焦化工业已伴随钢铁行业发展成为煤化工领域中重要的分支，达到了较高的水平。

我国焦化废水处理自20世纪50年代起是一个从无到有、逐步提高、逐步完善的发展过程。20世纪50～60年代处于低水平阶段，仅有几个大型焦化厂对酚氰废水进行简易的机械处理（如鞍钢化工总厂、包钢焦化厂等），仅设有平流沉淀池或圆形带刮泥机的沉淀池去除浮油和重油，处理后将部分酚氰废水送去作熄焦补充水。进入20世纪70年代后，运用了国内外的生化技术，在首钢焦化厂首先兴建了生物脱酚装置，同时一批大、中、小型焦化厂都相继设立了生物脱酚装置，当时的重点是脱除废水的酚。处理方式和流程也比较简单。

改革开放后的20世纪80年代又为一个阶段。当时，由于国家对环保工作的重视，使焦化废水处理水平向前推进了一大步。以宝钢一、二期焦化废水处理技术的引进为起点，各科研院所加大了研究开发焦化废水处理的力度，开展了两段生化和透加生长素的试验研究以及后混凝处理和污泥脱水的研究。

20世纪80年代末和90年代初，针对国家对焦化废水排放标准的更严格要求，开展了焦化废水的脱氮和进一步降低COD的试验研究，并将研究成果应用于工业实践，在原生物脱酚处理工艺的基础上，将其改造成为A/O或A^2/O生物脱氮工艺。

2. 焦化废水水质及危害

（1）焦化废水的水质特点

① **焦化废水组成复杂**　其中所含的污染物可分为无机污染物和有机污染物两大类。

无机污染物一般以铵盐的形式存在，包括$(NH_4)_2CO_3$、NH_4HCO_3、$(NH_4)HS$、$(NH_4)CN$、$NH_4(COO)NH_4$、$(NH_4)_2S$、$(NH_4)_2SO_4$、NH_4SCN、$(NH_4)_2S_2O_3$、$NH_4Fe(CN)_3$、NH_4Cl等。

有机物除酚类化合物以外，还包括脂肪族化合物、杂环类化合物和多环芳烃等。其中以酚类化合物为主，占总有机物的85%左右，主要成分有苯酚、邻甲酚、对甲酚、邻对甲酚、二甲酚、邻苯二甲酚及其同系物等；杂环类化合物包括二氮杂苯、氮杂联苯、氮杂蒽、氮杂蒽、吡啶、喹啉、咔唑、吲哚等；多环类化合物包括萘、蒽、菲、苯并[a]芘等。

② **水质变化幅度大**　焦化废水中氨氮变化系数有些可高达2.7，COD变化系数可达2.3，酚、氰化物浓度变化系数达3.3和3.4。

③ **含有大量的难降解物，可生化性差**　焦化废水中有机物（以COD计）含量高，且由于废水中所含有机物多为芳香族化合物和稠环化合物及吲哚、吡啶、喹啉等杂环化合物，其BOD_5/COD值低，一般为0.3～0.4，有机物稳定，微生物难以利用，废水的可生化性差。

④ **废水毒性大**　其中氰化物、芳环、稠环、杂环化合物都对微生物有毒害作用，有些甚至在废水中的浓度已超过微生物可耐受的极限。

（2）**焦化废水水质情况**　由于煤的种类、车间组成、工艺流程和操作制度不同，焦化废水的水质也不同。表5-1列出了焦化厂主要生产工序排放污水的水质情况。

氨氮和COD是焦化废水的主要污染物。氨氮是导致水体富营养化的重要因素，当含有大量氨氮的污水流入湖泊时，会加快藻类和微生物的繁殖生长，造成水体缺氧，使水质恶化变臭。传统废水处理工艺对氨氮的去除率极低，全国有80%以上的焦化企业存在着废水氨氮和COD排放不达标的状况。20世纪90年代以后，国家颁布《污水综合排放标准》（GB 8978—1996）和《钢铁工业水污染物排放标准》（GB 13456—1992）中，对焦化工业排放废水中的氨氮和 COD 提出了更高要求（见表 5-2）。

图 5-1　焦化废水水质

项目排水点	pH 值	挥发酚	氰化物	油	挥发氨	COD
蒸氨塔后（未脱酚）	8～9	500～1500	5～10	50～100	100～250	3000～5000
蒸氨塔后（已脱酚）	8	300～500	5～15	2500～3500	100～250	1500～4500
粗苯分离水	7～8	300～500	100～350	150～300	50～300	1500～2500
终冷排污水	6～8	100～300	200～400	200～300	50～100	1000～1500
精苯分离水	5～6	50～200	50～100	100	50～250	200～3000
焦油加工分离水	7～11	5000～8000	100～200	200～300	1500～2500	15000～20000
硫酸钠污水	4～7	7000～20000	5～15	1000～2000	50	30000～50000
煤气水封槽排水		50～100	10～20	10	60	1000～2000
酚盐蒸吹分离水		2000～3000	微量	4000～8000	3500	30000～80000
沥青池排水		100～200	5	50～100		100～150
泵房地坪排水		1500～2500	10	500		1000～2000
化验室排水		100～300	10	400		1000～2000
洗罐站排水		100～150	10	200～300		500～1000
古马隆洗涤污水	3～10	100～600		1000～5000		2000～13000
古马隆蒸馏分离水	6～8	1000～1500		1000～5000		3000～10000

注：pH 值量纲一，其余单位 mg/L。

表 5-2　氨氮、COD 的排放标准

氨氮/(mg/L)			COD/(mg/L)		
一级	二级	三级	一级	二级	三级
15	25	—	100	200	1000

　　截至 2008 年，我国有不同规模的焦化厂约 800 多家，各类焦炉 1700 多座，年机焦生产能力已达 3.28 亿吨，其中机焦产量 3.15 亿吨，在建约 700 万吨，排放的焦化废水中 COD 和氨氮严重超标。除少数焦化厂外，绝大部分焦化厂几乎未对氨氮进行处理，按一般焦化厂蒸氨废水水质指标 $COD_{Cr}=3500mg/L$、氨氮 $=280mg/L$ 计，则每吨焦炭最少可以产生 $0.65kg\ COD_{Cr}$ 和 $0.05kg$ 氨氮；按全国机焦产量 3.2 亿吨计算，则每年可产生 $200000t\ COD_{Cr}$ 和 16000t 氨氮。如果焦化废水未得到很好的治理，将会对环境造成严重的污染。

　　（3）焦化废水的危害　焦化废水中含有大量环链有机化合物、叠氮类无机化合物和氨氮等，这些物质无论是进入水体（如排入地面水体或渗入地下水体），还是其中的一些物质释放进入大气。都会直接或间接地对动、植物产生严重的危害。如果人直接饮用了含一定浓度这类物质的水或长时间吸入含该类物质的空气，将会危害身体健康，严重者可以致癌；特别是有些物质可在动物或植物体内富集，使其浓度浓缩许多倍，最终通过食物链侵害到人类。焦化废水中的含碳类化合物多数都是耗氧类物质，它们进入水体后要消耗水体中的溶解氧，严重时可以导致水体的腐化；而焦化废水中的含氮类物质，能导致水体的富营养化，可以导致藻类的大量孳生和繁殖；氨氮在水体中还能转化成硝态氮，婴幼儿饮用了含有一定浓度硝态氮的水，可导致白血病。因此，焦化废水对自然生态的破坏极其严重，对人类的威胁巨大。

焦化废水危害性主要表现在以下几方面。

① 对人体的危害 焦化废水中含有的酚类化合物是原型质毒物，可通过皮肤、黏膜的接触和经口服而侵入人体内。高浓度的酚可以引起剧烈腹痛、呕吐和腹泻、血便等症状，重者甚至死亡。低浓度的酚可引起积累性慢性中毒，有头痛、头晕、恶心、呕吐、吞咽困难等反应。酚可以引起皮肤灼伤，小量的接触也可引起接触性皮炎。酚溅入眼睛立即引起结膜及角膜灼伤、坏死。

水中氰化物大多数是氢氰酸，毒性很大。当 pH 值在 8.5 以下时，氰化物的安全浓度为 5 mg/L。人食用的平均致死量氢氰酸为 30～60mg/L，氰化钠为 0.1g，氰化钾为 0.12g。

在多环芳烃中，有的物质已经被证明具有致癌、致畸形和致突变特性，这已引起了人们的广泛关注。

焦化废水中含有大量的氨氮，即使经处理后氮并未完全脱除，可能转化为 NO_2^- 或 NO_3^-。人体若饮用了 NH_4^+-N＞10mg/L 或 NO_3^--N＞15mg/L 的水，可使人体内正常的血红蛋白氧化成高铁血红蛋白，失去血红蛋白在体内的输氧能力，出现缺氧的症状，尤其是婴儿。当人体血液中高铁血红蛋白＞70％时，会发生窒息现象。若亚硝酸盐长时间作用于人体，可引起细胞癌变。经水煮沸后的亚硝酸盐浓缩，其危害程度更大。以亚硝酸盐为例，自来水中含量为 0.06mg/L 时，煮沸 5min 后增加到 0.12mg/L，增加了 100％。亚硝酸盐与胺类作用生成亚硝酸胺，对人体有极强的致痛作用，并有致畸胎的威胁。

② 对水体和水生生物的危害 焦化废水中含有大量有机物，部分有机物具有生物可降解性，因此，能消耗水中的溶解氧。当氧的浓度低于某一限值时，水生生物的生存会受到影响。例如，鱼类要求的氧的限值是 4mg/L，如果低于此值，会导致鱼群大量死亡。当氧消耗殆尽时，将造成各种水生生物的死亡，水质腐败，严重地影响周围环境卫生。

酚类对给水水源的影响也特别严重。长期饮用被酚污染的水会引起头晕、贫血以及各种神经系统病症。我国政府在《地面水中有害物质的最高允许浓度》中规定挥发酚的最高允许浓度为 0.01mg/L，在《生活饮用水卫生标准》中规定，挥发酚类不得超过 0.02mg/L。加氯消毒的水，当酚量超过 0.001mg/L 时，则产生令人不愉快的氯酚味。酚污染严重影响水产品的产量和质量，能使贝类减产，海带腐蚀，养殖的砂贝、牡蛎逐渐死亡。当水体中含有酚时，能影响鱼类的洄游繁殖；浓度为 0.1～0.2mg/L 时，鱼肉有酚味；浓度更高时，引起鱼类大量死亡，甚至绝迹。我国《渔业水体中有害物质的最高允许浓度》中规定，挥发酚的最高允许浓度为 0.01mg/L。酚的毒性还可以抑制一些微生物，如细菌、海藻等的生长。

含氮化合物能导致水体的富营养化，其危害表现在以下几个方面。

● 消耗受纳水中的氧，导致水中溶解氧急剧降低，使水体出现亏氧、水变质，造成恶臭。

● 对于具有饮用功能的水体，若受到氨氮污染，在加氯消毒时，水中的氨氮会与氯及其中所含的溴反应，生成氯胺或三卤甲烷，具有较强的致癌作用，成为危害公众健康的一大隐患。

● 当水体中 pH 值较高时，氨态氮往往以游离氨的行式存在，对水体中的各种生物皆有毒害作用。当水体中 NH_4^+-N＞3mg/L 时会使生物血液结合氧的能力下降，当 NH_4^+-N≫3mg/L 时，在 24～96h 内金鱼及鳊鱼等大部分鱼类和水生生物就会死亡。

● 导致水体富营养化，使水体中藻类大量繁殖，从而使水质恶化变臭，尤其对沼泽、湖泊等封闭水域的危害更大，并对饮用水源、水产业和旅游业造成危害。

③ 降低水体的观赏价值 若焦化废水排入具有观赏价值的水体，将会大大降低水体的

观赏价值。通常 1mg 氨氮氧化成硝态氮需消耗 4.6mg 溶解氧。水体中氨态氮越多，耗去的溶解氧就越多，水体的黑臭现象就越发严重，使水生生物大量死亡。富营养化的水质不仅又黑又臭，且透明度差（仅有 0.2m）。随着改革开放的深入，人民群众的生活水平日趋提高，旅游已成为人们越来越广泛的需求。而水质优良的江河、湖泊是城市景观的重要组成部分，也是人们观赏、休闲的场所。但我国的大部分湖泊已呈现出不同程度的富营养状态，有些已发黑、发臭，人们已经无法在其中游览，更观赏不到鱼类在其中嬉戏的情景，大大降低了这些湖泊的娱乐观赏价值。这不仅影响当地人民的生活，并且也严重影响当地的旅游业发展，造成较大的经济损失。

（4）对农业的危害　采用未经处理的焦化废水直接灌溉农田，将使农作物减产和枯死，特别是在播种期和幼苗发育期，幼苗因抵抗力弱，含酚的废水使其毒烂。而用未达到排放标准的污水灌溉，收获的粮食和果菜有异味。焦化废水中的油类物质能堵塞土壤孔隙，含量高而使土壤盐碱化。农业灌溉用水中 TN 含量如超过 1mg/L，作物吸收过剩的氮能产生贪青倒伏现象。

3. 我国焦化废水治理情况

（1）延时两段好氧生物脱酚工艺　目前，我国焦化厂广泛使用的工艺是延时两段好氧生物脱酚工艺，基本上由除油池、调节池、浮选池、曝气池、二次沉淀池、混凝沉淀池和鼓风机等设施构成。由于氨氮浓度太高，故在进入生化处理装置前，污水先混合送蒸氨装置脱除大部分氨氮污染物。其废水处理工艺如图 5-3 所示。

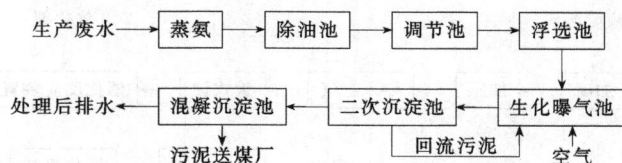

生产废水 ——→ 蒸氨 ——→ 除油池 ——→ 调节池 ——→ 浮选池

处理后排水 ←—— 混凝沉淀池 ←—— 二次沉淀池 ←—— 生化曝气池
　　　　　　　　↓　　　　　　　　回流污泥　　　　↑
　　　　　　污泥送煤厂　　　　　　　　　　　　空气

图 5-3　现有焦化厂所采用的延时两段好氧生物脱酚废水处理工艺

普通生化处理设施能将焦化废水中的酚类、氰化物等有效地去除，两项污染物指标均能达到排放标准。但由于该技术的局限性，其处理出口排水中的 COD_{Cr}、BOD_5、NH_3-N 等污染物指标均难以达标，特别是对 NH_3-N 污染物几乎没有降解作用。生化处理设施出口排水中 NH_3-N 在 200mg/L 左右，COD_{Cr} 在 300mg/L 左右，这与国家《污水综合排放标准》（GB 8978—1996 一级）中所要求的 COD_{Cr}<100mg/L、NH_3-N<15mg/L 相差甚远。

（2）生物脱氮工艺　我国的焦化废水生物脱氮试验研究始于 20 世纪 80 年代末～90 年代初。此间，鞍山焦耐院曾与哈尔滨建筑大学、宝钢化工公司、山东薛城焦化厂等单位合作分别完成了改进型 A/O 生物脱氮工艺的小试、中试以及工业性生产试验，都取得了较好的效果。随后，由鞍山焦耐院设计的 A/O 生物脱氮装置，先后于 1993 年、1994 年在宝钢化工公司投入运行，其氨氮、COD_{Cr} 等各项参数均达到设计要求。A/O 生物脱氮工艺流程见图 5-4。

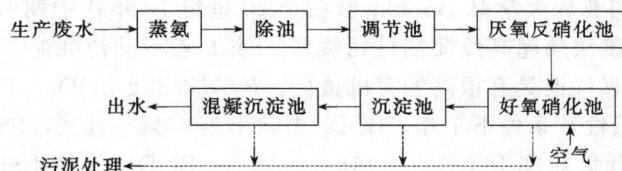

生产废水 ——→ 蒸氨 ——→ 除油 ——→ 调节池 ——→ 厌氧反硝化池

出水 ←—— 混凝沉淀池 ←—— 沉淀池 ←—— 好氧硝化池
　　　　　　↓　　　　　　↓　　　　　　↑
污泥处理 ←——————————————————　空气

图 5-4　A/O 生物脱氮工艺流程

尽管 A/O 和 A^2/O 生物脱氮工艺在焦化废水处理上得到一定范围的应用，证明了其工艺技术比较先进可靠，但仍存在着不少问题，如处理构筑物较大、投资高、运行费用高等，生物脱氮工艺设计的基建投资较普通生化处理增加约 30%。

（3）催化湿式氧化工艺　催化湿式氧化法是 20 世纪 70 年代发展起来的工艺。污水在高温、高压且保持液相状态下，通入空气，并在催化剂的作用下，对污染物进行较彻底的氧化分解，使之转化为无害物质，从而使污水得到深度净化。

催化湿式氧化工艺不仅可去除酚、氰等污染物，也可去除污水中的氨氮，故对剩余氨水、高浓度煤气化污水、古马隆废水等处理十分有效。从经济及节能角度看，此工艺尤其适用于高浓度（COD$_{Cr}$>10000mg/L、氨氮>500mg/L）污水的深度净化。

污水经催化湿式氧化处理后，水中的溶解性及悬浮状污染物得到彻底的氧化分解，可达到深度净化的要求；同时又可使污水达到脱色、除臭、杀菌的目的。国内外试验表明，焦化剩余氨水及古马隆污水，经一次催化湿式氧化，其出水各项指标均可达到排放标准，并符合回用要求。

催化湿式氧化处理是直接从高浓度原污水一步深度净化着手，它与传统的从蒸氨开始经脱酚、预处理、生物脱氮、混凝等一系列处理相比，其处理操作费用大致相当，但比活性炭处理低 40%左右。鉴于催化湿式氧化法处理总水量小、污水回用价值大，故仍有较强竞争力。只是该工艺需要耐高温、高压设备，给其推广应用造成一定困难。催化湿式氧化处理工艺流程见图 5-5。

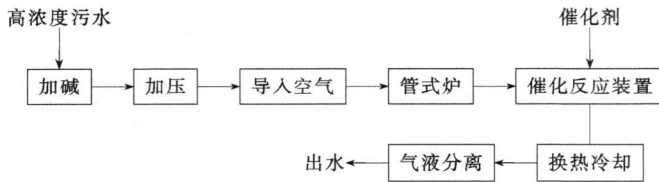

图 5-5　催化湿式氧化处理工艺流程

第二节　焦化废水一般处理技术

焦化废水处理历经从简单的沉淀处理到生物脱酚氰、生物脱氮的复杂处理过程，焦化废水处理技术也从简单的物理处理，发展到复杂的物理化学处理及各种形式的生物处理和物理、化学、生物等联合处理工艺。本节详细介绍焦化废水生物脱酚氰技术、生物和生物化脱氮技术及其应用实例

一、两段生物法
1. 工作原理及微生物特征

（1）工作原理　两段生物法即 AB 法，是吸附生物降解工艺（adsorption biodegradation）的简称，是德国亚琛大学 B. Bohnke 教授于 20 世纪 70 年代中期所发明的，80 年代开始应用于工程实践。该法属超高负荷活性污泥法。该工艺不设初沉池，由 A、B 两段组成。A 段为吸附段，该段曝气池具有很高的有机负荷，F/M>2kg BOD$_5$/（kgMLSS·d）（一般为 2~6），在缺氧（兼性）条件下工作，BOD$_5$ 去除率为 40%~70%，SS 去除率可达 60%~80%；B 段曝气池在低负荷率下工作，F/M<0.151kg BOD$_5$/（kgMLSS·d），二段活性污泥各自回流。A、B 两段的 BOD$_5$ 去除率约为 90%~95%，COD 去除率约为 80%~90%，

TP 去除率可达 50%～70%，TN 的去除率约为 30%～40%，较普通活性污泥法脱氮除磷效率高，但不能达到防止水体富营养化的氮、磷排放标准。因此，可以将 B 段改造设计为强化的脱氮、除磷工艺，使之成为 A+AO 的脱氮除磷工艺。

AB 法不设初沉池，这是由于进入 AB 工艺 A 段中的污水是直接由排水管网输送过来的，含有大量活性很强的细菌及微生物群落，它们与污水中的悬浮物和胶体组成悬浮物-微生物共存体，其絮凝性和黏附力大大增强。当这样的污水与回流污泥混合后，相互间发生絮凝和吸附，此时，难降解的悬浮物-胶体得到絮凝、吸附、黏结，经沉降后与水分离。同时，A 段活性污泥还对一部分可溶性有机物具有生物降解作用。这样，在 AB 工艺的 A 段中，SS 及 BOD_5 的去除率大大高于初沉池。正是由于 A 段对悬浮物和胶体有机物较彻底去除，使整个 AB 工艺中以非生物降解的途径去除的 BOD_5 量大大提高。所以，AB 法与普通的生物处理法相比，在处理效率、运行稳定性、工程的投资和运行费用方面均具有明显的优势。据推算，两段生化法的 AB 工艺与传统的一段生化法相比，可节省基建费用 15%～25%，运行费用也得以大大降低。

AB 法出水水质稳定，其原因在于：一是 B 段内原生动物对游离微生物的吞噬作用；二是污水以极高的有机污染负荷经 A 段的兼性条件下处理后，一部分结构复杂、难生物降解的有机物经酸化水解转变为结构简单、可生物降解的物质；三是 A 段和 B 段的污泥具有良好的沉降性能，A 段 SVI<60，B 段 SVI<100。因此，AB 法的中沉池和终沉池的 HRT 比传统一段生化法的初沉池和二沉池的 HRT 要短，降低了基建费用。AB 法的工艺基本流程如图 5-6 所示。

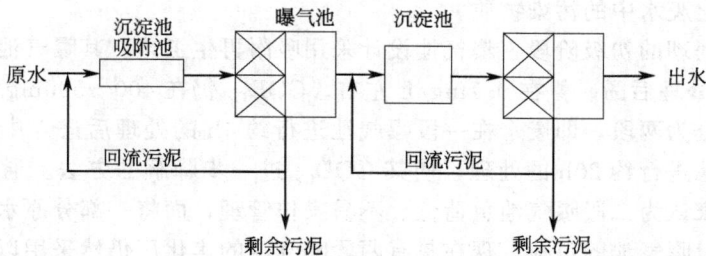

图 5-6 AB 法的工艺基本流程

(2) 两段活性污泥法的微生物学特征

① A 段环境微生物特征 A 段的环境条件为高 F/M（$\geqslant 2kgBOD_5/kgMLSS$）和低污泥龄 SRT（0.3～0.5d），限制了 A 段中高等微生物的生长。有关研究资料表明，A 段的优势微生物种群以细菌和藻类为代表。它们具有以下特性：(a) 个体小而简单，具有较高的比表面积；(b) 代谢生长快，倍增时间约 20min，具有极强的繁殖能力；(c) 数量多，为常规活性污泥法的 20 倍，约 3×10^7 单位/mL 污泥；(d) 生理活性高，较常规活性污泥法高 40%～50%，尤其是降解聚合物的活性几乎高出 90%，而聚合物往往是构成 COD 的重要组成成分；(e) 专性不强，适应的环境条件宽；(f) 与人类、动物排泄物中的细菌类似；(g) 有向其他细菌传递抗体的有效能力，有较强的耐受力；(h) 有变异性和变异能力。

上述的微生物特性令 A 段的活性污泥表现为：有较强的絮凝、吸附和降解有机物的能力；对 COD 有较高的降解能力，降解为易生化的简单物质；泥量多；含有机物量多，有利于产生沼气和能量；适应性强，有较强的抗冲击负荷能力；能忍受有毒化合物的影响，具有抗毒能力；不需设置初次沉淀池；运行系统一旦遭受破坏，能在短时间内恢复原有的处理效果。

因此，A 段不仅能去除大部分有机物质，而且能起调节和缓冲作用，为整个处理系统耐冲击、抗毒性和稳定运行起了保障作用。

② B 段环境微生物特性　由于 A 段的调节和缓冲，使 B 段的进水水质相当稳定，且负荷较低。因此，在 B 段中占优势的微生物种群为后生动物（如轮虫）及高级原生动物（如钟虫）等，它们的生长周期较长，要求稳定的环境。这类微生物在 B 段中的功能主要是吞食和消除由 A 段来的细菌等微生物和有机颗粒。并促使生物絮凝，起到净化污水、提高出水水质的作用。

2. 应用 AB 工艺应注意的问题

A 段工艺运行时易出现恶臭。原因是 A 段在超高负荷条件下工作，使 A 段曝气池在缺氧甚至厌氧的条件下运行，导致产生硫化氢、大粪素等恶臭气体。因此，A 段一般应加设封盖，并将其中的污染空气用通风机抽送至生物过滤器中净化，然后再排放入大气。过滤器填料由木片或树皮组成，经一定时间运行后，其表面上生长和形成生物膜，当污染空气流经其中时恶臭物质与生物膜接触，在好氧条件下进行生物分解，从而消除恶臭。

当要求 AB 法工艺脱氮除磷时，A 段一般不宜有过高的 BOD_5 去除率，否则会使 A 段中污水的 C/N 比值偏低，在 B 段不能有效地脱氮。

由于焦化废水中有机污染物浓度高，并含有大量的酚、氰化物和硫氰化物等，采用 AB 工艺处理焦化废水，可利用 A 段的超高负荷工艺条件，吸附、絮凝和部分降解焦化废水中的有毒污染物质，减轻这类物质对好氧微生物的毒害和活性的抑制，使 B 段微生物可稳定地进一步分解焦化废水中的污染物质。

在焦化废水处理的初级阶段，曝气池设计采用吸附再生工艺，其曝气池水力停留时间较短，一般为 4h，处理后酚、氰在 0.1mg/L 左右，COD_{Cr} 仍在 400~500mg/L 之间。两段生物法是将曝气池分为两段，即废水在一段曝气池进行约 4h 的处理后进入中间沉淀池，然后再进入二段曝气池进行约 20h 的处理，使其 COD_{Cr} 进一步降解的方法。通过几套装置的开工运行，有的厂家认为二段曝气池负荷低、不易操作管理，而将一部分原水直接进入二段曝气池，增加了二段曝气池的负荷。现在具有两段曝气池的焦化厂仍然采用以上两种方式进行运行，其酚、氰、油都能达到排放标准，仅 COD_{Cr} 高于排放标准。

二、延时曝气

延时曝气法（extended aeration）是波杰斯（Porges）提出的，在 20 世纪 40 年代末到 50 年代初在美国得到广泛应用。延时曝气法又称完全氧化活性污泥法，是普通活性污泥法的一种改型，为长期曝气的活性污泥法。它是通过延时曝气时间，使微生物处于内源呼吸阶段，使得该工艺系统大大地减少了剩余污泥量，同时，在这一过程中产生的污泥通常是稳定的。

该方法的特点是曝气时间很长，一般达 24h 甚至更长时间；曝气池中的 MISS 较高，可达到 3000~6000mg/L；有机负荷低；系统中的活性污泥不但能去除污水中的有机污染物，而且在时间和空间上，活性污泥部分处于内源呼吸阶段，能氧化分解转移到污泥中的有机质和合成的细胞物质，因此，剩余污泥量很少。同时，由于微生物量大、浓度高，可适应污水一定范围内的水质、水量变化。其缺点是占地面积大，曝气动力消耗高，运行时曝气池内的活性污泥易产生部分老化现象而导致二沉池出水有污泥流失。

延时曝气法设计原理简单，微生物可充分地将污水中较复杂的大分子有机物分解，适合应用于有机物含量高的工业污水处理。20 世纪 80～90 年代，延时曝气工艺在我国焦化行业的污水处理领域得到了广泛应用，如由鞍山焦化耐火材料设计研究总院改造设计的鞍钢化工总厂炼焦与化产回收生产废水处理站，就是采用延时曝气工艺代替普通的活性污泥法，解决了该厂污水处理酚、氰长期不达标的难题，出水酚、氰化物浓度在 0.1～0.2mg/L。

三、传统生物脱氮工艺

在焦化行业废水处理中采用的普通活性污泥法、AB 法和延时曝气法等仅是对含碳污染物具有大幅度去除的功能，而对于焦化废水所含的高浓度含氮污染物去除率很低，不能满足国家规定的污染物综合排放标准。因此，需要对焦化废水中的含氮污染物进行强化处理。

一般地，污水中的氮以有机氮、氨氮、亚硝酸盐和硝酸盐四种形式存在。在焦化废水中，氮主要以氨氮、有机氮、氰化物和硫氢化物的形式存在，氨氮占总氮的 60%～70%，氰化物、硫氢化物及绝大部分有机氮也能在微生物的作用下转化为氨氮。因此，焦化废水中氮的去除都是由氨氮经一系列微生物作用，发生生化反应转化为 N_2 等气体形式，从水中散逸出去而被去除。

焦化废水传统的生物脱氮工艺，即全程硝化-反硝化生物脱氮技术是在 20 世纪 70 年代于加拿大开始实验室的实验研究的。80 年代，英国 BSC 公司将该技术投入生产应用。我国的焦化废水生物脱氮技术研究成功，开发了焦化废水生物脱氮的 A/O、A^2/O 等工艺。同时，采用上述工艺，在上海宝钢、山东薛城等焦化厂污水处理投入生产实际应用，取得了良好的运行效果。传统的生物脱氮工艺对氮的去除主要是靠微生物细胞的同化作用将氨转化为硝态氮形式，再经过微生物异化反硝化作用，将硝态氮转化成氮气从水中逸出。生物脱氮过程如图 5-7 所示。

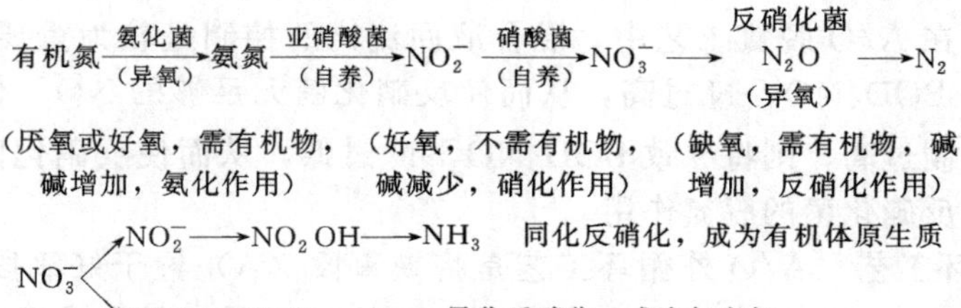

图 5-7　生物脱氮过程

1. 传统生物脱氮机理

传统生物脱氮理论认为生物脱氮主要包括硝化和反硝化两个生物过程，并由有机氮氨化、硝化、反硝化及微生物的同化作用来完成。氨化作用是将有机氮在生物处理稳定化过程中氧化为氨氮。污水中的有机氮主要以蛋白质和氨基酸的形式存在。蛋白质可作为微生物的基质，它在蛋白质水解酶的催化作用下水解为氨基酸，氨基酸在脱氨酶作用下产生脱氨基作用，使有机氮转化为氨氮。硝化作用是由两组自养型好氧微生物通过两个过程来完成：第一步是亚硝酸菌（包括亚硝酸单胞菌属、螺杆菌属和球菌属）将氨氮转化成亚硝酸盐；第二步是硝酸菌（包括硝酸杆菌属、螺杆菌属和球菌属）将亚硝酸盐转化为硝酸盐，这两组菌统称为硝化菌。

反硝化作用是由异养兼性微生物完成的。在有分子氧存在时，反硝化菌氧化分解有机物，利用分子氧为最终电子受体；无分子氧存在时，反硝化菌是以硝酸根、亚硝酸根为电子受体，O^{2-} 为受氢体生成 H_2O 和 OH^-，有机物作为碳源和电子供体提供能量并得到氧化稳定。反硝化过程中，硝酸根和亚硝酸根的转化是通过反硝化菌的同化作用和异化作用共同完成的：同化作用是硝酸根和亚硝酸根被还原为 NH_4^+，用以新细胞的合成；异化作用是硝酸根、亚硝酸根被还原为 N_2 或 H_2O、NO 等气态物，主要为 N_2。

2. A/O 生物脱氮工艺

在传统生物脱氮机理上构建了一系列的生物脱氮技术，如 A/O 生物脱氮工艺等。

A/O（anoxic/oxic）工艺开创于 20 世纪 80 年代，它将缺氧反硝化反应池置于该工艺之首，所以又称为前置反硝化生物脱氮工艺。A/O 工艺有外循环和内循环两种形式，如图 5-8 和图 5-9 所示。

图 5-8 A/O（外循环）生物脱氮工艺流程

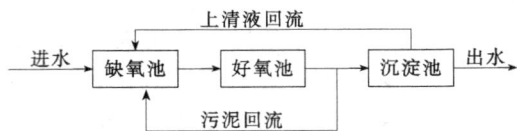

图 5-9 A/O（内循环）生物脱氮工艺流程

A/O 工艺的特点是原废水先经缺氧池，再进好氧池，并将经好氧池硝化后的混合液回流到缺氧池（外循环）；或将经好氧池硝化后的污水回流到缺氧池，而将二沉池沉淀的硝化污泥回流到好氧硝化池（内循环）。

在 A/O 生物脱氮系统中，缺氧池和好氧池可以是两个独立的构筑物，也可以合建在同一个构筑物内。用隔板将两池隔开。在 O 段好氧池中，由于硝化作用，NH_4^+-N 的浓度快速下降，而 NO_3^--N 的浓度不断上升，COD 和 BOD 也不断下降。在 A 段缺氧池中，NH_4^+-N 浓度有所下降，主要由于反硝化菌的微生物细胞合成；由于反硝化过程中利用了原污水的有机物为碳源，故似 COD 和 BOD 均有所下降；在反硝化菌的作用下，NO_3^--N 的含量明显下降，氮得以脱除。在 A/O 脱氮工艺中，混合液回流比的控制是较为重要的，若控制过低，则将导致缺氧池中 BOD/NO_3^--N 过高，从而使反硝化菌无足够的 NO_3^- 作电子受体而影响反硝化速率；若控制过高，则将导致 BOD/NO_3^--N 过低，从而使反硝化菌无足够的碳源作为电子供体而抑制反硝化菌的脱氮作用。

① A/O 外循环工艺 A/O 外循环工艺是将缺氧段（A）置于好氧段（O）前，A、O 段均采用悬浮污泥法。O 段的泥水混合液由回流泵送至 A 段，并完成反硝化。该工艺的优点是不必向 A 段投加甲醇等有机物，构筑物也有所减少。但存在的最大问题是系统中的活性污泥处于缺氧、好氧的交替状态，恢复活性所需的时间会影响其处理效果。

② A/O 内循环工艺 A/O 内循环工艺是 A/O 工艺的改进型。缺氧段（A）采用半软性填料式生物膜反应器，硝化段为悬浮污泥系统，回流采用内循环，即污泥回流到 O 段，而回流废水进入 A 段。这样，克服了 A/O 外循环工艺活性污泥交替处于缺氧、好氧状态，致使污泥活性受抑制的缺点，但也存在二沉池增大、占地和投资增加的问题。宝钢化工公司采用 A/O 内循环工艺已运行多年，处理效果良好。为克服二沉池容积大、占地面积大的缺点，可在 O 段采用膜法工艺，即在 O 段加设软性填料，曝气采用穿孔管，提高氧的供给效率。经改进后，该工艺在某煤气厂污水处理投入使用，效果良好。

A/O 工艺与传统活性污泥法相比主要有如下优点：流程简单，省去了中间沉淀池，构筑物少，基建费用可大大节省，减少了占地面积；将脱氮池设置在硝化过程的前部，可以利用原有污水中的含碳有机物和内源代谢产物作为碳源，节省了外加碳源的费用，并可获得较高的 C/N 比，以保证反硝化作用的正常充分进行；好氧池在缺氧池后，可使反硝化残留的有机污染物得到进一步去除，提高出水水质，确保出水水质达到排放标准，同时缺氧池设置在好氧池之前，由于反硝化时污水中的有机碳被反硝化菌所利用，可减轻其后续好氧池的有机负荷，也可改善活性污泥的沉降性能，以利于控制污泥膨胀；缺氧池中进行的反硝化反应产生的碱度可以补偿好氧池中进行硝化反应对碱度的需求，节省药剂费用。

A/O 工艺的主要缺点是脱氮效率不高，一般为 30%～40%。此外，如果沉淀池运行不当，不及时排泥，则会在沉淀池内发生反硝化反应，造成污泥上浮，使处理水水质恶化。要提高脱氮率，必须加大回流比，这样将导致同流管道管径很大，回流水量多，动力消耗大，提高运行成本。同时，回流液将所含的大量溶解氧，带入缺氧池，使反硝化反应器内难以保持理想的缺氧状态，影响反硝化进程。

尽管如此，A/O 工艺仍以它的突出优点而受到重视，该工艺是目前采用比较广泛的脱氮工艺。唐丽贞等指出缺氧-好氧工艺去除氨氮浓度为 200～300mg/L 的焦化废水，出水氨氮浓度可降到 15mg/L 以下。陈凤冈等采用缺氧-好氧淹没式生物膜系统处理哈尔滨煤气厂的煤气洗涤液（氨氮浓度 150mg/L），研究发现这一处理技术工艺稳定，氨氮去除率在 90% 以上。而且生物活性强，分布较均匀。

3. SBR 生物脱氮工艺

SBR（sequencing batch reactor）是序批式活性污泥法的简称，是早期充排式反应器（fill-draw）的一种改进，比连续活性污泥法出现得更早，是早在 1914 年英国学者 Ardern 和 Lockett 发明活性污泥法时首先采用的水处理工艺，但由于当时运行管理条件限制而被连续流系统所取代。随着自动控制水平的提高，SBR 法又引起人们的重新重视，并对它进行了更加深入的研究与改进。20 世纪 70 年代初，美国 Natre Dame 大学的 R. Irvine 教授采用实验室规模对 SBR 工艺进行了系统深入的研究，逐渐在世界各国受到了普遍的重视。到了 80 年代，随着各种新型不堵塞曝气器、新型浮动式出水堰（滗水器、撇水器）和监测控制的硬件设备和软件技术的出现和发展，特别是在计算机和生物量化技术的支持下，才真正显示出优势，并陆续得到开发和应用，并于 1980 年在美国环保局（EPA）的资助下，在印第安纳州的 Culver 城改建并投产了世界上第一个 SBR 法污水处理厂。

现在澳大利亚的污水处理以采用 SBR 工艺所著称。近几十年来，建成 SBR 工艺污水处理厂 600 余座，其中，中型和大型污水处理厂的应用也日益增多，并且开始兴建日处理量 21×10^4 t 的大型 SBR 工艺污水处理厂。

我国也于 20 世纪 80 年代中期开始了对 SBR 工艺进行研究，迄今应用已比较广泛。目前，多座城市污水处理厂采用 SBR 工艺处理城市生活污水和工业生产废水的混合污水，处理效果较好。如昆明市日处理污水量最高可达 30×10^4 t 的第三污水处理厂，采用 ICEAS 技术（SBR 法的发展工艺），自投产以来，运行正常，出水水质稳定，达到了设计标准。天津经济技术开发区污水处理厂所采用的 DAT-IAT 工艺是一种 SBR 法的变形工艺，该污水处理厂是中国目前最大的 SBR 法城市污水处理厂。正在兴建的广州市猎德污水处理厂二期工程采用 SBR 的新式变形工艺——UNITANK 工艺。广州兴丰垃圾卫生填埋厂渗滤液处理回用系统采用经典的 SBR 工艺，并应用了自动化控制技术。

传统活性污泥法的曝气池，在流态上属推流，在有机物降解方面也是沿着空间而逐渐降解的，而 SBR 工艺的曝气池，在流态上属完全混合，在有机物降解方面却是时间上的推流，有机物是随着时间的推移而被降解的。SBR 本质上仍属于活性污泥法的一种，它是由 5 个阶段组成，即进水（fill）、反应（react）、沉淀（settle）、排水（decant）、闲置（idle），从污水流入开始到待机时间结束算一个周期。在一个周期内，一切过程都在一个设有曝气或搅拌装置的反应池内进行，周而复始，反复进行（见图 5-10）。SBR 工艺在运行过程中，各阶段的运行时间、反应器内混合液体积的变化以及运行状态都可以根据具体污水的性质、出水水质、出水质量与运行功能要求等灵活变化，对于 SBR 反应器来说，只是时序控制，无空间控制障碍，所以可以灵活操作。

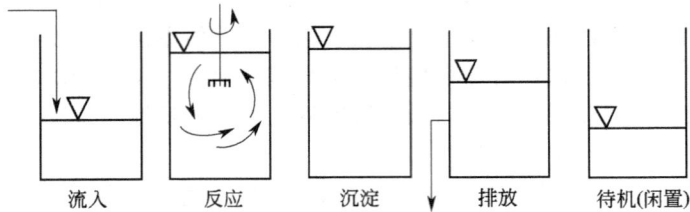

图 5-10 SBR 基本运行模式

SBR 工艺处理污水中有机物的机理与普通活性污泥法工艺相同，不同之处是 SBR 工艺处理污水是在一个反应池中周期进行，即将原普通活性污泥法工艺中的调节池、初沉池、曝气池和二沉池并为一个池作为反应池进行周期处理，省去了污泥回流系统等，操作简单。

SBR 工艺与连续流活性污泥工艺相比具有如下特点：工艺系统组成简单，不设二沉池，曝气池兼具二沉池的功能，无污泥回流设备；耐冲击负荷，在一般情况（包括工业污水处理）无需设置调节池；反应推动力大，易于得到优于连续流系统的出水水质；运行操作灵活，通过适当调节各单元操作的状态可达到脱氮除磷的效果；污泥沉淀性能好，SVJ 值较低，能有效防止丝状菌膨胀；各操作阶段及各项运行指标可通过计算机加以控制，易于维护管理。

4. MBR 生物膜脱氮工艺

膜生物反应器（membrane bioreactor，MBR）是由膜分离技术和生物反应器相结合形成的生物化学反应系统，该系统在水处理中的应用及其研究正备受人们关注。膜生物反应器技术的研究自 20 世纪 60 年代开始，到 80 年代中后期发展很快，多种类型的膜生物反应器相继出现。国外对膜生物反应器的研究已经进入到工业化生产应用研究阶段。国内近年来在膜生物反应器方面的研究也成果显著。随着研究的深入、认识的加深，膜生物反应器将会在水处理中得到越来越广泛的应用。

膜生物反应器技术是将膜分离技术与传统的废水生物反应器有机组合形成的一种新型、高效的污水处理系统。膜分离技术是指用天然的或人工合成的膜材料，以外界能量或化学位差等为推动力，对溶质和溶剂进行分离、分级、提纯和富集的方法。膜分离的特性与膜材料的性质（如分离孔径的大小、亲水性等），水溶液中溶质分子的大小、性质，以及推动力的类型、大小有关。根据膜的功能进行分类，膜可分为微滤（MF）、超滤（UF）、纳滤（RO）、电渗析（ED）、液膜（LM）和渗透蒸发（PV）等。

膜生物反应器技术通过超滤膜或微滤膜组件，几乎以一种强制的机械拦截作用将来自生物反应器混合液中的固液进行分离，其分离效果优于传统活性污泥法中二沉池的自由重力沉降的作用，由此强化了生化反应，提高了污水的处理效果和出水水质。

膜生物反应器由膜过滤取代传统生化处理技术中二次沉淀池和砂滤池。在传统的生化水处理技术中（如活性污泥法），泥水分离是在二沉池中靠重力作用完成的，其分离效率依赖于活性污泥的沉降特性，沉降性越好，泥水分离效率越高。系统在运行过中产生大量的剩余污泥，其处置费用占污水处理厂运行费用的 25%～40%；而且易出现污泥膨胀，出水中含有悬浮固体，出水水质不理想。针对上述问题，MBR 将分离工程中的膜技术应用于废水处理系统，提高了泥水分离效率，并且由于曝气池中活性污泥浓度的增大和污泥中特效菌（特别是优势菌群）的出现，提高了生化反应速率。同时，通过降低 F/M，减少剩余污泥产生量（甚至为零），从而基本解决了传统活性污泥法存在的突出问题。

MBR 微滤（MF）、超滤（UF）或纳滤（NF）膜组件与生物反应器组成，根据膜组件在生物反应器中的作用的不同，可将其分成分离膜生物反应器、曝气膜生物反应器以及萃取膜生以及萃取生物反应器。膜生物反应器污水处理厂工艺是一种新型高效的污水处工艺。该工艺中，由于膜能将几乎全部的生物量截留在反应器内，从而获得长污泥龄和高悬浮固体浓度，且能维持较低的 F/M，与传统活性污泥工艺相比，它主要有以下优势。

① 处理效率高，出水可直接回用　由于超滤膜（或微滤膜）对生化反应器的混合液具有高效的分离作用，可彻底地将污泥与出水进行分离，故可使出水 SS 及浊度接近于零。由于活性污泥的损失几乎为零，使得生化反应器中的活性污泥浓度 MLSS 可比传统工艺高出 $2\sim6$ 倍，这就大大提高了脱氮能力和对有机污染物的去除能力。故采用膜生物反应器工艺处理污水，出水 COD 可在 30mg/L 以下，TP 可在 0.15mg/L 以下，TN 可在 2.2mg/L 以下；重金属（尤其是 Cu、Hg、Pb、Zn 等）的去除明显；耐热火肠杆菌可被完全除去，噬菌体数量为传统工艺低 $1/1000\sim1/100$，可实现污水资源化。

② 系统运行稳定、流程简单、设备少、占地面积小　由于膜生化反应器技术的活性污泥浓度高，因此装置的容积负荷大；对进水波动的抗冲击性能更好，运行稳定。所以，此工艺除了可大大地缩小生化反应器——曝气池的体积，使设备和构筑物小型化以外，甚至可以省去初沉池。另外，此工艺不需要二沉池，使得系统占地面积减少，由此大大降低了工艺的建设成本。

③ 污泥龄长，剩余污泥量少　当污泥浓度高、进水污染物负荷低的情况下，系统中 F/M（营养和微生物比率）较低（如 1 左右），污泥龄变长。当 F/M 维持在某个低值时，活性污泥的增长几乎为零，这就降低了对剩余污泥的处理费用。污泥龄长虽有利于硝化菌的生长，但泥龄过长会导致有毒物质的积累、污染膜的形成和影响出水水质。

④ 操作管理方便，易于实现自动控制　由于膜分离可使活性污泥完全截留在生物反应器内，实现了反应器水力停留时间和污泥龄的完全分离，故可以灵活、稳定地加以控制。

⑤ 传质效率高　因为 MBR 工艺的污泥平均粒径较传统活性污泥小，使得该工艺氧转移效率高，可达 $26\%\sim60\%$。

但膜生物反应器工艺存在着膜的制造成本较高，寿命短，易受污染，整个工艺能耗较高等不足。

膜生物反应器是生物反应器处理技术和膜处理技术的组合，它综合了两者的特点。膜生物反应器内的微生物利用污水中的有机物进行生长繁殖，并逐渐开始在系统内形成适合有机污染物降解的微生物链，而膜的分离作用将微生物截留在生物反应器内，使污染物得到比较充分的氧化分解，最终出水得到了净化。由于膜的分离作用，生物反应器内的活性污泥浓度较传统的生物处理法要高，这就提高了污水的处理效率与出水水质，同时，降低了运行过程的能耗。

5. 物化脱氮工艺

物化脱氮工艺是采用物理化学的方法进行脱氮处理。在焦化废水处理时，主要采用的有吹脱法（air stripping）、折点加氯（breakpoint chlorination）、离子交换（ion exchange）等方法。物化脱氮工艺可以直接脱除水中的氨氮。物理化学工艺与生物处理工艺相比基建投资昂贵，运行维护复杂并且会带来环境的二次污染，如在吹脱工艺中会向大气中排放氨氮，造成大气污染。因此，对于城市污水处理，物理化学工艺仅作为污水处理厂的备用应急措施。在焦化废水处理过程中，物化处理工艺不能直接作为单独方法来达到焦化废水处理的目的，有的工艺可以作为焦化废水的预处理，有的工艺可以作为焦化废水的后续处理，是焦化废水氨氮达标处理的重要保障，从而减轻焦化废水对水体的污染。

（1）吹脱法　该法主要利用氨氮的气相浓度和液相浓度之间的气液平衡关系进行分离。以浓度为 x 的氨水为例，当温度一定时，其平均分压为 p'（或平衡气相 NH_3 浓度为 y'），设氨-空气混合气体中 NH_3 的分压为 p（氨在气相中的浓度为 y），则：$p > p'$（或 $y > y'$），气相中的氨溶入液相，常称此过程为氨的吸收过程；$p < p'$（或 $y < y'$），液相中的氨从溶液中释出进入气相，此过程为氨的解吸过程；$p = p'$（或 $y = y'$），此时，气、液两相的氨处于平衡状态。

不同温度和压力下，氨在水中的溶解度见表 5-3（以 1kg 水中 NH_3 溶解质量计）。

表 5-3　不同温度、压力下氨在水中的溶解度　　　　　　　　　单位：kg

压力/kPa	0℃	20℃	30℃	50℃
10.13	0.22	0.085	0.043	
50.66	0.57	0.0337	0.247	0.146
101.33	0.88	0.515	0.400	0.244
202.65	1.62	0.812	0.632	0.389

从表 5-3 可知，氨在水中的溶解度主要取决于液体的温度和氨在液面上的分压。因此，要脱除水中的溶解氨有两个途径：其一是降低氨在液面上的分压，例如采用空气吹脱；其二是提高水的温度，例如用水蒸气进行汽提。

使空气与含 NH_3-N 的废水相接触，使溶解于废水中的 NH_3-N 从废水中传递到空气的解吸过程又称为吹脱过程，利用吹脱原理来处理废水的方法称为吹脱法。在吹脱过程中，由于不断地排出气体，改变了气相中的氨气浓度，从而使其实际浓度始终小于该条件下的平衡浓度，从而使废水中溶解的氨不断地转入气相，使废水中的 NH_3-N 得以脱除。

把水蒸气通入废水中，当废水的蒸气压超过外界压力时，废水就开始沸腾。这样就加速了废水中 NH_3-N 等挥发性物质从液相转入气相的过程。另外，当水蒸气以气泡形式穿过废水层时，水与气泡之间形成自由表面，这时，含 NH_3-N 等挥发性物质的液体就不断地向气泡内蒸发扩散，当气泡上升到液面时将会破裂而释放出其中的挥发性物质（如 NH_3 等）。这种用蒸汽进行废水中挥发性物质蒸馏的方法称为汽提法。在汽提法中，NH_3 等挥发性物质在蒸汽和废水中的浓度是不相同的。当蒸汽与废水接触时，氨等挥发性物质将在两相之间进行传递，即由液相传递到气相。当达到平衡时，氨等挥发性物质在废水中和蒸汽中的浓度之间存在着下列关系：

$$K = C_t / C_z$$

式中，K 为分配系数，它由挥发性物质的性质和浓度而定；C_t 为平衡时挥发性物质在蒸汽冷凝液中的浓度，g/L；C_z 为平衡时挥发性物质在废水中的浓度，g/L。

当 $K > 1$ 时，说明挥发性物质比废水易于挥发；K 值越大，挥发性越强，越适宜用汽提法去处理。对于 $0.01 \sim 0.1 mol/L$ 的低浓度废水，K 可视为定值。某些易挥发性物质的 K 值见表 5-4。

表 5-4　某些物质的 K 值

物质名称	苯胺	游离氨	氨基甲胺	甲基苯胺	氨基乙烷	苯甲基胺
K 值大小	5.5	13	11	11	20	3.3

通常氨吹脱率与水温、气温有关，温度越低，氨的脱除率越低，20℃时氨的去除率为90%～95%，而在10℃时氨的去除率只有75%以下。

当气液两相中氨达到平衡时，两相中氨的浓度间存在着一定的比例关系。因此，仅靠一次简单的汽提往往不容易将 NH₃-N 完全从废水中分离出来，所以，工业上通常采用连续多次汽提来进行脱氮处理。废水中其他挥发性物质，例如挥发酚、甲醛、苯胺、硫化氢等，皆可用汽提法进行分离。

图 5-11　气体传质机理

吹脱法主要基于气体传质机理（图 5-11），实际上就通过调节 pH 值后曝气吹脱的手段，促使水中 NH₃ 解吸向大气中转移，以达到去除氨氮的目的。

常用双膜理论来解释气体传质的机理。据该理论，NH₃ 要实现由液相向气相转移，须经 5 个步骤：由液相主体向边界扩散；穿过液膜滞流层；穿过界面相；穿过气膜滞流层；向气相主体扩散。

在上述传质过程中，NH₃ 的传质速率可以用下式表示：

$$\frac{dm}{dt}=K_L A(C-C_s)$$

式中，$\frac{dm}{dt}$ 为 NH₃ 的传质速率；C_s 为液体的 NH₃ 溶解度；C 为液相主体内 NH₃ 的实际浓度；K_L 为液膜的气体传质系数；A 为气液界面面积。

由上式可知，增大 NH₃ 传质速率的途径有：增大气液接触面积 A；增大浓度差（$C-C_s$）；(c) 增大气体转移系数 K_L。

在吹脱过程中，废水存在如下平衡状态：

$$NH_3+H_2O \Longleftrightarrow NH_4^- +OH^-$$

这一平衡过程受 pH 值的影响，pH 值范围应控制在 10.5～11.5 之间，这样，废水中的氨呈饱和状态而逸出，所以蒸氨过程中常需要加石灰。

（2）折点氯化法（breakpoint chlorination）　采用折点氯化法去除氨氮，是将足够量的氯气（生产上用加氯机将氯气制成氯水）或次氯酸钠投入到废水中，当投入量达到某一点时，废水中所含的氯含量较低，而氨氮含量趋向于零；当氯气通入量超过此点时水中的游离氯含量上升，此点常称为折点，在此状态下的氯化称为折点氯化，废水中的氨氮常被氧化成氮气而被脱去。应用该法脱除氨氮，通常可使出水中氨氮浓度小于 0.1mg/L。

折点氯化需氯量取决于氨氮浓度，两者质量比为 7.6：1，为了保证完全反应，一般氧化 1mg 氨氮需加 9～10mg 的氯气。pH 值在 6～7 时为最佳反应区，接触时间一般为 0.5～2.0h。氯化法的处理效率达到 90%～100%。处理效果稳定，不受水温影响，建设费用也不高。但其运行费用高，残余氯及氯代物必须进行后处理。

折点氯化法反应迅速，所需设备投资少，但液氯的安全使用和储存要求较高，且处理成本较高。中国科学院山西煤化所用含有 25% 左右次氯酸钙的漂白粉作脱除剂，用来处理蒸氨焦化废水中的氨氮，经浸渍和固液分离，达到了国家一级排放标准，大大降低

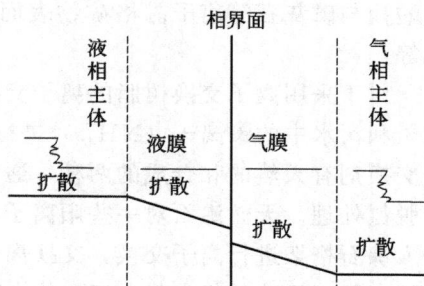

了运行成本，但未见工业化报道。西安交通大学通过折点加氯法对脱除氨氮进行了研究，结果显示，只有在氨氮浓度控制在 40~50mg/L 以下时可行，否则二次污染和运行费用较高。此法脱氮率高，设备投资少，反应迅速完全，并有消毒作用，适用于焦化废水深度处理。

（3）选择性离子交换法　离子交换作用主要发生在矿物表面、孔道内与层间域，例如，碳酸盐与磷灰石等离子晶格矿物表面和沸石、锰钾矿等矿物孔道内及大多数黏土矿物层间域等。

对于采用离子交换树脂的离子交换脱氮工艺，是在离子交换柱内借助于离子交换剂上的离子和污水中的铵离子（NH_4^+）进行交换反应，从而达到除去其中的有害离子的目的。离子交换剂有天然的和合成的两种，通常在工业上仍采用廉价的天然离子交换物质——沸石进行脱氮处理。天然沸石对一些阳离子有较高的离子交换选择性，水合离子半径小的离子容易进入沸石格架进行离子交换，交换离子能力强。

离子交换法的优点是 NH_4^+ 的去除率高，所用设备简单，操作易于控制。通常此法对含 10~50mg/L 的 NH_3-N 废水其去除率可达 93%~97%，出水 NH_3-N 浓度在 1~3mg/L。

离子交换法的缺点是离子交换剂用量大，交换剂需要频繁再生。交换剂的再生液需要再次除铵氮。为了不使交换剂堵塞而影响交换剂的交换容量，离子交换法要求对废水做预处理以除去悬浮物，使 SS<35mg/L。通常废水预处理工艺可采用常规废水二级处理流程，如化学混凝过滤和活性炭吸附等。因此，离子交换法的成本较高。

第三节　焦化废水处理深度氧化技术

深度氧化技术（advanced oxidation process，AOP 或者 advanced oxidation technology，AOT）是指利用烃基自由基（HO·）有效降解水中污染物的化学反应。其原理在于运用电、光辐射、催化剂，有时还与氧化剂结合，在反应物中产生活性极强的自由基（如 HO·），再通过自由基与有机化合物之间的加合、取代、电子转移、断键等，使水体中的大分子难降解有机物氧化降解成低毒或无毒的小分子物质，甚至直接降解成为 CO_2 和 H_2O，接近完全矿化。深度氧化技术是近年来发展起来的水处理新技术，其特征是充分利用自由基对水中的微量有机污染物进行快速而彻底的氧化，而且反应后一般不会留下类似氯气消毒所产生的消毒副产物。AOP 技术代表了水处理的一个发展方向。从机理上看，深度氧化技术可以分为化学氧化和光化学氧化两大类。

一、化学氧化

化学氧化技术常用于生物处理的前阶段。一般是在催化剂作用下，用化学氧化剂去处理有机废水以提高其可生化性，或直接氧化降解废水中有机物使之稳定化。常见的化学氧化方法由于氧化剂的不同可分为 O_3、H_2O_2、ClO_2、和 $KMnO_4$ 氧化等。

化学氧化包括湿式氧化、电化学氧化、超临界水氧化、O_3/H_2O_2 氧化和 Fenton 反应 5 种。

1. 湿式氧化法（wet air oxidation，WAO）

（1）概述　随着现代化工业的迅猛发展，各种废水的排放量逐年增加，且大都具有有机物浓度高、生物降解性差甚至有生物毒性等特点，国内外对此类高浓度有机废水的综合治理都给予高度重视，并制定了更为严格的标准。目前，部分成分简单、生物降解性略好、浓度较低的废水都可通过组合传统的工艺得到处理，而浓度高、难以生物降解的废水却很难得到彻底处理，且在经济上也存在很大困难，因此，发展新型实用的环保技术是非常必要的。湿式氧化法即为针对这一问题而开发的一项有效的新型水处理技术。

　　湿式氧化法是在高温、高压下，利用氧化剂将废水中的有机物氧化成二氧化碳和水，从而达到去除污染物的目的。与常规方法相比，WAO 工艺具有适用范围广、处理效率高、氧化速率快、极少有二次污染、可回收能量及有用物料等特点，因而受到了世界各国科研人员的广泛重视，它是一项很有发展前途的水处理方法。

　　湿式氧化工艺最初由美国的 F. J. Zimmermann 于 1958 年研究提出的，用于处理造纸黑液。其工作条件是控制反应温度为 $150\sim350℃$，压力为 $5\sim20MPa$，处理后废水 COD 去除率可达 90% 以上。在 20 世纪 70 年代以前，湿式氧化工艺主要用于城市污泥的处理、造纸黑液中碱液回收、活性炭的再生等。进入 20 世纪 70 年代后，湿式氧化工艺得到迅速发展，应用范围从回收有用化学品和能量进一步扩展到有毒有害废弃物的处理，尤其在处理含酚、磷、氰化物等有毒有害物质方面已有大量的文献报道，研究内容也从初始的适用性和摸索最佳工艺条件深入到反应机理及动力学，而且装置数目和规模也有所增大。在国外，WAO 技术已实现工业化，主要应用于活性炭再生、含氰废水、煤气化废水、造纸黑液以及城市污泥及垃圾渗出液处理。国内从 20 世纪 80 年代才开始进行 WAO 的研究，先后进行了造纸黑液、含硫废水、含酚废水及煤制气废水、农药废水和印染废水等实验研究。目前，WAO 技术在国内尚处于试验阶段。

　　湿式氧化法在实际推广应用方面仍存在着一定的局限性：湿式氧化一般要求高温、高压，并耐腐蚀，因此，设备费用大，系统的一次性投资高；由于湿式氧化反应需维持在高温高压的条件下进行，故仅适用于小流量、高浓度的废水处理，对于低浓度、大水量的废水则很不经济；即使在很高的温度下，对某些有机物（如氯联苯、小分子羧酸）的去除效果也不理想，难以做到完全氧化；湿式氧化过程中可能会产生毒性特别强的中间产物。

　　为克服以上不足，自 20 世纪 70 年代以来，研究人员在传统的湿式氧化基础上采取了一系列改进措施。为降低反应温度和压力，同时提高处理效果，出现了使用高效、稳定的催化剂的催化湿式氧化法（catalytic wet air oxidation，CWAO）以及加入更强的氧化剂（过氧化物）的湿式过氧化物氧化法。

　　(2) 反应原理　所谓湿式氧化法，就是将含有有机污染物的水在高温（$175\sim325℃$）和高压（$0.5\sim20MPa$）操作条件下与空气中的氧气反应，以去除水中有机物。在湿式氧化过程中，氧气快速地从气相进入气液界面和液相中，并产生 $HO\cdot$ 自由基。在较高温度条件下，有机质实际上是被近乎完全氧化，最终产物是二氧化碳和水。如 99.9% 的酚和氯酚能在 1h 内氧化去除。降低温度，则产生短链有机酸。在 260℃、0.6MPa 的条件下，TOC 和 COD 的去除率分别为 77% 和 91%；温度升高到 320℃，去除率则分别上升到 94% 和 99%。在湿式氧化反应中，乙酸和 1,3-二硝基甲苯是中间产物（mg/L 级水平）。

　　在高温、高压下，水及作为氧化剂的氧气的物理性质都发生了变化，如表 5-5 所列。从表 5-5 可知，从温室到 100℃ 范围内，氧气的溶解度随温度升高而降低。但在高温状态下，氧气的这一性质发生了改变，当温度大于 150℃，氧气的溶解度随温度升高反而增大，且其溶解度大于温室状态下的溶解度。同时，氧气在水中的传质系数也随温度升高而增大。因此，氧气的这一性质有助于高温下进行的氧化反应。

表 5-5　水和氧气不同温度下的物理性质

性　　质		25℃	100℃	150℃	200℃	250℃	300℃	320℃	350℃
水	蒸气压/atm	0.033	1.033	4.584	15.855	40.560	87.621	115.112	140.45
	黏度/($\times 10^{-3}$Pa・s)	0.922	0.281	0.181	0.137	0.116	0.106	0.104	0.103
	密度/(mg/L)	0.944	0.991	0.955	0.934	0.908	0.870	0.848	0.828
氧气(p_{O_2}=5atm,25℃)	扩散系数 K_L/($\times 10^5$cm^2/s)	2.24	9.18	16.2	23.9	31.1	37.3	39.3	40.7
	亨利系数 H/($\times 10^4$atm/mol)	4.38	7.04	5.82	3.94	2.38	1.36	1.08	0.9
	溶解度/(mg/L)	190	145	195	320	565	1040	1325	1585

注：1atm=101.325kPa。

湿式氧化法的缺点是：在较高温度条件下，反应器较易腐蚀，该技术缺乏适当的低温催化技术。

（3）湿式氧化过程　湿式氧化过程比较复杂，一般认为有两个主要步骤：空气中的氧从气相向液相的传质过程；溶解氧与基质之间的化学反应。若传质过程影响整体反应速率，可以通过加强搅拌来消除。下面着重介绍化学反应机理。

（4）湿式氧化工艺流程　湿式氧化系统的工艺流程如图 5-12 所示。具体过程简述如下：废水通过贮罐由高压泵打入热交换器，与反应后的高温氧化液体换热，使温度上升到接近反应温度后进入反应器，反应所需的氧由压缩机打入反应器。在反应器内，废水中的有机物与氧发生放热反应，在较高温度下，将废水中的有机物氧化成二氧化碳和水或低级有机酸等中间产物。反应后，气液混合物经分离器分离，液相经热交换器预热进料，回收热能。高温高压的尾气首先通过再沸器（如废热锅炉）产生蒸汽或经热交换器预热锅炉进水，其冷凝水由第二分离器分离后通过循环泵再打入反应器，分离后的高压尾气送入透平机产生机械能或电能。因此，这一典型的工业化湿式氧化系统不但处理了废水，而且对能量进行逐级利用，减少了有效能量的损失，维持并补充湿式氧化系统本身所需的能量。

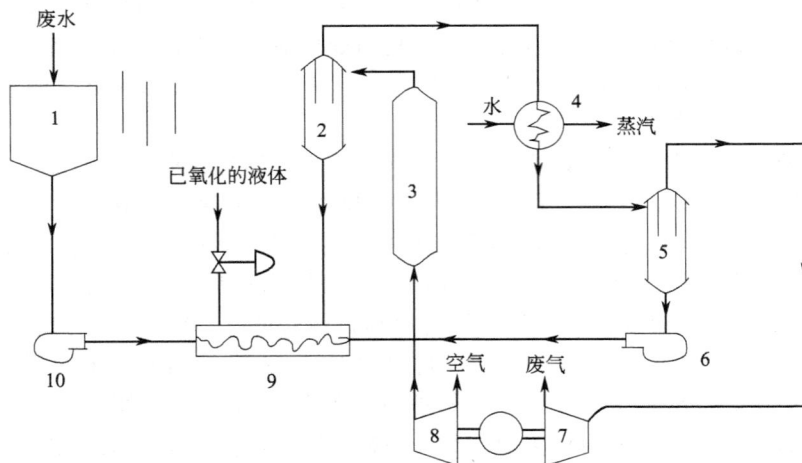

图 5-12　湿式氧化系统工艺流程

1—贮罐；2、5—分离器；3—反应器；4—再沸器；6—循环泵；
7—透平机；8—空压机；9—热交换器；10—高压泵

　　从湿式氧化工艺的经济角度分析认为，湿式氧化一般适用于处理高有机物浓度废水。焦化废水属于有机污染物浓度高、难生物降解的工业废水，其处理流程长、占地大、降解效率低。而湿式氧化工艺去除有机物所发生的氧化反应主要属于自由基反应，具有反应速率快、分解有机物彻底等特点。同时，又可使污水达到脱色、除臭、杀菌的目的。因此，采用湿式氧化工艺不仅可去除酚、氰等污染物，且也可去除污水中的氨氮，故对焦化废水、高浓度煤气化污水、燃料污水、古马隆有机污水等处理十分有效。国内外实验表明，焦化生产排出的剩余氨水及古马隆污水，经一次湿式氧化处理，其出水各项指标均可达到排放标准，并符合回用要求。试验结果见表 5-6。

表 5-6　湿式氧化工艺的试验结果　　　　　　　　　　　mg/L

项　目	pH 值	COD$_{Cr}$	酚	氰化物	氨氮	总氮
原水	10.5	5870	1700	15	3080	3750
处理后水	6.4	<10	未检出	未检出	<3	160

　　图 5-13 分析了湿式氧化的最适进水 COD 范围。图 5-14 则给出了进水 COD 和能量需求之间的关系。从图中可知湿式氧化能在较宽范围 COD$_{Cr}$（为 10～300g/L）处理各种废水，具有较佳的经济效益和社会效益。

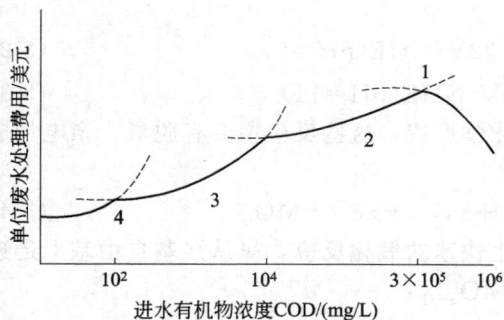

图 5-13　湿式氧化处理的最适进水 COD 范围

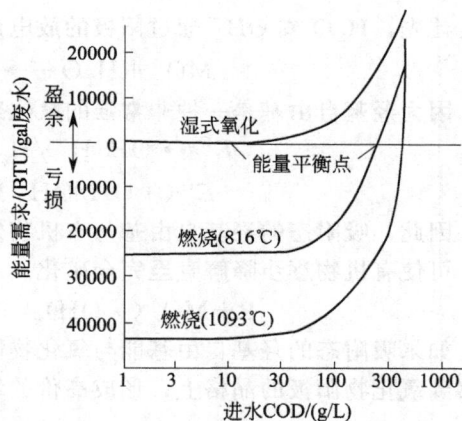

图 5-14　进水 COD 和需热的关系

　　由于湿式氧化工艺需在高温、高压条件下进行氧化反应，操作要求高，处理成本较大，目前，该工艺尚未应用于焦化行业生产污水的处理。

　　2. 电化学学氧化（electrochemical oxidation）

　　(1) 概述　在强电场的作用下，水中有机物发生直接氧化或通过电化学中间产物（如 HClO）间接氧化，从而达到除去有机物的目的。

　　电化学氧化的优点在于，整个过程只需要电流作用，不需向水中加入任何化学试剂，而且反应在室温条件下即可进行。缺点是当水中溶解物质浓度太低时反应较慢；此外，电极材料较昂贵。在欧洲，电化学氧化法在水的消毒和有害废弃物的处理等方面有越来越多的应用。

　　电化学氧化技术借助于具有电催化活性的阳极材料能有效形成氧化能力极强的羟基自由基（·OH），使具有芳环的有机污染物发生分解，并转化为无毒性的可生化降解物质，同时又可将之完全矿化为二氧化碳或碳酸盐等物质。该项技术应用于难生物降解的有机污染物废水处理，不仅可弥补其他常规处理工艺的不足，还可与多种处理工艺有机结合，提高水处理效果和经济性。

（2）机理　一般地，用电化学氧化法降解废水中的有机物，可分为在阳极表面及附近的直接氧化和远离电极表面的间接氧化两种，处理过程和效果受阳极材料的影响很大。目前，所用阳极材料有活性材料和非活性材料两种，活性材料电极在电化学反应过程中，表面上的物种直接参与氧化反应，材料的成分发生很大变化；非活性材料电极在电解过程中只作为电解的接受体，而其成分在处理过程中不发生变化。活性电极包括 Pt、IrO_2 和不锈钢等。典型的非活性电极有金刚石薄膜电极，完全氧化的金属氧化物 PbO_2 和 SnO_2 等。

① 直接电氧化　直接电氧化是指有机污染物在电极表面电子的直接传递或与电极表面上产生的强氧化剂作用，被氧化成毒性较低的或易生物降解的物质，甚至将氧化物直接氧化成无机物。如苯胺染料进行直接电氧化，去除率大于 97.5%，其中 72.5% 转化为 CO_2 等。直接阳极氧化过程是污染物首先迁移吸附到阳极表面，然后通过阳极电子转移反应被破坏而去除。

污染物在阳极的电氧化可通过在阳极上生成的物理吸附的活性氧（吸附的羟基自由基）来完成，也可通过化学吸附的活性氧（氧化物晶格中的氧，MO_{x+1}）来完成，其反应步骤如下。

首先，H_2O 或 OH^- 通过阳极的放电产生的物理吸附态的羟基自由基（·OH）：

$$MO_x + H_2O \longrightarrow MO_x(\cdot OH) + H^+ + e^- \tag{5-1}$$

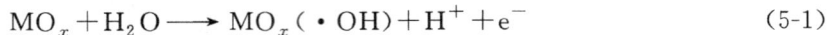

因为羟基自由基是一种非常强的氧化剂：

$$E^\ominus(\cdot OH, H^+/H_2O) = 2.72V/NHE(pH=0) \tag{5-2}$$

$$E^\ominus(\cdot OH/OH^-) = 1.89V/NHE(pH=11) \tag{5-3}$$

因此，吸附态的羟基自由基与有机物发生电化学反应，这些反应主要有脱氢、亲电加成等，可使有机物逐步降解直至完全矿化。

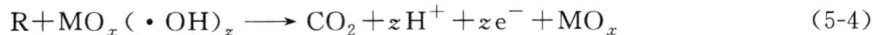

$$R + MO_x(\cdot OH)_z \longrightarrow CO_2 + zH^+ + ze^- + MO_x \tag{5-4}$$

如果吸附态的羟基自由基能与氧化物阳极发生快速的氧化反应，氧从羟基自由基上迅速转移到氧化物阳极的晶格上，形成高价的氧化物 MO_{x+1}：

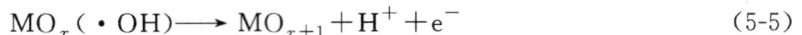

$$MO_x(\cdot OH) \longrightarrow MO_{x+1} + H^+ + e^- \tag{5-5}$$

则 MO_{x+1} 与有机物发生选择性的氧化反应：

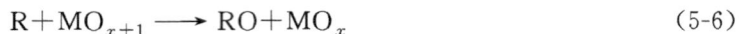

$$R + MO_{x+1} \longrightarrow RO + MO_x \tag{5-6}$$

② 间接电氧化　间接电氧化是利用电化学反应产生的强氧化剂，这些物质传质到本体溶液中，与污染物发生反应使其降解。由于间接氧化既在一定程度上发挥了阳极的直接氧化作用，又利用了产生的氧化剂，因此，处理效率大为提高。污染物的间接电氧化有以下几种形式。

● 中介电氧化。Farmer 等提出了一种称为中介电氧化的氧化过程。在这个过程中低价态稳定的金属离子（介质）在阳极上被氧化成具有反应活性的不稳定的高价态离子，这些氧化性的高价态离子或者直接降解污染物，或者在溶液中发生反应生成羟基自由基来破坏有机污染物，而其本身被还原，然后再迁移到阳极上又被氧化。这样不断循环，使有机物降解。

常用的介质有 Ag^+、Co^{3+}、Fe^{3+}、Ce^{4+} 和 Ni^{2+} 等。Leffrang 等以 Co^{3+}/Co^{2+} 为氧化还原电对，研究了苯酚、2-氯酚和4-氯酚的降解，发现 CO_2 和 CO 能降解这些有机物，转化率为 98%，总的平均效率可达 75%。但这种方法的氧化能力与介质的氧化还原对的电极电位有关，一般要在高酸性条件下操作，还存在由于重金属的加入而带来的二次污染，使其应用受到了限制。

- 生成次氯酸根（ClO^-）。Panizza 等通过实验发现，在含有 Cl^- 的溶液中，有机物的去除是通过电化学氧化氧化物生成 ClO^-，ClO^- 降解有机物来实现的。主要经历以下几个电化学过程：

$$2Cl^- \longrightarrow Cl_2 + 2e^- \tag{5-7}$$

$$Cl_2 + H_2O \longrightarrow HClO + Cl^- + H^+ \tag{5-8}$$

$$HClO \longrightarrow H^+ + ClO \tag{5-9}$$

Yang 等也认为含 Cl^- 的废水在电解处理时起主要作用的是 ClO^-。Chiang 等用电解方法处理含 Cl^- 废水，结果显示，电解产生的 Cl_2/ClO^- 的间接氧化在电化学氧化过程中起主要作用。产生 ClO^- 的电解法已被成功地应用于印染废水、甲醛废水和垃圾渗滤液的处理。

- 生成 H_2O_2。污染物也可被电化学反应产生的 H_2O_2 氧化降解。用多孔的碳聚四氟乙烯（CPTFE）气体扩散电极作为阴极，这时，氧在阴极上发生电化学还原生成 H_2O_2，主要反应机理如下。

酸性条件：

$$O_2 + 2H^+ + 2e^- \longrightarrow H_2O_2 \tag{5-10}$$

碱性条件：

$$O_2 + H_2O + 2e^- \longrightarrow HO_2^- + OH^- \tag{5-11}$$

$$HO_2^- + H_2O \longrightarrow H_2O_2 + OH^- \tag{5-12}$$

H_2O_2 是一种强氧化剂，可氧化有机污染物。在废水中加入 Fe^{2+}，或者由电化学现场产生的 Fe^{2+}，通过芬顿反应可产生出强的氧化剂、羟基自由基，羟基自由基提高 H_2O_2 的氧化能力，其主要的机理如下。

酸性条件：

$$Fe^{2+} + H_2O_2 + H^+ \longrightarrow Fe^{3+} + \cdot OH + H_2O \tag{5-13}$$

碱性条件：

$$Fe^{2+} + H_2O_2 \longrightarrow Fe^{3+} + \cdot OH^+ OH^- \tag{5-14}$$

- 生成 O_3。许多研究者通过实验发现，阳极产物中有 O_3 的存在。Thanos 等发现，在铅电极上有 O_3 的生成，当痕量的强吸附离子存在时可以提高 O_2 的析出电位，增加 O_3 的产量，电化学方法可以在线生成 O_3，它比空气放电产生 O_3 方便得多。O_3 通过以下反应产生：

$$3H_2O \longrightarrow O_3(g) + 6e^- + 6H^+ \tag{5-15}$$

$$O_2 + H_2O \longrightarrow O_3(aq) + 2e^- + 2H^+ \tag{5-16}$$

O_3 具有很强的氧化能力，可氧化氰化物和酚等。

目前，采用电化学氧化技术处理废水仅限于实验室研究，未见工业应用，尤其对于高浓度有机污染物、高氨氮的废水处理。但随着对电化学氧化技术研究的深入，采用该技术或在整个废水处理工艺中结合电化学氧化的技术环节处理废水，将产生新的效果。

3. 超临界水氧化

超临界水氧化（supercritical water oxidation，SCWO）技术是 20 世纪 80 年代中期由美国学者 Modell 提出的一种能够彻底破坏有机物结构的新型氧化技术。其原理是在超临界水的状态下，将废水中所含的有机物用氧化剂迅速分解成水、二氧化碳等简单无害的小分子化合物。

作为目前蓬勃发展的超临界流体技术的一种，SCWO 技术同超临界色谱技术和超临界提取技术一样，因具有很大的发展潜力而备受关注。美国能源部会同国防部和财政部于 1995

年召开了第一次超临界水氧化研讨会，讨论用超临界水氧化技术处理政府控制污染物。美国国家关键技术所列的六大领域之一"能源与环境"中还着重指出，具有前途的处理技术是超临界水氧化技术。如今，在欧、美、日等发达国家和地区，超临界水氧化技术取得了很大进展，出现了不少中试工厂以及商业性的 SCWO 装置。1985 年，美国的 Modar 公司建成了第一个超临界水氧化中试装置。该装置处理能力为每天 950L 含 10% 有机物的废水和含多氯联苯的废变压油，各种有害物质的去除率均大于 99.99%。1995 年，在美国 Austin 建成一座商业性的 SCWO 装置，处理几种含有长链有机物和胺的废水。处理后的有机碳浓度低于 $5 \times 10^6 g/L$，氨的浓度低于 $1 \times 10^6 g/L$，其去除率达 99.9999%。同时，在 Austin 还在筹建一座日处理量为 5t 多的市政污泥的 SCWO 处理工厂。这些污泥因其所含的物质种类太多而无法用常规方法处理。这个装置也将被用于处理造纸废水和石油炼制的底渣。在日本亦已建起一座日处理废物 $1m^3$ 的实验性中试工厂，主要用于研究。而在德国，由美国 MODEC 公司为包括拜耳公司在内的德国医药联合体设计的 SCWO 工厂已于 1994 年开始运行，处理能力为每天 5～30t 有机物。

总的看来，发达国家尤其是美国，对 SCWO 技术非常重视，工业规模的装置不断兴建。在我国，超临界水氧化技术尚处于起步阶段，研究较晚，尚未有工程应用报道，但从长远角度看，超临界水氧化作为一种新型的环境污染防治技术，必将由于其所具有的反应速率快、分解效率高等突出优势，得到广泛应用。

(1) 基本原理 任何物质随着温度、压力的变化都会相应地呈现为固态、液态和气态这三种物相状态，即所谓的物质三态。三态平衡共存时的温度和压力值叫做三相点。除了三相点外，每种相对分子质量不太大的稳定的物质独具有一个固定的临界点 (critical point)。严密意义上，临界点由临界温度、临界压力、临界密度构成。当把处于气液平衡的物质升温、升压时，热膨胀引起液体密度减少，而压力的升高又使气液两相的相界面消失，成为一均相体系，这一点即为临界点。当物质的温度、压力分别高于临界温度和临界压力时就处于超临界状态。在超临界状态下，流体的物理性质处于气体和液体之间，既具有与气体相当的扩散系数和较低的黏度，又具有与液体相近的密度和对物质良好的溶解能力。因此可以说，超临界流体是存在于气、液两种流体状态以外的第三流体。

例如，当水的温度和压力超过其临界点 (374.2℃ 和 22.1MPa) 时，水有很强的溶解能力，大多数有机化合物和气体 (如 O_2) 都能在超临界水中大量溶解。气体与溶质之间的传质过程不再受到气液界面的限制。在超临界流体中，水、O_2 和有机物生成活性很强的自由基 (·OH、O· 和 H·)，有机物的杂环被打开，在自由基作用下氧化形成酸，这些酸在氧化后加入碱即可析出。另一方面，不同自由基之间可发生二聚作用，如酚在超临界流体中被氧化可能是由单分子自由基形成引起的：

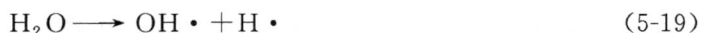

$$C_6H_5OH \longrightarrow C_6H_5O· + H· \tag{5-17}$$

$$O_2 \longrightarrow O· + O· \tag{5-18}$$

$$H_2O \longrightarrow OH· + H· \tag{5-19}$$

也可能是由两个分子之间反应引起的：

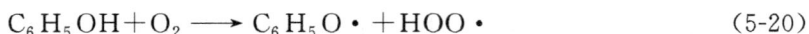

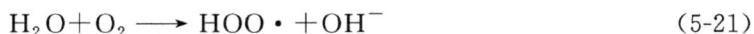

$$C_6H_5OH + O_2 \longrightarrow C_6H_5O· + HOO· \tag{5-20}$$

$$H_2O + O_2 \longrightarrow HOO· + OH^- \tag{5-21}$$

研究表明，超临界氧化对水中的醇类、酚、氯酚、苯和二硝基苯都有较好的去除作用。在 550～650℃，有机物的氧化速度很快，1min 内 99.99% 的有机物可被氧化分解。近几年来，超临界流体技术引起了人们的广泛关注，主要是因为它具有许多诱人的特性。例如，超临界流体分子的扩散系数比一般体系提高 10～100 倍，有利于传质和热交换。超临界流体的另一重要特点是压缩性，温度或压力较小的变化可引起超临界流体的密度发生较大的变化。大量的研究表明，超临界流体的密度是决定其溶解能力的关键因素，改变超临界流体的密度，可以改变超临界流体的溶解能力。在超临界流体技术应用研究方面，首先要求选择适当的化学物质作为超临界流体。它必须具备以下几个条件：化学性质稳定，对装备没有腐蚀性；临界温度接近于室温或者接近于反应操作温度，太低和太高都不适合；操作温度要低于被萃取物质的分解、变性温度；临界压力要低，以便减少动力费用，使成本尽可能降低；要有较高的选择性，以便能够制得高纯度产品；要有较高的溶解度，以便减少溶解循环量；价格便宜，来源方便。

在环保处理中，常用的超临界流体有水、二氧化碳、氨、乙烯、丙烷、丙烯等，由于水的化学性质稳定，且无毒、无臭、无色、无腐蚀性，因此得到了最为广泛的应用。

（2）超临界水氧化技术的工艺及装置　由于超临界水具有溶解非极性有机化合物（包括多氯联苯等）的能力，在足够高的压力下，它与有机物和氧或空气完全互溶，因此，这些化合物可以在超临界水中均相氧化，并通过降低压力或冷却，选择性地从溶液中分离产物。

超临界水氧化处理污水的工艺最早是由美国学者 Modell 于 20 世纪 80 年代中期提出的，其流程见图 5-15。

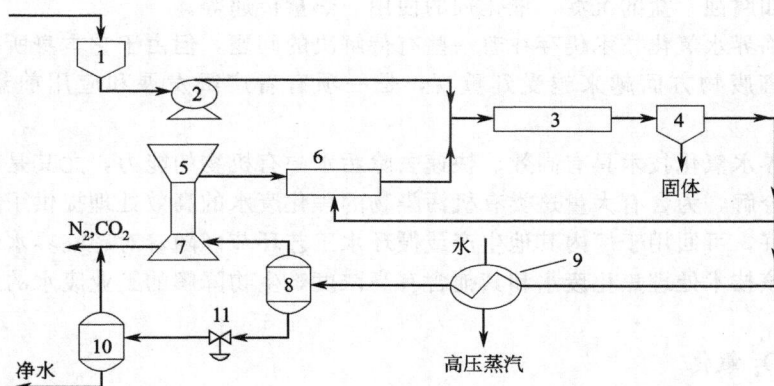

图 5-15　超临界水氧化处理污水过程
1—污水槽；2—污水泵；3—氧化反应器；4—固体分离器；5—空气压缩机；
6—循环用喷射泵；7—膨胀透平机；8—高压气液分离器；
9—蒸汽发生器；10—低压气液分离器；11—减压器

首先，用污水泵将污水压入反应器，在此与一般循环反应物直接混合而加热，提高温度。然后，用压缩机将空气增压，通过循环用喷射器把上述的循环反应物一起带入反应器。有害有机物与氧在超临界水相中迅速反应，使有机物完全氧化，氧化反应放出的热量足以将反应器内的所用物料加热至超临界状态，在均相条件下，使有机物进行反应。离开的物料进入旋风分离器，在此，将反应中生成的有机盐等固体物料从流体相中沉淀析出。离开旋风分离器的物料一分为二，一部分循环进入反应器，另一部分作为高温高压流体先通过蒸汽发生器，产生高压蒸汽，再通过高压气液分离器。在此，N 及大部分 CO 以气体物料形式离开分离器，进入透平机，为空气压缩机提供动力。液体物料（主要是水和溶在水中的 CO）经排出阀减压。进入低压气液分离机，分离出的气体（主要是 CO）进行排放，液体则为洁净水而用作补充水进入水槽。

（3）超临界水氧化技术的特点

① 效率高，处理彻底。有机物在适当的温度、压力和一定的停留时间下，能被氧化成二氧化碳、水、氮气以及盐类等无毒的小分子化合物，有毒物质的去除率达 99.99％以上，符合全封闭处理要求。

② 由于 SCWO 是在高温高压下进行的均相反应，反应速率快，停留时间短（可小于 1min），所以反应器结构简洁，体积小。

③ 适用范围广，可以适用于各种有毒物质、废水、废物处理。

④ 不形成二次污染，产物清洁，不需要进一步处理，且无机盐可从水中分离出来，处理后的废水可完全回收利用。

⑤ 当有机物含量超过 2％时，就可以依靠反应过程中自身氧化放热来维持所需的温度，不需要额外供给热量，如果浓度过高，则放出更多的氧化热，这部分能量可以回收。

尽管超临界水氧化法具备了很多优点，但其高温高压的操作条件无疑对设备材质提出了严格的要求。另一方面，虽然已经在超临界水的性质、物质在其中的溶解度及超临界水化学反应的动力学和机理方面进行了一些研究，但是这些与开发、设计和控制超临界水氧化过程必需的知识和数据相比，还远不能满足要求。

在实际进行工程设计时，除了考虑体系的反应动力学特性以外，还必须注意一些工程方面的因素，例如腐蚀、盐的沉淀、催化剂的使用、热量传递等。

虽然，超临界水氧化技术仍存在着一些有待解决的问题，但由于它本身所具有的突出优势，在处理有害废物方面越来越受到重视，是一项有着广阔发展和应用前景的新型处理技术。

由于超临界水氧化技术具有高效、快速去除污水中有机物的能力，尤其是对芳香族有机物彻底的氧化分解，为含有大量这类有机污染物的焦化废水的高效处理提供了新的方法，且处理后的水质好，可回用于厂内其他生产或循环水工艺环节。随着对超临界水氧化技术的研究深入，采用该技术处理焦化废水和其他含有高浓度难生物降解的工业废水的应用将取得突破性的发展。

4. O_3/H_2O_2 氧化

O_3 和 H_2O_2 可以分别作为强氧化剂（$E^\ominus$ 分别为 2.07V 和 1.77V）。单独使用 O_3 或 H_2O_2，有多种反应途径，反应产物难以控制。O_3 和 H_2O_2 联合使用则形成一些新的自由基，这些自由基与 AOP 技术中的原子有很强的反应能力。O_3 和 H_2O_2 可以形成换链式反应。

图 5-16 中 RH 代表形成过氧化物自由基（HROO·）的有机化合物。HROO·的形成能减少过氧化物的生成，取而代之的是与 O_3 快速反应生成 OH·自由基，OH·参与链反应，破坏更多的有机物。O_3 和 H_2O_2 联合使用对有机物有很强的去除能力，而且可有效地氧化单独使用 O_3 所不能氧化的 THMs。

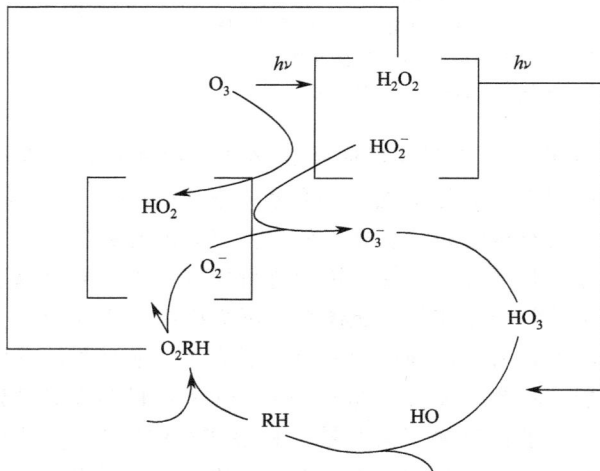

图 5-16　O_3 和 H_2O_2 联合氧化有机物的反应途径

5. Fenton 反应

在化学氧化法中，H_2O_2 与亚铁离子组合形成的 Fenton 试剂在处理一些难降解有机物（如苯酚类、苯胺类）方面显示出一定的优越性，国内外利用此法处理各类废水已有较多的研究。Fenton 反应必须有 Fenton 试剂参加。所谓 Fenton 试剂就是 H_2O_2 与 Fe^{2+} 的混合物。在没有其他介质的条件下，H_2O_2 氧化 Fe^{2+}。

$$H_2O_2 + Fe^{2+} \longrightarrow Fe^{3+} + OH^- + OH \cdot \tag{5-22}$$

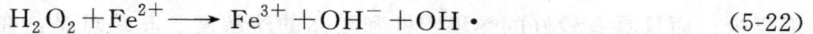

反应生成的 $OH \cdot$ 将迅速氧化第二个 Fe^{2+}。但当有机物和过量的 Fe^{2+} 存在时，则产生一系列的复杂反应：

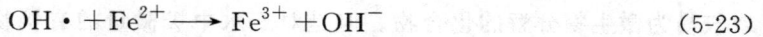

$$OH \cdot + Fe^{2+} \longrightarrow Fe^{3+} + OH^- \tag{5-23}$$

$$OH \cdot + RH \longrightarrow R \cdot + H_2O \tag{5-24}$$

$$R \cdot + Fe^{3+} \longrightarrow R^+ + Fe^{2+} \tag{5-25}$$

$$R^+ + H_2O \longrightarrow ROH + H^+ \tag{5-26}$$

$$R \cdot + Fe^{2+} \longrightarrow R^- + Fe^{3+} \tag{5-27}$$

$$R^- + H^+ \longrightarrow RH \tag{5-28}$$

$OH \cdot$ 破坏有机物 RH，生成 $R \cdot$，$R \cdot$ 将 Fe^{3+} 还原，同时自身氧化成 R^+，最终使有机物彻底氧化。

Fenton 反应对微量有机物的除去显著效果，如甲基橙在 Fenton 试剂的稀溶液中 $[c(H_2O_2) = 10nmol/L，c(Fe^{2+}) = 0.1nmol/L]$ 短时间内即可氧化褪色，而同样条件下 $1.0mol/L$ H_2O_2 却不能使之褪色。Fenton 反应的优点是不需要特制的反应系统，也不分解产生新的有害物质，仅仅需要催化剂 Fe^{2+}。反应产物 Fe^{3+} 对环境无害，而且 Fe^{3+} 可以与 OH^- 反应形成 $Fe(OH)_3$ 而沉淀出来。Fenton 反应在去除 COD 毒性和难降解有机污染物的前处理方面有良好的应用前景。

焦化废水经过生物处理，有机污染物很难实现完全降解。所以，焦化废水经过生物处理后一般都不能达到排放标准。此时，采用 Fenton 反应保证出水达标是一种很好的选择。但由于其处理成本高、处理条件限制多等多方面的原因，导致其尚未大范围地实际运用。在现阶段的工程运用中，Fenton 反应主要针对难降解物质的深度处理或保证出水时的后续处理。随着对其研究的深入，Fenton 反应将得到更广泛的运用。

二、光化学氧化

光化学氧化包括 UV 氧化、UV/H_2O_2 氧化、O_3/UV 氧化、$O_3/UV/H_2O_2$ 氧化、TiO_2 光催化氧化、UV-Fenton 氧化、超声氧化、高能电子氧化和电弧氧化等 9 种。

1. UV 氧化法

直接利用 UV 对有机物照射，使其氧化分解。UV 氧化法对 THM、含氯化合物、硝基氯、酚和农药有较强的氧化能力，如 $0.1mol/L$ 2,4,6-三氯酚（TCP）在 50min 内去除率达 98%。UV 氧化法的缺点是反应速度相对较慢，中间产物有时比目标化合物具有更大的毒性。

2. UV/H_2O_2 氧化法

（1）原理 UV/H_2O_2 技术的原理是紫外线的质子能快速地使 H_2O_2 分解成两个羟基自由基，高活性的羟基自由基能与有机物发生氧化反应，使有机物降解。影响 UV/H_2O_2 氧化反应的主要因素有有机物初始浓度、H_2O_2 用量、紫外线波长与强度、溶液 pH 值、反应温度与时间等，光强度与反应速率成正比。

H_2O_2 在 UV 光照下迅速生成 OH·，OH· 与有机物迅速反应导致有机物的氧化分解：

$$H_2O_2 \xrightarrow{h\nu} 2OH \cdot \tag{5-29}$$

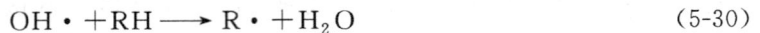

$$OH \cdot + RH \longrightarrow R \cdot + H_2O \tag{5-30}$$

（2）应用　$H_2O_2 \backslash UV$ 氧化法的优点是：经济可行，运行费用比单独使用 H_2O_2 或 O_3 都要少，而且具有较好的热稳定性和较高的溶解度。其缺点是：在有碳酸盐存在时，OH· 与它们反应生成氧化性较弱的碳酸盐自由基，阻碍了反应的进行。

H_2O_2 是高级氧化技术中常用的氧化剂，可以将水中有机或无机毒性污染物氧化成无毒或较易为微生物分解的化合物。但是对于水中极微量的有机物以及高浓度难降解的污染物（如高氯代芳香烃），仅使用过氧化氢的氧化效果不十分理想。本身对有机物的降解几乎没有作用的紫外线与 H_2O_2 联用后，却产生令人意想不到的结果。1975 年，Koubek 首先研究 UV/H_2O_2 技术使难分解的船舶有机废水中的三氯甲烷、三氯乙烯、二氯甲烷、苯、氯苯、氯酚在 50min 内降解达 99%，并且具有杀菌消毒作用，在 1977 年获得美国专利权。此后人们一直致力于此方面的研究。Sunstrom 等研究 UV/H_2O_2 技术处理炸药废水发现：254nm 波长下的 UV/H_2O_2 技术可降解达 90%，明显优于 375nm 波长下的 UV/H_2O_2 技术对 TNT 的去除率。刘玉林等比较了 H_2O_2 氧化法和 UV/H_2O_2 催化法处理水体中的 NO_2^- 和 NH_4^+，结果表明 NO_2^- 能被 H_2O_2 有效地氧化，而 NH_4^+ 几乎不被 H_2O_2 氧化；但是在 UV 作用下，NO_2^- 的氧化率显著提高，NH_4^+ 氧化率有一定的提高。王海涛等用 UV/H_2O_2 技术降解 2,4-二氯苯酚效果良好，75min 目标污染物去除率达到 98%，同时发现酸性条件更有利于污染物的降解。

UV/H_2O_2 技术对有机污染物浓度的适用范围很宽，从处理效果与成本来看，不太适合直接处理高浓度的工业有机废水，但作为生物降解的前置处理方法则非常有效。UV/H_2O_2 化学氧化工艺开始主要应用于自来水处理、工业给水等方面有机污染物废水处理。近年来，其应用以扩展到工业废水、地下水、垃圾渗滤液等领域。

3. UV/H_2O_2 氧化法

（1）机理　O_3 在 UV 照射下，分两步生成 OH· 自由基：

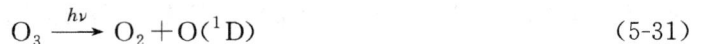

$$O_3 \xrightarrow{h\nu} O_2 + O(^1D) \tag{5-31}$$

$$O_2 + O(^1D) + H_2O \xrightarrow{h\nu} OH \cdot + OH \cdot \tag{5-32}$$

（2）O_3/UV 技术　臭氧长期以来就被认为是一种有效的氧化剂和消毒剂，采用臭氧氧化处理有机废水具有速度快、无二次污染等优点，但是单纯的臭氧氧化处理废水利用率低，小分子有机物很难进一步氧化。Prengle 等在实验中首先发现 O_3/UV 技术可以显著地加快有机物的降解速率，大大地降低 COD 和 BOD 的含量。因 O_3/UV 技术反应条件温和，氧化速率和效率高，能氧化臭氧单独作用时难降解有机物而受到人们的关注。人们运用了 O_3/UV 技术对难降解物质或废水进行了大量研究。薛向东、欧阳吉庭等用 O_3/UV 技术来处理生物毒性大、化学稳定性高、常规生化法难以处理的 TNT 废水时，发现单独的臭氧对 TNT 废水降解作用小，但紫外线强化下臭氧技术降解效果明显，紫外线强化臭氧具有协同作用。何宗健等用 O_3/UV 工艺来处理含氯废水，能使反应时间大大缩短。施银桃等用此方法降解邻苯二甲酸二甲酯，当紫外线吸收去除率达到 90% 时，TOC 去除率只有 25%，且矿化程度不好，O_3/UV 可以加速矿化程度，TOC 去除率由单独臭氧法的 33% 提高到 100%。

O$_3$/UV 工艺的原理是紫外线提供的能量一方面催化臭氧产生具有极强氧化性的氢氧自由基，另一方面能激发水中的物质，成为激发态，其氧化速率可增加上百倍，特别是一些臭氧难以降解的小分子有机物，如醇、醛、羧酸、酚等都可以被 O$_3$/UV 完全氧化分解为 CO$_2$ 和 H$_2$O。人们对 O$_3$/UV 氧化过程产生羟基自由基的原理进行了大量的研究，但是目前还没有一个统一的说法，有人认为羟基自由基是 O$_3$/UV 工艺中的最主要的氧化剂，水中臭氧光解得到了 H$_2$O$_2$，然后 H$_2$O$_2$ 和臭氧一起产生了羟基自由基。

此法已在饮用水处理中得到广泛应用，对含氯有机化合物有较好的氧化能力。其缺点是 O$_3$ 的低溶解度和缓慢的传质过程在一定程度上限制了其使用。

4. O$_3$/UV/H$_2$O$_2$ 氧化

(1) 机理　O$_3$/UV/H$_2$O$_2$ 氧化工艺的基本原理同 UV/H$_2$O$_2$ 技术、O$_3$/UV 技术相同，均借助于紫外线激发，形成了强氧化性的氢氧自由基。在 O$_3$/UV 反应的基础上加入 H$_2$O$_2$，则加速 OH· 的生成：

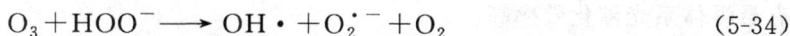

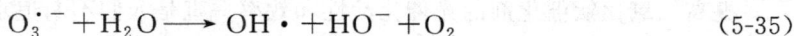

$$H_2O_2 \longrightarrow HOO^- + H^+ \tag{5-33}$$

$$O_3 + HOO^- \longrightarrow OH\cdot + O_2^{\cdot-} + O_2 \tag{5-34}$$

$$O_3^{\cdot-} + H_2O \longrightarrow OH\cdot + HO^- + O_2 \tag{5-35}$$

$$O_3^{\cdot-} + O_2^{\cdot-} \longrightarrow O_3^{\cdot-} + O_2 \tag{5-36}$$

在 UV 光照作用下，上述反应很容易发生。O$_3$/UV/H$_2$O$_2$ 氧化法对水中 THMs、苯系物、PCBs、甲苯、六氯（代）苯等有较好的去除作用。

(2) O$_3$/UV/H$_2$O$_2$ 技术　O$_3$/UV/H$_2$O$_2$ 对有机物的降解利用了氧化和光解作用，包括 O$_3$ 的直接氧化、O$_3$ 和 H$_2$O$_2$ 分解产生的羟基自由基的氧化、直接光解以及 H$_2$O$_2$ 的光解和离解作用，这些作用在氧化有机物时的相对重要性取决于各种运行参数，如 pH 值、UV 光强和波长范围、氧化剂之间及与有机物的比值。在紫外线激发下，O$_3$ 和 H$_2$O$_2$ 的协同作用对有机污染物具有更广泛的去除效果。Zeff 在 1988 年申请了 O$_3$/UV/H$_2$O$_2$ 法去除多种有机物的专利。在 30min 内，能使浓度为 200mg/L 的甲醇溶液去除率达到 97%；在处理受到氯甲烷、二氯甲烷、1,1-二氯乙烷、四氯乙烯、苯、氯苯、甲苯等污染的地下水时，1h 内对 TOC 的去除率达 98%。对比试验也显示，O$_3$/UV/H$_2$O$_2$ 法比单独使用 UV、H$_2$O$_2$、O$_3$ 及其两者组合的氧化体系更为有效。垃圾渗滤液中含有大量有毒有害物质，其中生物难降解有机物占有很大比例。利用 O$_3$/UV/H$_2$O$_2$ 技术对含高浓度的氯酚、多环芳烃等有毒有机物的垃圾渗滤液进行处理时发现 UV/H$_2$O$_2$/O$_3$ 与 UV/H$_2$O$_2$ 相比，TOC 的去除率能提高 10%~20%，高级氧化技术可以增加纺织废水中有机物的可生物降解性，Ledakowic 等研究了氧化法与生物处理相结合对纺织废水的处理，就不同氧化剂浓度对后续生物处理中微生物生长的影响进行了试验，O$_3$/UV/H$_2$O 是最佳的生物预处理技术，对微生物的损害仅为 10%。

5. TiO$_2$ 光催化氧化法

(1) 概述　TiO$_2$ 光催化氧化技术是近 30 年发展起来的新技术，它的研究始于 1972 年，Fujshima 和 Fonda 报道采用 TiO$_2$ 电极与铂电极组成光电化学体系分解水。TiO$_2$ 光催化氧化通常指有机物在光作用下逐步氧化成无机物，最终生成 CO$_2$ 和 H$_2$O 及其他如 NO$_3^-$、PO$_3^-$ 和卤素离子。TiO$_2$ 半导体粒是理想的光催化剂，廉价、无毒、稳定、可回收利用。光催化氧化法比传统的化学氧化法具有明显的优势，备受人们关注。该方法的优点是工艺结构简单、操作条件容易控制、氧化能力强、无二次污染，加之 TiO$_2$ 化学稳定性高、无毒、成本低，故 TiO_2 作催化剂的光催化氧化法具有广阔的应用前景。缺点是：光浪费严重，效率相对较低。反应后从水中除去 TiO_2 费用较高。

（2）TiO_2 光催化氧化法的原理　TiO_2 光催化氧化法的原理是指半导体材料吸收外界辐射光能激发产生导带电子（e^-）和价带空穴（h^+），从而在半导体表面产生具有高度活性的空穴/电子对，进而与吸附在催化剂表面上的物质发生化学反应的过程。卤代烃、有机酸类、染料、苯的衍生物、烃类、酚类、表面活性剂、农药等难降解有机物都能被二氧化钛光催化降解，生成无机小分子，消除其对环境的影响。TiO_2 光催化还能解决汞、铬、铅等金属离子的污染问题和无机氰化物。

目前，悬浮体系光催化氧化已经取得了一定的效果，但是 TiO_2 粉末极小，回收困难并且容易造成浪费，使该项技术的实际应用受到了限制。催化剂的固定化技术是解决这一问题的有效途径。目前，国内外应用的载体有硅胶、活性氧化铝、空心微珠、玻璃纤维网、玻璃板、天然沸石等。固定方法一般有基于溶胶-凝胶的涂层疗法、粉体料浆法、电化学沉积法、化学气相沉积法、物理气相沉积、喷雾热分解法。但是固定化催化剂的光催化效率一般，没有悬浮体系光催化效率高。

提高二氧化钛催化剂的光催化活性和效率一直是人们不断追求的目标。催化剂的表面修饰是一个非常重要的方面，它的主要作用是捕获光生电荷，促进电荷分离，从而提高光催化效率；扩展波长的吸收范围，提高可见光的利用率，从而提高催化剂的选择性和特殊产物的产率；还可提高光催化剂的稳定性。二氧化钛催化剂的表面修饰，常见的方法有：贵金属沉积、金属离子的掺杂、制备复合半导体催化剂、表面的光敏化，另外还有表面螯合和衍生。但是目前光催化活性不够高，处理对象一般是实验室模拟的单一废水，离实际的大规模的废水处理，以及以利用太阳能激发为主的光催化处理还有一段距离。因此，研制新型高效光催化剂及大型光催化反应器的设计是今后光催化研究的一个主要方向。

6. UV/Fenton 氧化

（1）机理　在 Fenton 反应中生成的 Fe^{3+} 如不及时还原，则还原可能终止，但在光照条件下。Fe^{3+} 被还原成 Fe^{2+}，并生成 OH · 自由基：

$$H_2O + Fe^{3+} \xrightarrow{h\nu} Fe^{2+} + OH^- + OH \cdot \tag{5-37}$$

H_2O_2 在光照条件下也会生成 OH · 自由基：

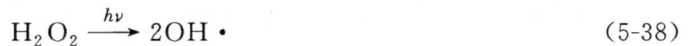

$$H_2O_2 \xrightarrow{h\nu} 2OH \cdot \tag{5-38}$$

（2）UV-Fenton 技术　UV-Femon 反应对水中有机物，尤其是难降解有机物（如三嗪除草剂）有较强的去除能力。UV-Fenton 方法是在 Fenton 反应基础上产生的一种新的氧化技术，其基本原理类似于 Fenton 反应，即在处理有机污染物的过程中起主要作用的仍是羟基自由基。但不同的是，反应体系在紫外线的照射下，Fe^{3+} 与水中的 OH^- 复合可以直接产生羟基自由基，并产生 Fe^{2+}，Fe^{2+} 可与 H_2O_2 进一步反应生成羟基自由基，从而加速水中有机物的降解。在紫外线照射下，Fe^{2+} 和 Fe^{3+} 维持良好的循环反应。光增强作用的原因主要有两点：紫外线和 Fe^{2+} 对 H_2O_2 催化分解存在协同作用；羧酸铁络合物光脱羧作用。人们应用 UV-Fenton 法对难降解有机废水进行了大量研究。肖羽堂等采用 UV-Fenton 预处理低浓度 H 酸（1-氨基-8-萘酚-3,6-二磺酸）废水；Lauiv-an 等研究了用 UASB 处理后的垃圾渗滤液；钟萍等以含煤油水溶液为研究对象；黄益宏处理高浓度的香料废水；雷乐成对 PVA 退浆废水等均取得了很好的效果。另外，人们还对难降解物质进行了研究，如氯仿、苯酚、苯胺、硝基苯、邻苯二甲酸、二甲基苯胺、氯酚、十二烷基苯磺酸、对硝基苯、醌磺酸钠、吗啡、喹啉等。

7. 超声氧化法

在大于 20kHz 的条件下，超声辐射（ultrasonic irradiation，UI）很容易使水产生 OH·自由基。其机理是超声波在水中传播，通过空穴作用产生气泡，由于压力变化，不断增大的气泡发生聚爆，气泡的破裂产生高能现象，导致水中超声波分解（sonolysis）作用并产生自由基：

$$H_2O \longrightarrow H \cdot + OH \cdot \tag{5-39}$$

研究表明超声氧化法能将 THMs、氯酚、含氮酚完全或大部分氧化分解。超声氧化法与臭氧结合，能加速对大肠杆菌等细菌的杀菌作用，并且比单独使用 O_3 节约用量 50%。

超声波借助高频的振动，在液体的内部产生许多空化核瞬间崩溃，从而在其周围形成大约 400kPa～100MPa 的局部高温高压环境，并产生速度约 110m/s 具有强烈冲击力的微射流。这种现象被称为超声空化，它是降解的主动力。有机物在空化核内发生高温分解和·OH 基团反应，进而产生化学键断裂、水相燃烧等。

对一些易挥发的链状有机物如脂肪烃、氟里昂等研究表明，此类有机物可直接在空化核内燃烧或热分解；对水体中难挥发有机物（如苯酚、氯酚）的超声降解研究表明，其降解主要是在空化核及其表面层被·OH 基团氧化。

8. 高能电子氧化法

高能电子氧化法（high energy electron beam irradiation，HEEB）是在 1.5MeV 电压下，电子束以 200Hz 频率在大约 114cm×5cm 的区域进行扫描，水在高能电子作用下，将生成水相电 e_{aq}^-、原子氢、OH· 和过氧化氢：

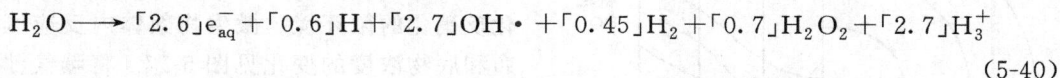

$$H_2O \longrightarrow \ulcorner 2.6 \lrcorner e_{aq}^- + \ulcorner 0.6 \lrcorner H + \ulcorner 2.7 \lrcorner OH \cdot + \ulcorner 0.45 \lrcorner H_2 + \ulcorner 0.7 \lrcorner H_2O_2 + \ulcorner 2.7 \lrcorner H_3^+ \tag{5-40}$$

水相电子 e_{aq}^-、原子氢与 OH·都具有很强的活性，能迅速氧化水中的有机物质。

9. 电弧氧化法（electric arc process，EAP）

在高压（10～50kV）低导的电容器之间可产生高能电弧脉冲（50～100 次/s），电弧脉冲产生强烈冲击波，并高度浓集等离子体，等离子体产生 UV 光，作用于水则产生自由氧和 OH·自由基以及原子氢，进而氧化水中的有机物质。

电弧氧化法 20 世纪 50 年代就进入了商业化运作，目前国外已有几百个水处理系统采用电弧氧化法。相比较而言，电弧氧化法比 HEEB 法处理费用要低廉一些。EAP 技术是未来水处理的优势发展方向之一，它代表了国际水处理界的一个发展趋势。与传统和常规工艺比，EAP 技术具有明显的优势。该技术采用的设备简单，没有或少有消毒副产物，反应速度快，氧化彻底。EAP 技术与常规的深度处理（如 GAC 和膜）相结合将发挥更大的作用。EAP 技术在我国运用、研究工作刚刚开始，许多技术和理论问题有待解决。在我国积极开展技术 EAP 的研究与应用，不仅对解决我国目前饮水水质问题、寻求新的深度处理技术会有很大帮助，而且对发展我国给水行业高技术、提高给水研究水平将具有重要意义。

第四节　焦化废水处理脱氮工艺

一、同步硝化反硝化工艺

根据传统生物脱氮理论，废水中的氨氮必须通过硝化和反硝化两个独立过程来实现转化成氮气的目的，硝化和反硝化不能同时发生，硝化反应在有氧的条件下进行，而反硝化反应需要在严格的厌氧或缺氧的条件下进行。近几年来，国内外有不少实验和报道证实有同步硝化和反硝化（simultaneous nitrification denitrification，SND）现象。尤其在有氧条件下，同步硝化与反硝化存在于不同的生物处理系统中。如流化床反应器、生物转盘、SBR、氧化沟、CAST 工艺等。该工艺与传统生物脱氮理论相比具有很大的优势，它可以在同一反应器内同时进行硝化和反硝化，从而具有以下优点：曝气量减少，降低能耗；反硝化产生 OH^- 可就地中和硝化产生的 H^+，有效地维持反应器内的 pH 值；因不需缺氧反应池，可以节省基建费；能够缩短反应时间，节约碳源；简化了系统的设计和操作等。因此，SND 系统提供了今后降低投资并简化生物除氮技术的可能性。

1. 同步硝化反硝化机理研究

近年来人们不断地在实际工程和实验中发现好氧条件下的脱氮现象。颜家保等采用悬浮填料系统处理炼油废水，在悬浮填料曝气池中发生明显的同步硝化反硝化现象；Pochana 在 SBR 反应器中发现了 95％的总氮去除率；张小玲等在 SBR 反应器中取得了 80％的总氮去除率。此外，有实验证明，好氧硝化池中也有 30％左右的总氮损失，这些都证明了好氧同步硝化反硝化现象的存在。好氧同步硝化反硝化可以从微环境理论、生物学理论方面加以解释。

（1）微环境理论 由于氧扩散的限制，在微生物絮体或生物膜内产生 DO 梯度，微生物絮体或生物膜的外表面溶解氧浓度较高，以好氧硝化菌及氨化菌为主；深入絮体内部，由于氧传递受阻及外部氧的大量消耗，产生缺氧区，反硝化菌占优势，从而形成有利于实现同步硝化反硝化的微环境。微生物絮体内反应区的分布和底物浓度的变化见图 5-17。将曝气池内溶解氧控制在较低水平，将可能提高缺氧或厌氧微环境所占比例，从而促进反硝化作用。实际上，由于微生物种群结构、基质分布代谢活动和生物化学反应的不均匀性，物质絮体和生物膜内部会存在多种多样的微环境。例如某一好氧微环境，由于好氧菌的剧烈活动可变为缺氧环境，产生反硝化作用。

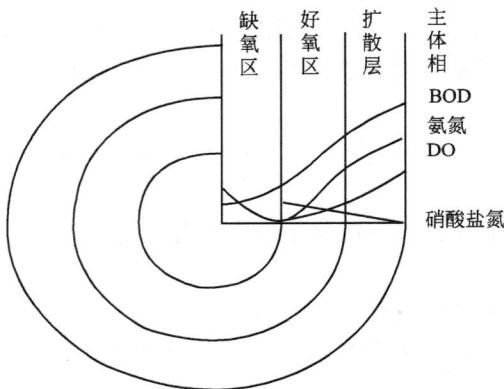

图 5-17 微生物絮体内反应区分布和底物浓度变化

（2）生物学理论 近年来的研究发现，许多异养微生物可以硝化反硝化有机氮和一些无机氮化合物，已有报道发现了好氧反硝化菌和异养硝化菌。20 世纪 80 年代，Robetison 和 Kuenen 在反硝化和除硫系统出水中首次分离出好氧反硝化菌（*Thiosphaera pantotropha*、*Pseudomonas* sp. 和 *Alcaligenes faecalis* 等）。其他常见的反硝化菌还有：Scholten 等在垃圾渗滤液处理系统中分离出异养硝化菌 *Thauera mechernichensis*，该菌株可进行好氧反硝化；Su 等从养殖废水处理系统的活性污泥中分离出 *Pseudomonas stutzeri* SUZ，该菌株可使含氧量为 92％的气体中氮氧化物去除率达 99.24％；Huang 等分离出好氧反硝化菌，发现其好氧反硝化最适宜碳氮比（C/N）为 4～5，DO 为 2～6mg/L。周丹丹等采用污泥驯化细菌分离、纯化、初筛（测 TN）、复筛（氮元素轨迹跟踪测定法）的方法筛选好氧反硝化细菌，并证实好氧反硝化细菌的存在和好氧反硝化现象存在的非偶然性。李从娜在实验中推断出活性污泥絮凝体内同时存在异养硝化菌和好氧反硝化菌，同时与异养型细菌相比，硝化菌的产率低，比增长速率小，异养菌与硝化菌竞争底物和溶解氧，由于大多数异养硝化菌同时是好氧反硝化菌，能够直接把氨转化成最终气态产物，因此，从生物学的角度看，好氧同步硝化反硝化是可能的。

2. 同步硝化反硝化的特点

① 在 SND 工艺中，NO_2^- 无需氧化为 NO_3^- 便可直接进行反硝化反应，因此，整个反应过程加快，水力停留时间可缩短，反应器容积也可相应减小。

② 与完全硝化反应相比，亚硝化反应仅需 75% 的氧，工艺中需氧量降低，可以节约能耗。

③ SND 使得两类不同性质的菌群（硝化菌和反硝化菌）在同一反应器中同时工作，脱氮工艺更加简化而效能却大为提高。

④ 在废水脱氮工艺中，将有机物氧化、硝化和反硝化在反应器内同时实现，既提高脱氮效果，又节约了曝气所需和混合液回流所需的能源。

⑤ 在 SND 工艺中，反硝化产生的 OH^- 可以中和硝化产生的部分 H^+，减少了 pH 值的波动，从而使两个生物反应过程同时受益，提高了反应效率。

⑥ 在反应过程中，碳源对硝化反应有促进作用，同时也为反硝化提供了碳源，促进同步硝化反硝化的进行。

所以，对于含氮废水的处理，同步硝化反硝化技术有着重要的现实意义和广阔的应用前景。

3. 同步硝化反硝化技术的实践

由于同步硝化反硝化技术的诸多优点，国内外诸多水处理工作者正在进行此技术在实际运行中的应用性研究。间歇曝气工艺的氮去除率可达 90%，溶解氧浓度、曝气循环的设置方式、碳源形式及投加量均为重要的影响因素。Hyungseok 等运用间歇曝气排出工艺，成功地实现了经过亚硝酸盐氮的同步硝化反硝

图 5-18 推流式活性污泥法工艺流程

化，其循环周期的设置采用 72min 曝气、48min 沉降、24min 排水，氮去除率达到 90% 以上。研究结果表明：最佳的 DO 浓度（曝气阶段末期）在 2.0~2.5mg/L，运行良好。Hongw 等通过总氮平衡的计算发现，总氮去除中归功于同步硝化反硝化的占 10%~50%，由于 ORP 对低溶解氧浓度的响应灵敏，因此，可用其作为 SND 的实时控制参数。此外，较短的曝气循环周期有利于 SND 的发生，厌氧段加入碳源可以同时增强硝化和反硝化作用。同济大学的朱晓军、高廷耀等对上海市松江污水处理厂原有的推流式活性污泥法工艺（图 5-18）进行低氧曝气，以达到实现同步硝化反硝化。测试结果表明，将曝气池中 DO 控制在 0.5~1.0mg/L 低氧水平，在保证了水 COD 高效去除的同时，系统的脱氮能力显著提高，除磷能力也有很大改善。COD 的去除率可达 95% 左右，TN 去除率可达 80% 左右，TP 去除率为 90% 左右，且电耗较常规活性污泥法工艺低 10% 左右。

依据同步硝化反硝化（SND）机理，在一个反应器中同时实现硝化、反硝化和除碳，开发单级作物脱氮工艺如下。

（1）单级活性污泥脱氮 活性污泥单级生物脱氮主要是利用污泥絮凝体内存在溶解氧的浓度梯度实现同时硝化和反硝化。在活性污泥絮凝体表层，由于氧的存在而进行氨的氧化反应，从外向里溶解氧浓度逐渐下降，内层因缺氧而进行反硝化反应。关键在于控制好充氧速率，只要控制好氧的浓度，就可以达到在一个反应器中同时进行硝化、反硝化除氮的目的。

（2）生物转盘（RBC） 在单一的 RBC 中同时进行硝化和反硝化的关键在于能否在生物膜内为硝化菌和反硝化菌创造各自适宜的生长条件，溶解氧浓度是一个重要因素。采用的方法：一是通过降低气相中氧分压控制氧的传递速率；二是采用部分沉浸式和全部沉浸式相结

合的 RBC 反应器。在好氧的 RBC 中，氮的去除效率除了与气相中氧分压有关外，还取决于水温、HRT 和进水中的有机物与氨氮的比例。

二、短程硝化反硝化脱氮工艺

1. 短程硝化反硝化

短程硝化（简捷硝化或亚硝酸型硝化）反硝化是指氨氮经过 $NO_2^- -N$ 再被还原成 N_2，从水体中脱离的一种硝化反硝化反应。由于短程硝化反硝化具有耗能低、碳源需要量少、污泥产最低、碱量投加少和反应时间短等优点，引起了国内外学者的广泛关注。

长期以来，无论在废水生物脱氮理论上还是在工程实践中都认为，要使水中的氨氮得以从水中去除必须经过典型的硝化反硝化过程，即要经由 $NH_4^+ -N \longrightarrow NO_2^- -N \longrightarrow NO_3^- -N \longrightarrow NO_2^- -N \longrightarrow N_2$ 的过程，这基于以下几个方面的原因：首先，若硝化不完全，所得的 $NO_2^- -N$ 是"三致"物质，对受纳水体造成二次污染，因而要尽量避免硝化不完全；其次，$NO_2^- -N$ 可继续耗氧，会影响出水水质；最后，从化学反应消耗的能量角度来看，在稳态条件下也会有 N 积累。而实际上，从氮的微生物转化过程来看，氨氮转化成硝酸盐是由两类独立的细菌完成的，两个不同反应完全可以分开。对于反硝化菌，无论是 $NO_2^- -N$ 还是 $NO_3^- -N$ 都可作为最终受氢体，因此整个生物脱氮过程也可以通过 $NH_4^+ -N \longrightarrow NO_2^- -N \longrightarrow N_2$ 这样的途径来完成，即在短程硝化反硝化。

2. 短程硝化反硝化的影响因素

短程硝化的标志是持续稳定的 NO_2^- 的累积，要求硝化产物中 $NO_2^- -N/(NO_3^- -N + NO_2^- -N)$ 值大于 0.5。与传统硝化方法相比，短程硝化具有以下优点：节约反硝化有机碳源的消耗量；提高了反硝化效率；减少了剩余污泥的处理量；减少了硝化的需氧量。

实现短程硝化反硝化，关键是 $NO_2^- -N$ 积累，$NO_2^- -N$ 积累的影响主要因素有游离氨（FA）、DO 等。

（1）游离氨对短程硝化的影响　一些研究表明，亚硝酸菌和硝酸菌对游离氨的敏感度不同，硝酸菌容易受到游离氨的抑制。游离氨对硝酸菌和亚硝酸菌的抑制浓度分别为 $0.1 \sim 1.0 mg/L$ 和 $10 \sim 150 mg/L$。当游离氨的浓度超过了两类菌群的抑制浓度时，则整个硝化过程都受到抑制；游离氨的浓度高于硝酸菌的抑制浓度而低于亚硝酸菌的抑制浓度时，则亚硝酸菌能够正常增殖与硝化，而硝酸菌被抑制，就会发生亚硝酸盐的积累。当系统氨氮负荷增加时，系统内游离氨浓度增加，对硝酸菌的抑制作用增加，故系统内能够发生亚硝酸盐氮的积累。但是袁林江等提出，硝酸菌对 FA 所产生的抑制作用会逐渐适应，而且硝酸菌对 FA 适应性是不可逆转的。

焦化废水处理过程中，在一定范围内加入系统的游离氨负荷有利于实现短程硝化。

（2）DO 对短程硝化的影响　溶解氧对硝酸菌的活性有抑制作用，在有限溶解氧的竞争上亚硝酸菌的能力要强于硝酸菌；一定的氨氮负荷下，当溶解氧不成为亚硝化速率的制约因素时，在某种程度上亚硝化率会随着溶解氧的降低而增大。当溶解氧浓度过低时，会抑制短程硝化的进行，从而减慢亚硝化速率，拖延了亚硝化的时间，为硝酸菌的活动提供了机会，反而会降低亚硝化率。

DO 是影响 $NO_2^- -N$ 积累的重要因素。亚硝酸菌的氧饱和常数远小于硝酸菌，所以在稳定的硝化系统中降低 DO，可能引发两类硝化菌之间对氧的竞争，导致增殖的不平衡，出现亚硝化占优势的现象。王志盈等采用下向流内循环生物流化床反应器进行试验，在 DO 低于 $1.0 mg/L$ 时，生物膜经历了一个选择前期；继续降低 DO，15d 后系统进入稳定期，

NO_2^--N 积累率达到 82%～86%。在进水 NH_3-N 为 300mg/L 时，出水 NH_3-N 在 30mg/L 左右，去除率达到 90%。为了证实 DO 可以控制 NO_2^--N 的积累，其他条件不变，降低 NH_3-N 的浓度，NH_3-N 量几乎保持不变，出水 NO_2^--N 呈阶梯状下降，说明稳定期 NO_2^--N 积累不是 NH_3-N 浓度过高引起的。对微生物的观测试验也显示，在低 DO 条件下，亚硝化细菌的数量增加，硝化细菌的数量减少。

3. 短程硝化反硝化的进展

短程硝化反硝化的概念早在 1975 年就由 Voets 等提出，随后，Sauter Suthesron 等先后进行了一些试验研究。1984 年美国普度大学 Alleman 根据 Anthonise 的试验结果提出选择性抑制理论，其后 Mavinic 又采用浓缩污泥的方式进行研究，但效果并不明显。进入 20 世纪 90 年代，短程硝化反硝化的研究再次进入高潮，法国应用科学研究所 Capdivil 等在欧共体环境科学技术计划的支持下对亚硝酸盐在活性污泥、固定床和三相流化床中的积累途径和稳定性进行了研究。1997 年 Minder 发明了 SHARON 工艺，该工艺使得硝化系统中亚硝酸盐的积累可达到 100%，并应用于污泥消化上清液单独脱氮处理中。国内外学者亦从影响亚硝酸盐积累和稳定的诸多环境因素方面（温度、游离氨、DO、pH 值、污泥龄、有害物质等）开展了大量的研究工作。

4. 短程硝化反硝化工艺的开发应用

(1) SHARON 工艺 1997 年，荷兰 Minder 发明的 SHARON 工艺最初用来处理城市污水二级处理系统中污泥消化上清液和垃圾滤出液等高含氨废水。该工艺的核心是应用硝酸菌和亚硝酸菌的不同生长速率，即中高温（30～35℃）条件下亚硝酸菌的生长速率明显高于硝酸菌的生长速率这一固有特性，控制系统水力停留时间与反应温度，从而使硝酸菌被淘汰，形成反应器中亚硝酸菌的积累，使氨氧化控制在亚硝化阶段。该工艺反应温度高，微生物增殖快；好氧停留时间短；微生物的活性高，而 K 值也高，进出水浓度无相关性，使得进水浓度越高，去除率越高。高温下硝酸菌增长慢，NO_2^- 向 NO_3^- 转化受阻，SRT = HRT，只需简单限制 SRT 就能实现氨氧化，而 NO_2^- 不氧化。该工艺只需单个反应器，使处理系统简化。但是该工艺中温度（30～35℃）和 pH 值（6.8～7.2）都受到严格控制，不灵活，而且反应要求维持较高的水温，能量消耗大。

(2) OLAND 工艺 该工艺由比利时 Gent 微生物生态实验室开发。该工艺的关键是控制溶解氧，使硝化部分进行到亚硝酸阶段。由于缺乏电子供体，NH_4 氧化以 NO_2 作为电子供体，产生 N_2，关于该工艺的机理尚未完全研究清楚。

该工艺的反应式为：

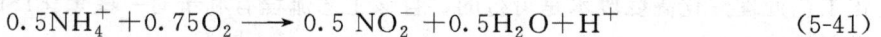

$$0.5NH_4^+ + 0.75O_2 \longrightarrow 0.5NO_2^- + 0.5H_2O + H^+ \tag{5-41}$$

$$0.5NH_4^+ + 0.5NO_2^- \longrightarrow N_2 + H_2O \tag{5-42}$$

与传统脱氮工艺相比 OLAND 工艺可以节省电子供体、碱度和氧气。

(3) CANON 工艺 该工艺是在好氧反应器中限制溶解氧的情况下，部分硝化和厌氧氨氧化的结合，由两类细菌合作完成。硝化菌氧化氨成亚硝酸盐，消耗了反应器中的氧，造成缺氧环境有利于氨的厌氧氧化的发生。该工艺的实质是控制 DO 的浓度来实现短程硝化反硝化。硝酸菌与亚硝酸菌对氧的亲和性不同以及传质限制等因素影响两种细菌的数量。在低 DO、NH_3-N 比值的情况下，亚硝酸菌占优势。

环境中的 NH_3-N 与 DO 是决定 CANON 工艺的两个关键因素。目前该工艺尚处于研究阶段，并没有真正得到工程应用。

(4) 生物膜/活性污泥法结合的短程硝化反硝化工艺 该工艺由刘俊新等在国内首先应

用于处理焦化废水中，提出将生物膜与活性污泥法相结合，在好氧与厌氧反应器内采用悬浮污泥，控制好氧池内只进行亚硝化型硝化，在缺氧池中充分利用原污水有限的碳源进行反硝化。该工艺中，缺氧反应器内安装填料，反硝化菌在其上附着生长，始终处于最佳生长状态，不需搅拌设备；原水中的有机物被完全用于反硝化，反硝化效率增加；工艺布置灵活，可用于污水脱氮除磷，也可仅用于含高浓度氨氮废水的脱氮，且便于现有设施的改造。

5. 应用实例

刘超翔、胡洪营、彭党聪等在某钢铁公司焦化厂进行了"短程硝化反硝化处理高氨焦化废水"的中试研究。试验流程和试验条件分别见图 5-19 和表 5-7。系统对焦化废水的处理效果见表 5-8。

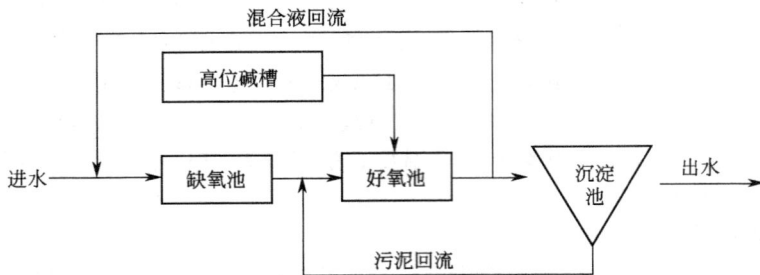

图 5-19　试验流程

表 5-7　试验系统运行条件

反应器	pH 值	温度/℃	气量/(m³/h)	HRT/h
缺氧池	7.5～8.0	25～30	0	12
好氧池	7.0～7.5	25～30	15～25	18

表 5-8　处理效果

项　目	COD/(mg/L)	NH_4^+-N/(mg/L)	TN/(mg/L)	酚/(mg/L)
进水	1201.6	510.4	540.1	110.4
出水	197.1	14.2	181.5	0.4
去除率/%	83.6	97.2	66.4	99.6

从上述图表可以看出，采用短程硝化反硝化工艺进行焦化废水的中试研究，出水水质可以达到《污水综合排放标准》（GB 8978—1996）中的二级标准。因此，采用短程硝化反硝化工艺处理焦化高氨废水是可行的，且该工艺流程有利于对一些焦化厂的原有生化处理设施进行改造。

三、短程硝化-厌氧氨氧化脱氮工艺

1. 短程硝化

短程硝化是指利用亚硝酸细菌和硝酸细菌在不同温度下生长速度的差别，利用高温（35℃）和较短的水力停留时间，硝酸菌被冲出反应器中而使硝化反应器中形成亚硝酸盐氮的累积。亚硝酸菌和硝酸菌的生长速率如图 5-20 所示。从而使硝化反应停留在仅形成亚硝酸盐的阶段，然后进行厌氧氨氧化。

2. 厌氧氨氧化简述

1995 年．Mulder 等在生物脱氮流化床反应器中发现了氨直接作为电子供体进行反硝化的反应，并称之为厌氧氨氧化（ANAMMOX）。后来，Van de Greaf 等利用抑制剂进一步

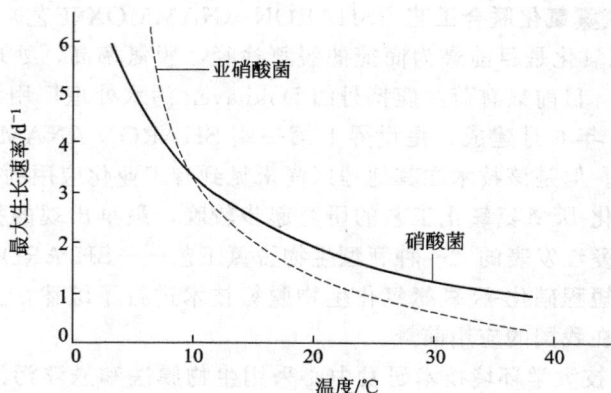

图 5-20　亚硝酸菌和硝酸菌的生长速率

证实，ANAMMOX 是一个生物学过程，而且被氧化的氨的数量与所加的生物量成正比，从而为这种以氨作为电子供体的脱氮反应奠定了理论依据。之后的大量研究证实，在厌氧环境、没有碳源的条件下，氨氮确实能够直接作为电子供体被亚硝酸盐氧化成氮气，即 ANA-MMOX 反应。

　　厌氧氨氧化工艺是由荷兰 Delft 大学于 1990 年提出的一种新型的脱氮工艺。该工艺是在厌氧条件下，以亚硝酸盐作为电子受体由自养型细菌（ANAMMOX 菌）直接转化为氮气。Greaf 的研究表明，ANAMMOX 的反应是按下式进行的：

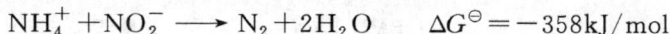

$$NH_4^+ + NO_2^- \longrightarrow N_2 + 2H_2O \qquad \Delta G^{\ominus} = -358kJ/mol$$

该反应是一个自发过程。

　　Greaf 等采用 ^{15}N 的示踪实验研究表明，ANAMMOX 是通过生物氧化的途径实现的，过程中最可能的电子受体是羟胺（NH_2OH），而羟胺本身是由亚硝酸盐产生的。他们提出可能的反应途径如图 5-21 所示。

　　Jetten 等通过 ^{15}N 的示踪研究同样表明，羟胺和联氨是 ANAMMOX 工艺中重要的中间产物。他们提出羟胺作为中间产物的 ANAMMOX 工艺的可能反应式如下：

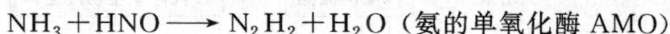

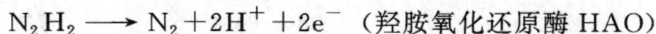

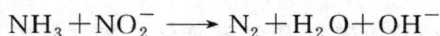

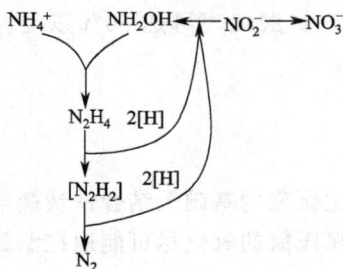

$$NH_3 + HNO \longrightarrow N_2H_2 + H_2O \quad （氨的单氧化酶 AMO）$$

$$N_2H_2 \longrightarrow N_2 + 2H^+ + 2e^- \quad （羟胺氧化还原酶 HAO）$$

$$NO_2^- + 2H^+ + 2e^- \longrightarrow HNO + OH^- \quad （NO_2^- 还原酶）$$

$$NH_3 + NO_2^- \longrightarrow N_2 + H_2O + OH^-$$

图 5-21　Greaf 等提出来的 ANAMMOX 反应途径　　　　图 5-22　Schalk 等提出的厌氧氨氧化途径

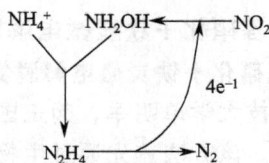

　　Schalk 等研究了联氨的厌氧氧化，他们结合 ^{15}N 的示踪研究，提出了 ANAMMOX 工艺的反应机理（见图 5-22），与 Greaf 等提出的理论是相类似的。

3. 短程硝化-厌氧氨氧化联合工艺（SHARON-ANAMMOX 工艺）

短程硝化-厌氧氨氧化是目前最为简捷的脱氮途径，脱氮率高，处理成本较低。该技术问世仅有几年的时间，目前只有荷兰鹿特丹的 Dokhaven 污水处理厂用该技术处理其泥区的废水。该装置于 2002 年 6 月建成，是世界上第一座 SHARON-ANAMMOX 生物脱氮组合技术工业化生产装置。但是该技术在其他地区尚未见到有工业化应用的报道。

我国开展短程硝化-厌氧氨氧化工艺的研究起步较晚，最早出现的报道是 2001 年 10 月清华大学左剑恶和蒙爱红发表的"一种新型生物脱氮工艺——SH ARON-ANAMMOX 组合工艺"一文。文章对短程硝化-厌氧氨氧化生物脱氮技术进行了综述，介绍了工艺的原理与特征，展望了该技术在我国的应用前景。

2004 年，辽宁科技大学环境技术研发中心采用生物膜法和悬浮污泥法对鞍钢化工总厂炼焦和化产回收过程产生的废水进行实验室短程硝化-厌氧氨氧化脱氮处理的研究，并设计出单点进水部分亚硝化-厌氧氨氧化工艺和两点进水的亚硝化-厌氧氨氧化工艺，具体流程见图 5-23 和图 5-24。

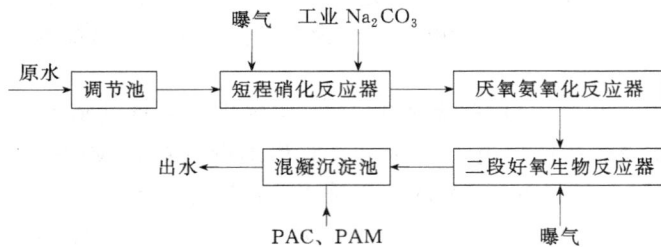

图 5-23　生物膜法单点进水工艺过程

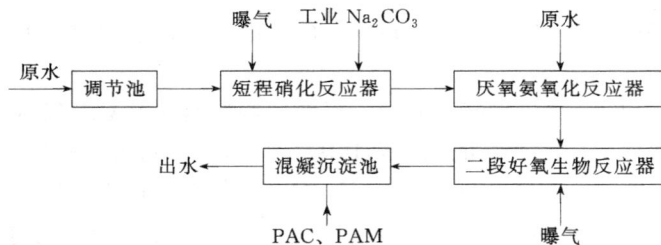

图 5-24　生物膜法两点进水工艺流程

2006 年，单明军等采用单点进水部分亚硝化-厌氧氨氧化工艺对丹东万通焦化有限公司的焦化废水处理站进行了改造，并取得了工业试验的成功，脱氮率可达 80% 以上，运行成本比改造前的 A/O 工艺节省约 30%～40%。

四、短程硝化＋铁炭微电解脱氮工艺

1. 短程硝化＋铁炭微电解脱氮工艺

辽宁科技大学单明军、闵玉国等在焦化废水短程硝化研究的基础上结合铁炭微电解进行了脱氮研究。该方法首先通过生物短程硝化，将废水中凯氏氮的氧化尽可能地控制到亚硝酸盐氮阶段，然后利用金属腐蚀原理，在铁炭微电解反应器中，通过形成原电池代替传统的反硝化、厌氧氨氧化等生物处理手段，对废水中亚硝酸盐氮和 COD 发生电化学反应加以去除。

铁炭微电解反应器可以利用废铁屑及废刚玉粉末作为电极原料，不需消耗电力资源，以废治废。降低了废水的处理成本，具有处理工艺简单、操作方便、占地面积小、设备投资低等优点，大大地降低了废水处理的基建投资和运行成本，NO_2^--N、TN 的去除率分别达到 95％和 65％以上。

2. 短程硝化＋铁炭微电解脱氮原理

（1）电化学腐蚀作用 微电解法是由铁屑和炭颗粒为电极组成的原电池，铁作为阳极被腐蚀，炭作为阴极，发生如下电极反应：

$$阳极（Fe） \qquad Fe-2e^+ \longrightarrow Fe^{2+} \qquad E_o(Fe^{2+}/Fe)=-0.44V \qquad (5-43)$$

$$阴极（C） \qquad 2H^++2e^- \longrightarrow H_2 \qquad E_o(H^+/H_2)=0.00V \qquad (5-44)$$

有氧气时：

$$在酸性条件下 \qquad O_2+4H^++4e^- \longrightarrow 2H_2O \qquad E_o(O_2)=1.23V \qquad (5-45)$$

$$在碱性条件下 \quad O_2+2H_2O+4e^- \longrightarrow 4OH^- \quad E_o(O_2/OH^-)=0.4V \qquad (5-46)$$

（2）铁的还原作用 铁是活泼的金属，在酸性或偏酸性条件下的废水溶液中，发生如下反应：

$$Fe+2H^+ \longrightarrow Fe^{2+}+H_2 \qquad (5-47)$$

当水中有氧化剂时，Fe^{2+} 可进一步被氧化成 Fe^{3+}，其反应式为：

$$Fe^{2+}-e^- \longrightarrow Fe^{3+} \qquad (5-48)$$

（3）氢的还原作用 电极反应中得到的新生态 ［H］具有很强的活性，能与废水中 NO_2^--N、NO_3^--N 发生还原作用。

（4）铁离子的絮凝作用 从阳极得到的 Fe^{2+} 在有氧和碱性的条件下，会生成 $Fe(OH)_2$ 和 $Fe(OH)_3$，其发生的反应为：

$$Fe^{2+}+2OH^- \longrightarrow Fe(OH)_2 \qquad (5-49)$$

$$4Fe^{2+}+8OH^-+O_2+2H_2O \longrightarrow 4Fe(OH)_3 \qquad (5-50)$$

生成的 $Fe(OH)_2$ 是一种高效的絮凝剂，具有良好的脱色和吸附作用。而生成的 $Fe(OH)_3$ 也是一种高效胶体絮凝剂，它比一般的药剂水解法得到的 $Fe(OH)_3$ 吸附能力强，可强烈吸附废水中的悬浮物、部分有色物质及微电解产生的不溶物。

（5）氮氧化物的反应 经过以上各反应的综合作用，铁炭微电解对水中的氮氧化物还产生如下效果：

① 在 pH 值、Fe/C 及水力停留时间控制适当时可实现下列反应：

$$NO_2^-+4H^++3e^- \longrightarrow 1/2N_2+2H_2O \qquad (5-51)$$

$$NO_3^-+6H^++5e^- \longrightarrow 1/2N_2+3H_2O \qquad (5-52)$$

② 在 pH 值、Fe/C 及水力停留时间控制不当时就会进行如下反应：

$$NO_2^-+8H^++7e^- \longrightarrow NH_4^++2H_2O \qquad (5-53)$$

$$NO_3^-+10H^++9e^- \longrightarrow NH_4^++3H_2O \qquad (5-54)$$

3. 铁炭微电解脱氮的影响因素

（1）pH 值对处理效果的影响 根据微电解反应基本原理，由于在不同的 pH 值下原电池反应的反应物量存在差异，导致最终生成物的不同，从而会直接影响脱氮的效果。经过对焦化废水的研究显示：当 pH 值为 1.5 时，TN 的去除率最高；在 pH 值大于 3 时，处理效果变差；当 pH<1.5 时，铁屑易钝化，影响处理效果，增加药剂费用。因此，当用铁炭微电解法处理废水时，进水的 pH 值应调节到 1.5～3 为最佳。

（2）Fe/C 对处理效果的影响 加入炭是为了与铁组成原电池，当炭屑含量低时，增加炭屑，可使体系中的原电池数量增多，提高对有机物等的去除效果。但当炭屑过量时，反而抑制了原电池的电极反应，更多表现为炭的吸附性，所以 Fe/C 应有一个适当值，通过研究表明，Fe/C（质量比）比为 $1.1:1$ 时，NO_2^--N、TN 的去除率最高分别达到 95% 和 55%。这说明在这种 Fe/C 的情况下，微电解中原电池反应效果最佳。

（3）反应时间对处理效果的影响　由微电解反应机理可知，停留时间越长，氧化还原等作用进行得越彻底、越深入。反应目的是将废水中的 NO_2^--N、NO_3^--N 还原到 N_2 阶段，从废水中逸出，以实现脱氮作用，而非深入还原到 NH_3-N，所以，并非停留时间越长脱氮效果越好。同时，停留时间长会使铁的消耗量增加，从而使溶出的 Fe^{2+} 大量增加，并氧化成为 Fe^{3+}，造成色度的增大和最终产生的污泥大量增加等问题。因此，针对各种不同性质的废水，因其成分不同，其采用的停留时间也不同。焦化废水微电解脱氮采用的反应时间为 60min。

（4）混凝条件对处理效果的影响　溶液中的 Fe^{2+}。在经碱调节 pH 值生成 $Fe(OH)_2$ 并最终形成 $Fe(OH)_3$ 絮凝体的过程中，由于絮凝体具有较强的吸附能力，可以进一步去除废水中的污染物，从而强化了处理效果。经实验研究发现，混凝的 pH 值及混凝后的沉降时间对 NO_2^--N、TN 的去除效果也有影响。混凝 pH 值的范围在 $8.5\sim9.0$ 为佳，沉降时间 $1\sim3h$ 即可。

4. 经济核算

以焦化废水脱氮处理为例，废水在进入铁炭微电解前需要调节 pH 值，加酸费用约为 0.3 元/m^3；反应过程中铁屑损耗约为 0.15 元/m^3；反应后，加碱调节 pH 值的费用约为 0.25/m^3。综合以上数据，采用铁炭微电解进行焦化废水脱氮处理所需的药剂费用约 0.7 元/m^3。采用铁炭微电解工艺脱氮与实现同等脱氮率的厌氧反硝化工艺进行比较，由于节省了回流动力消耗且不受 C/N 比值的影响，改善了脱氮的运行工况，脱氮成本也可降低 $30\%\sim50\%$。

复 习 题

1. 焦化废水的组成及分类。
2. 焦化废水的一般处理技术包括哪些内容？
3. 生物强化技术的特点。
4. 概述化学氧化的主要方法。
5. 短程硝化反硝化脱氮的主要工艺。

第六章

焦化废水综合治理及回用技术

炼焦生产过程产生的焦化废水因其固有的水质特征，使得该废水不能通过单一的处理方法达到综合治理、达标排放和回用的目的。焦化废水脱氮处理工艺的核心是生物脱氮技术，若使经处理后的焦化废水能够达标排放或回用，还必须结合物化、生物强化等技术环节。

第一节　结合物化法的生物脱氮技术

炼焦及化产回收后产生的含高浓度氨氮的焦化废水（如剩余氨水）先经过溶剂萃取脱酚和蒸氨处理，再与其他废水混合进入焦化废水处理系统。因此，通常说的焦化废水多指经蒸氨处理后的废水。

一、物化预处理

由于焦化生产工艺和化工产品不同，产生的焦化废水水质也有差别。焦化废水在生化处理前一般要进行预处理，预处理通常采用气浮法或隔油处理，以去除焦油等污染物，避免这类污染物对生化系统中微生物的抑制和毒害。

1. 气浮法

气浮净水技术起源于矿物浮选法。早在 1920 年，Peck 曾考虑过用气浮法处理污水。1915 年，有关报道也提到了采用气浮法进行给水处理的研究。但截止到 20 世纪 50 年代，气浮净水技术的发展相当缓慢。其原因主要是微气泡产生技术不过关，净水效果较差。20世纪 60 年代出现了部分回流式加压溶气气浮（DAF），该方式不仅净水效果好，而且经济性也有很大提高，从而扩大了其应用范围。

气浮法净水是目前国际上应用较多的高效水处理方法之一。该法是在水中通入或产生大量的微细气泡，使其黏附于杂质絮粒上，造成杂质絮粒整体密度小于水的密度，并依靠浮力使其上浮至水面，从而实现固液分离的一种净水方法。或是在压力状况下，通过释放器骤然减压快速释放，产生大量微细气泡，将大量空气溶于水中，形成溶气水。作为工作介质，微细气泡与废水中的凝聚物黏附在一起，使絮体相对密度小于 1 而浮于水面，从而使污染物从水中分离出去，达到净水的目的。

气浮法除油原理就是在含油污水中通过通入空气并使水中产生微气泡（有时还需加入浮选剂或混凝剂），使污水中粒径为 $0.25 \sim 25\mu m$ 的浮化油、分散油或水中悬浮颗粒附着在气泡上，随气泡一起上浮到水面并加以回收的技术。

根据产生气泡的方式不同，气浮处理技术分为溶气气浮、叶轮式气浮和喷射式气浮三种。射流式溶气系统是利用射流方式在水中产生大量的微气泡（气泡直径为 $30 \sim 30\mu m$ 的占70％以上）。射流式气浮法具有高效率、能耗低等优点。射流式气浮除油技术的关键在于射水器和曝气头。这里介绍射流气浮除油技术。

（1）射流气浮除油技术　射流气浮除油技术是在微气泡吸附除油技术基础上发展而来的。在焦化废水处理中，它是利用高压射流的方式增强剩余氨水的溶气能力，促使微气泡均匀分布，从而提高除油效率。由于形成的微气泡比表面积大，吸附作用强，不仅能去除焦油，还可以去除其他悬浮物等杂质，有效地降低了焦化水中 COD 和 BOD 的含量，为后续生化处理创造条件。

（2）射流气浮除油机　2003 年，莱钢焦化厂新建煤气净化系统采用了 FJL 系列射流气浮除油机，其工作原理如图 6-1 所示。

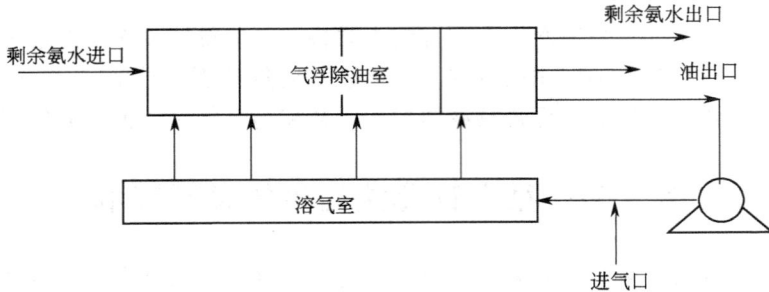

图 6-1　射流气浮除油机工作原理

首先用泵将氨水加压，再用文氏管将空气吸入剩余氨水中，使空气与剩余氨水混合后进入溶气室。在溶气室内，空气与剩余氨水进一步混合，达到液体溶气的目的。然后溶气水进入气浮除油室，经过射流喷头射流释压，上浮后的微气泡再经过分布器，使气泡在气浮除油室内均匀分布。在微气泡上升的过程中，微气泡吸附剩余氨水中的焦油及其他杂质共同上升至液面，漫过气浮除油室堰板，满流溢出，实现除油的目的。

（3）气浮除油工艺的影响因素

① 废水中油类的性状。由于气浮除油是利用微气泡的吸附力及气泡的浮力，因此，水中油质越轻，气浮效果越好；油与水的互溶性越差，气浮除油效果越好。

② 废水温度和空气压力。空气在废水中的溶解度随温度升高而降低，随压力升高而增加。当压力在 0.3～0.4MPa 时，压力对空气溶解度的影响占主导地位。另外，随着温度的提高，废水中油类物质的黏度随之变小，氢键等化学键力的作用变小，有利于去除废水中的分散油及乳化油。经过对除油效果、节能及环保等方面的综合考虑，废水温度宜保持在40～60℃。

③ 气水比。气水比越大，单位流量内气泡数量越多，气泡与油珠接触的机会也就越大，附着气泡的油珠上浮的机会随之增加，油类物质的去除效果就会提高。但进气量不宜过大，因为过大的进气量会引起射水器混合段内无法形成均匀的溶气（气-水）混合物，导致气浮效果下降。气水比可通过溶气罐内压力来间接控制。经调试研究发现，当气浮除油机溶气罐内压力为 0.38MPa 左右时除油效果最佳。

④ 气泡直径。直径小的气泡上升速度慢，易捕捉到小粒径油团。直径大的气泡上升速度快，对大粒径油团有较好的去除效果。气泡直径可通过调节曝气头的伸缩螺杆下两压片的间隙来控制。

⑤ 气浮剂。采用气浮助剂、混凝剂和发泡剂可大幅度提高气浮除油效果，各污水处理厂针对其水质含油的具体情况来选择使用。

2. 隔油

隔油是油水分离的一种处理方法。焦化废水焦油含量较多，必须进行除油预处理。隔油是广泛采用的处理方法之一。

隔油分离油水的原理为：油水经斜板向上流的过程中，由于油水密度有差异，油浮在水面上，沿斜板底面向上浮，水在下面沿斜板向下流；再通过一系列的集水设备，使下面的水流出设备外；油浮于设备上方，通过集油管，流入浓缩池中，经浓缩后排出，从而达到油水分离的效果。

隔油法在污水处理中的应用设施主要有两种：平流式隔油池和斜板式隔油池。平流式隔油池的优点是构造简单，便于运行管理；缺点是池体大，占地面积火。根据斜板除油器的工作原理，研究制造出了横向流含油污水除油设备，该设备是由含油污水的聚结区和分离区两部分组成，在进行油水、固体物质分离的同时，还可以进行气体的分离。采用该方法处理含油污水不会产生二次污染等问题。

无论是平流式隔油池还是斜板式隔油池，对入口油的含量均有限定要求，这样才能使装置出口中油含量满足总废水排放浓度的控制要求。入口的油含量过高，容易使分离装置发生沾污，甚至堵塞，从而影响隔油装置的正常运转。重力式隔油装置不能直接应用于乳化油的分离处理，在这种情况下必须先行破乳。

机械物理法除油方式的隔油、刮油及利用带、管在水面上吸附油，只能对浮油起去除作用，而对呈胶体状态存在于水中的油分则无法去除，这是机械物理法除油的局限性所致，也是其除油效率不高的主要原因。机械物理法除油方式在实际运行中由于受生产运行条件的制约，发挥不出最大的除油效果。

二、生物处理

焦化废水综合治理中结合物化法的生物处理技术核心环节是生物处理。目前应用较为广泛的是在传统全程硝化反硝化理论基础上构建的 A/O、A/O^2 工艺等。随着焦化废水生物脱氮工艺的发展和新技术的出现，高效节能的生物脱氮技术是未来焦化废水处理的发展趋势。关于焦化废水生物处理技术前面已详细论述，这里就不再重述。

三、焦化废水的后续处理

经过生物处理后，焦化废水已去除了大部分污染物，氨氮、酚、氰等污染指标可以达到国家和地方的有关污水排放标准。但是 COD 和色度很少能达标。为了使焦化废水全面稳定地达标处理及达到综合利用的目的，一般在生物处理后均进行物化深度后处理。深度处理宜采用混凝沉淀、过滤、臭氧氧化、活性炭过滤及超滤等工艺。

1. 混凝沉淀

混凝沉淀处理的对象主要是水中微小悬浮物和胶体杂质。经生化处理后的焦化废水中会残留一些微小的固体悬浮物，造成 COD 和色度不能达到国家或地方规定的排放标准。采用混凝沉淀方法进行后处理，可使这两个污染指标得到有效的降低，从而实现焦化废水处理指标全面达标。

混凝沉淀是由混凝和沉淀两个过程构成。混凝过程是自药剂与水均匀混合直至大颗粒絮凝体形成为止。一般是采用投加混凝剂，如投加聚合铝、聚合铝铁、聚丙烯酰胺等，再通过强度渐次递减的机械搅拌，使小颗粒杂质聚集成大颗粒絮状物（俗称矾花）的过程。沉淀过程一般是混凝后的废水进入沉淀池，吸附了悬浮物和胶体杂质的矾花沉降，通过形成底泥来与水分离，从而实现水体澄清的过程。沉淀的底泥利用自压或泵提升排出系统，进行污泥处理与处置。

混凝机理是一个非常复杂的理论问题，迄今尚未完全解决，它涉及的影响因素众多，诸如水中杂质的成分和浓度、水温、水的酸碱度、混凝剂性能及投量、混凝过程的水力条件等。

（1）水温的影响　水温低时会给水中微粒的混凝沉淀带来不利影响，大致有以下几个方面。

① 分子的热运动减慢，介质的黏度提高，减少了颗粒的碰撞机会，如不采用适当的搅拌措施来改善颗粒迁移碰撞条件，就会导致混凝沉淀的迟缓。

② 混凝剂的水解速度降低。平均水温每降低 10℃，混凝剂的水解速率常数约减为原来的 1/3，因此导致了反应速度减慢。水的离子积小，以致水解进行得不完全，药剂利用不充分。

③ 水温低还会使凝胶体颗粒表面的水化膜增厚，絮凝后的絮状物黏附力降低，不利于产生密实的、能很快沉降的混凝絮状物。

（2）水力条件的影响　在污水的混凝沉淀过程中，最好生成密度大、强度高、沉淀快的混凝物，这样才能提高混凝效率，而且沉淀物便于消除。絮凝体的密度主要取决于构成絮凝体的初始粒子之间的空隙率，而空隙率的大小由絮凝体的构造、形状决定。普通絮凝池中生成的絮凝体是初始粒子随机碰撞的结合体，是一种空间网状结构。由于颗粒碰撞的随机性，形成絮凝体的粒径越大，絮凝体内部空隙率含水量越多，絮凝体密度越小。因此，用通常的凝聚絮凝方法不可能得到紧密结团絮凝的效果。即使使用有机高分子絮凝剂也只能改善絮凝体的抗剪切强度，使絮凝体成长得大一些，并不能达到改变絮凝体构造形态，增大其密度的目的。要大幅度提高絮凝密度，降低絮凝体内部空隙率，就必须满足以下几个条件。

① 充分利用混凝剂的脱稳凝聚作用，创造条件使混凝剂在瞬间能均匀扩散并进行快速混合，在数秒内完成水解、聚合、吸附脱稳的过程（但这一阶段并不形成大的颗粒）。这一阶段可采用高梯度的紊流扰动来完成，高梯度的紊流扰动还可避免混凝剂局部浓度过高而产生突变现象，节约混凝剂的用量。

② 在絮凝体较小颗粒形成后，需提高颗粒的体积浓度，使絮凝体颗粒相互拥挤，发生碰撞，此过程可通过上向流凝聚器完成。在形成颗粒高体积浓度的同时，还必须大幅度提高作用在絮凝体上的流体剪切力，促使絮凝体在悬浮中不断翻动、旋转，颗粒间不断摩擦、碰撞，以造成颗粒间的摩擦力与挤压力，附着在絮凝体表面的初始颗粒在此摩擦力、挤压力的作用下，会进一步靠近絮凝体中心，促使絮凝体更加致密。

（3）混凝剂及助凝剂的投加量要合适　一般的有机高分子混凝剂或助凝剂的相对分子质量大、水解较慢，如聚丙烯酰胺。若一次投入量太多，则这类混凝剂及助凝剂很难水解，大多沉积在溶药槽底部，造成药剂浪费，而且易堵塞泵吸口，影响混凝效果。

（4）搅拌强度和时间　混凝工艺包括混合、反应和分离三个阶段。混合阶段的基本要求是使药剂迅速而均匀地扩散到水中，投药后的搅拌速度与时间对混凝效果都有直接影响。凝聚过程通常需要快速搅拌，时间一般不超过 2min；絮凝作用则要求搅拌得缓慢，以使絮凝体充分形成和涨大，其余为慢速搅拌。混凝操作过程中，一般每隔 2h 快速搅拌一次。

（5）水的 pH 值　废水中的 pH 值对各类混凝剂的混凝效果也有一定的影响，对于聚合硫酸铁混凝剂，最适宜的 pH 值在 6.8～8.4 之间。

2. 粉煤灰吸附

粉煤灰是一种多孔性松散固体集合物，其主要成分是 SiO_2、Al_2O_3、Fe_2O_3、FeO，占 70％左右，CaO 和 MgO 含量较少，比表面积较大（2500～5000cm^2/g）。从粉煤灰的物理化学性能来看，粉煤灰处理废水主要是通过吸附作用——物理吸附和化学吸附，在通常情况下，两种吸附作用同时存在。由于不同条件（pH 值、温度等）下两种吸附作用所体现出的优势不同，从而导致其吸附性能的变化。粉煤灰不仅能够吸附去除废水中的有害物质，其中的某些成分还能与废水中的有害物质作用构成吸附-絮凝协同沉淀。同时，由于粉煤灰是多种颗粒的混合物，孔隙率较大，废水通过粉煤灰时能过滤截留一部分悬浮物。但粉煤灰的混凝沉淀和过滤只是对吸附起补充作用，并不能替代吸附的主导地位。

粉煤灰具有显著的去除 COD 和脱色效果，这是由于粉煤灰较大的比表面积和静电吸附共同作用的结果。粉煤灰中的 SiO_2 和具有弱酸性的 Al_2O_3。可以与有机物羟基氧上的孤电子形成很强的化学键，发生生物化吸附。

利用粉煤灰的物理化学特性，在适宜的操作条件下，将其作为吸附剂用于焦化废水的深度处理具有较好的脱色效果，同时，COD 和悬浮物也可得到进一步去除，使焦化废水经处理后达到排放和回用标准。

粉煤灰作为吸附剂，吸附效果受 pH 值、灰水比、粉煤灰粒径、温度、时间等因素的影响。

（1）pH 值　吸附性能随 pH 值增大而减小。

（2）灰水比　吸附性能随灰水比增大而增加，但灰水比达到一定比例，吸附性能增加就不明显。因此，不同的粉煤灰对不同的废水处理都有一个相应的最佳灰水比值。

（3）粒径　吸附性能随粒径变小而减小，粒径小的粉煤灰颗粒中含少量碳粒，其余均为透明的玻璃体，颗粒表面光滑且内孔细小，因此吸附性能就小。

（4）温度　吸附性能随污水温度降低而升高，因为吸附反应是自发进行的放热反应。

（5）时间　吸附性能随吸附时间增加而增大，但达到一定时间吸附平衡后，吸附性能与时间基本无关。

四、工程实例

采用结合物化法的生物脱氮技术的工程实例较多，下面列举两例。

1. 山西某焦化厂 A^2/O 工艺处理焦化废水的工程实例

工程处理规模：经脱酚、除苯、蒸氨等回收工序处理后的焦化废水流量为 50m/h。

设计进水水质及排放标准如表 6-1 所列。

表 6-1　设计进水水质及排放标准

项目	pH 值	COD_{Cr} /(mg/L)	挥发酚 /(mg/L)	CN^- /(mg/L)	硫化物 /(mg/L)	NH_3-N /(mg/L)	石油类 /(mg/L)
进水水质	6~9	2500	200	50	70	250	130
排放标准	6~9	200	0.5	0.5	1.0	25	10

注：COD_{Cr} 和 NH_3-N 执行国家《污水综合排放标准》（GB 8978—1996）二级。

处理工艺：隔油、气浮预处理＋外循环的 A^2/O 生物脱氮工艺＋混凝沉淀后处理。工艺流程见图 6-2。

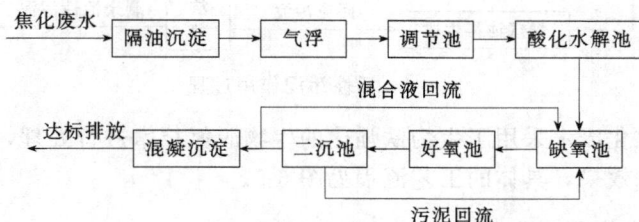

图 6-2　山西某焦化厂焦化废水处理工艺流程

从图 6-2 可知，该厂采用的是结合物化法的生物处理技术，预处理利用了隔油和气浮两种形式，核心工艺为 A^2/O 生物脱氮技术，深度处理为混凝沉淀技术。

2. 云南某焦化制气有限公司"强化硝化反硝化"处理焦化废水工程实例

工程处理规模：$720m^3/d$。设计进水水质及排放标准如表 6-2 所列。该公司采用预处理＋生物脱氮＋深度处理的模式进行焦化废水处理，处理工艺见图 6-3。

表 6-2 设计进水水质及排放标准

项目	pH 值	COD_{Cr} /(mg/L)	挥发酚 /(mg/L)	CN^- /(mg/L)	硫化物 /(mg/L)	NH_3-N /(mg/L)	石油类 /(mg/L)
进水水质	6～9	2500	200	50	70	250	130
排放标准	6～9	200	0.5	0.5	1.0	25	10

注：COD_{Cr} 和 NH_3-N 执行国家《污水综合排放标准》（GB 8978—1996）二级。

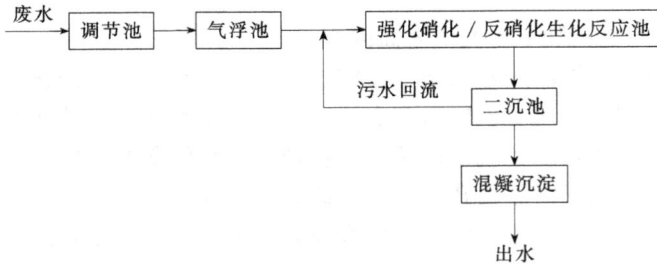

图 6-3 云南某焦化制气有限公司焦化废水处理工艺

第二节 结合强化生物法的生物脱氮技术

一、生物铁强化技术在焦化废水处理中的应用

生物铁法是利用铁的物理化学特性和活性污泥生物效应设计的一种生化处理工艺。

活性污泥在曝气过程中，对有机物的降解分为吸附和再生两个阶段。在吸附阶段，利用活性污泥具有的巨大比表面积及表面上含有的多糖类黏性物质，将污水中的悬浮物和胶体物质通过絮凝、吸附、沉淀除去。再生阶段是利用微生物的代谢作用，使污水中有机物通过微生物的生命活动，一部分被合成新的细胞物质，而另一部分则被分解代谢掉，同时提供合成新细胞需要的能量，并形成 CO_2 和 H_2O 等稳定物质。

在生化处理过程中的活性污泥作用可以概括为如图 6-4 所示的一个循环过程。

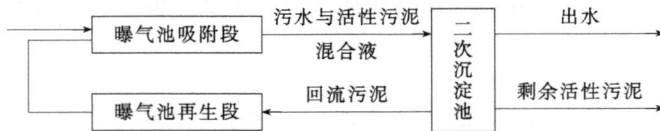

图 6-4 活性污泥作用过程

福建某钢铁厂焦化废水采用了生物铁强化的生物脱氮技术进行处理，取得了比原有工艺高得多的污染物去除效果，具体的工艺流程见图 6-5。

二、高效生物菌种在焦化废水处理中的应用

杭州焦化厂现有 42 孔 58 型焦炉一座，42 孔复热式 JN43-80 型焦炉一座。原煤经焦炉高温干馏、煤气净化和化工产品精制等工序后产生约 30t/h 的生产废水，水质情况见表 6-3。

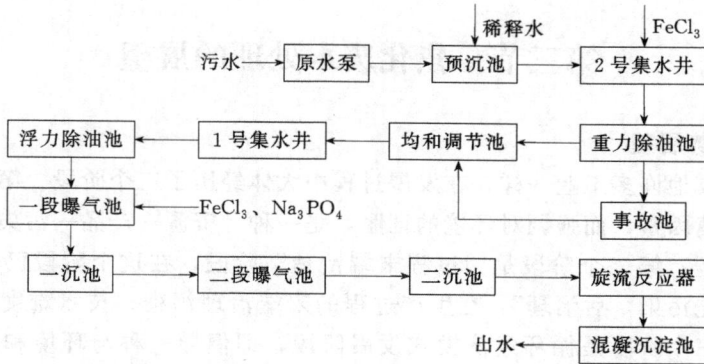

图 6-5 福建某钢铁厂焦化废水处理工艺流程

表 6-3 生产废水水质 单位：mg/L

COD_{Cr}	NH_3-N	挥发酚	氰化物	SS	油	pH 值
1500～3500	<800	<600	<50	<500	30	6～9

该厂先后于 1975 年和 1989 年采用活性污泥法和二级好氧生物系统处理焦化废水，但这两种工艺对 NH_3-N 的去除效果均不明显。因此，该厂在 2002 年采用 HSBEMBM^{tm} 超级微生物技术进行了原工艺的技术改造。原理如下：焦化废水经初曝气以后，去除掉其中大部分对硝化菌有害的物质（如 SCN^-、CN^-、酚），出水进入生化阶段，即脱碳、脱氮处理单元。生化处理单元由兼气池、好氧池、二沉池组成。针对焦化废水有机物、NH_3-N 含量高的特点，通过向生化处理单元投加 HSBEMBMtm 菌种，调整其生存环境，发挥不同环境下不同微生物的作用，完成硝化、反硝化的脱氮过程，同时完成脱碳。

三、固定化微生物技术在焦化废水处理中的应用

兰州煤气公司采用固定化微生物技术进行了处理煤气化废水的中试，并取得了明显的 NH_3-N 和 COD_{Cr} 去除效果。工艺流程见图 6-6。中试的结果见表 6-4。

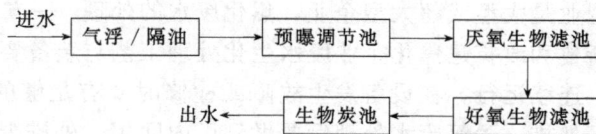

图 6-6 兰州煤气公司废水中试流程

表 6-4 兰州煤气公司废水处理中试结果

项目	入口/(mg/L)		出口/(mg/L)		处理效率/%
	浓度	平均值	浓度	平均值	
COD_{Cr}	3250～3590	3450	38.3～93.5	57.7	98.3
挥发酚	132～281	177	0.056～1.52	0.434	99.7
NH_3-N	444～458	451	0.108～0.445	0.285	99.9
SS	62～135	94	12～74	43	51.2

在试验中，采用了高效微生物及固定化微生物技术发展而来的污水处理新工艺。该工艺将大量变异菌和酶制剂牢牢固定在载体上，使单位体积生物量增大。采用固定化技术，微生物不易脱落，既提高了微生物浓度，又避免了堵塞。

第三节　焦化废水处理的展望

一、整体趋势展望

　　焦化工业与其他许多工业一样，在发展过程中大体经历了三个阶段。第一个阶段是传统阶段，不考虑环境因素，而强调对环境的征服，是一种"资源—产品—污染排放"的单向线性开放式经济过程；第二个阶段是"过程末端治理"阶段，在这个阶段已开始注意环境问题，但办法是"先污染，后治理"，在生产过程的末端治理污染，技术难度大、成本高，环境日益恶化；第三个阶段是循环经济模式发展阶段，即倡导一种与环境和谐的经济发展模式，是一个"资源—产品—再生资源"的闭环反馈式循环过程，通过减少进入生产流程的物质量和多次反复使用某种物品，最终达到最佳生产、最适消费、最少废弃的目的。目前，我国焦化工业基本仍处于第二个发展阶段，但在市场引导及国家宏观调控政策的指导下，开始逐步向第三个阶段过渡。即从一个大量耗费资源并对环境造成严重污染的产业，通过转变发展模式，逐步从粗放到集约，优化结构，大力节约资源，综合利用废弃资源，实现经济效益、社会效益、环境效益协调统一发展的目标，从而最终过渡到第三阶段。

　　目前焦化行业正在通过各种形式进行联合重组，以解决企业过分分散、企业平均规模过小的现状。通过联合兼并，实现强强联合、强弱联合，优势互补，逐步形成一些大规模的及大中型的联合企业。国家发改委在第76号公告中公布了《焦化行业准入条件》，要求新建和改、扩建的焦化企业的工艺与装备要达到炼焦行业清洁生产标准（HJ/T 126—2003）中生产工艺与装备的二级标准要求。主要指标有以下几种。

　　① 为满足节能、环保和资源综合利用要求，实现规模经济，新建和改扩建焦炉炭化室高度必须达到4.3m以上（含4.3m），年生产能力60×10^4t及以上。

　　② 新建煤焦油单套加工装置规模要达到处理无水焦油10×10^4t/a及以上，粗（轻）苯精制单套装置规模要达到5×10^4t/a及以上，现有煤焦油单套加工装置规模要达到5×10^4t/a及以上，现有粗（轻）苯精制单套装置规模要达到2.5×10^4t/a以上。

　　未来的焦化工业企业是大型或超大型企业，焦化废水的处理，一方面按照国家各级管理部门的要求，做到：新建和改扩建焦化企业废水生化处理工艺与装备要先进可靠，与主体生产设备同步竣工投产，连续运行，在设备发生故障或检修时要有足够的备用废水储存设备，做到废水不达标坚决不外排；酚氰废水处理后要做到厂内回用，外排废水应达到《钢铁工业污染物排放标准》（GB 13456—1992）二级标准和《污水综合排放标准》（GB 8978—1996）二级标准或其所在地区的地方标准；熄焦水实现闭路循环使用，不得外排。

　　另一方面，焦化废水处理行业自身也会由于企业规模的扩大而实现规模效益，如：吨水处理成本降低；有用物质的回收利用实现规模化，减少二次污染，如吹脱氨的回收等；采用先进技术，减少污水产量或提高处理效率，如济钢开发出的"无蒸汽高效蒸氨新工艺"与旧蒸氨工艺相比，由于在蒸氨过程中不用蒸汽，减少污水量21.02×10^4t/a；拓宽废水利用途径，随着湿法熄焦工艺的禁用和淘汰，处理后的焦化废水在焦化厂内部循环利用的途径虽然减少了，但如果扩展到在钢铁联合企业内部消化，实现整个行业的能源循环利用将是焦化废水最终处置的重要途径。

　　因此，鉴于焦化行业发展的趋势，综合利用率的提高和达标排放是我国焦化废水处理行业的发展方向和趋势。

二、行业管理

为了减轻焦化废水的治理负担，焦化企业应积极寻求炼焦生产新工艺，调整产业结构，尽量推行清洁生产。目前，国内一些焦化企业炼焦生产采用干熄焦技术，提高焦炭质量，达到节水的目的。此外，邯郸等焦化厂采用了低水分熄焦的技术，首钢等企业试验成功配加废塑料的炼焦技术，可以消化城市垃圾等。目前，把清洁生产纳入制度化轨道的认识已在行业内逐步建立。国家先后颁布了一系列法律法规，使企业认识到节能、环保措施的实施对提高企业素质和竞争能力具有重要的作用，从而大大提高了抓好节能环保工作的自觉性，并从管理制度上保证了优化流程结构和各项节能环保技术措施的实现。

随着我国国民经济的发展，环保体制的健全，全民环保意识的提高，以及政府监督管理力度的加强，焦化废水处理厂的数量将会日益增多，规模会越来越大，处理深度也会随之增强。随之而来的将是对掌握焦化废水处理技术人员及经验丰富的现场操作人员的大量需求。特别是生化处理系统较为敏感，抗冲击能力较弱，而焦化废水的水质水量波动性也很大，因而对管理人员和操作人员的技术和经验要求就较高，不仅要求其应具有扎实的理论知识，还要求具有丰富的现场管理及操作经验。由于处理技术的不断进步及操作管理经验的不断积累，实现焦化废水稳定达标排放是完全可以预期的。

另外，随着社会分工的细化，也可能像其他废水处理行业一样适应市场要求产生专门处理焦化废水的水处理集团。这些集团将掌握先进可靠的焦化废水处理技术，具有丰富的焦化废水处理系统运行管理经验，雄厚的技术力量及稳定的人员构成，专门承担焦化废水处理任务，自负盈亏，通过市场调节的手段达到环境保护的目的。

三、处理技术

焦化废水处理技术虽然在近几年发展很快，但仍不尽如人意，未来仍有广阔的发展空间。

① 生化法处理量大、处理成本低、无二次污染。可以预见在今后较长的一段时间内，生化法仍将是焦化废水处理的主要方法。旨在提高生化处理效率的生物处理新工艺、新技术的研究将是一个重要的发展方向，重点将是发现并大规模培养适用于焦化废水处理的高效新菌种。

② 深度氧化法可以高效快速地将有机物氧化降解为 CO_2、H_2O 及其他低分子无机化合物，去除效率高，氧化速度快，无二次污染，在焦化废水处理领域具有广阔的应用前景。虽然运行成本相对较高，但随着我国经济的快速发展及对焦化废水处理日益严格的要求，这些深度处理技术将会被逐渐采用并广泛推广。

③ 混凝法和吸附法是焦化废水处理的可靠方法，为进一步改善处理效果，科技工作者正着力进行新型混凝剂和吸附剂的开发研究。高效、高选择性的混凝剂和吸附剂将会在焦化废水后续处理中得到广泛应用。

④ 利用多种方法、技术和工艺的组合处理焦化废水，可发挥各种方法的优点，有助于提高处理效率。因此，多种方法组合联用也是焦化废水处理技术的发展方向。

四、焦化废水排放标准

近年来，科技工作者对氮循环进行了深入的研究，发现自然界固氮的方式是多种多样的，而氮回归大气的方式几乎只有生物转化一种，这种不平衡对人类的影响正在成为一个崭新的课题被各国科技工作者所关注，甚至有专家预测其影响有可能超过碳循环。由于有机氮、氨氮等含氮物质的微生物好氧过程最终产物为硝酸盐氮，而硝酸盐氮更容易被藻类等水生植物所吸收。因此，硝酸盐氮对环境的影响越来越引起人们的重视，我国现行污水排放标准只对氨氮、亚硝酸盐氮和总氮做出限制，而对硝酸盐氮未提出明确的控制要求。随着水体富营养化现象的日趋加重，氮素物质排放入水体必将受到更严格的限制，我国对污水中硝酸盐氮的排放将提出明确的要求。这样，污水脱氮处理将不仅仅是把氨氮硝化为硝酸盐氮，而是最终转化为氮气的过程。

作为排放氨氮大户的焦化行业废水，因受氨氮浓度高、可生化性差的水质特点影响，目前普遍采用的以碳源作为电子供体的 A/O 或 A^2/O 硝化反硝化工艺，脱氮率一直很低，且受回流比的限制，处理后的污水中所含的硝酸盐氮浓度较高。为了彻底解决焦化废水的氮素污染问题，改变各污水处理工艺中只注重氨氮达标的现状，硝酸盐氮向氮气的转化即脱氮率的提高将成为今后焦化废水处理研究的一个重要方向。

第四节　焦化废水回用

多年来，焦化废水处理及排放问题一直是焦化厂生产与发展的一大难题。焦化废水的合理处置已成为焦化行业的发展和保护环境的关键。对于焦化废水处理，达标排放是最基本的要求。废水回用，减少外排，实现资源的再利用才是最终目的。处理后焦化废水的回用受到企业性质、焦化生产工艺等客观因素的限制。对于湿法熄焦的焦化厂，可以用作熄焦补充水；对于钢铁联合企业，处理后焦化废水可用于钢铁转炉除尘水系统补充水和高炉冲渣、泡渣水；对于有洗煤的焦化厂，可以用于洗煤循环水补充水等。

一、湿法熄焦补充水

在炼焦生产过程中，由炭化室推出的赤热焦炭大多是采用湿式熄焦的方法，即在熄焦塔内用熄焦循环水将其熄灭。湿法熄焦装置由熄焦塔、泵房粉焦沉淀池及粉焦抓斗等组成。熄焦水由水泵直接送至熄焦塔喷洒水管，熄焦用水量一般约为 $2m^3/t$ 焦。熄焦时间 90～120s。熄焦后的水经沉淀池和清水池将粉焦沉淀后，继续使用，熄焦过程中约 20% 的水被蒸发。

在用湿法熄焦时，由于熄焦过程要损失约 20% 的水分，必须进行熄焦补水。处理后的焦化废水经适当处理后回用熄焦是焦化废水较好的一种处置方法。采用湿法熄焦的焦化企业基本上也是采用该方式进行焦化废水处置的，减少了焦化废水的外排。但焦化废水中的氨氮对熄焦车、泵、管道等的腐蚀问题，一直使焦化废水的熄焦回用受到限制。随着焦化废水脱氮处理技术的发展，这一问题将逐渐被解决，采用湿法熄焦的焦化企业将焦化废水作为熄焦回用水的比例将越来越大，从很大程度上促进钢铁联合企业的循环经济建设。

干法熄焦技术的开发与应用，体现出了干法熄焦比湿法熄焦具有更多的优越性。因此，目前许多焦化企业对熄焦过程进行了改造，采用了干熄焦工艺。

干法熄焦是一种发展趋势，随着环保要求越来越严格，各大型、中型焦化厂逐渐开始采用干法熄焦，这样，利用处理后的焦化废水用作熄焦补充水的出路已行不通，要达到废水的零排放，必须寻求焦化废水新的高效、实用处理技术。

二、钢铁转炉除尘水系统补充水

转炉除尘水是用来对转炉烟气降温和除尘的。转炉除尘，一般采用两级文丘里洗涤器。绝大部分烟尘通过第一级文丘里洗涤器去除，所余烟气再进入第二级文丘里洗涤器。钢铁转炉除尘水系统具有给水水质要求较低、水质容量大的特点，是焦化废水生化处理后较为合理的回用去向。

钢铁企业转炉除尘给水经过一、二级文丘里洗涤器对烟气降温和除尘后，虽经过处理后可进行循环利用，但必然有一部分损失。目前许多企业直接采用新水进行补充，增加了生产新水用量。焦化废水经处理后可达到工业循环冷却回用水指标，采用处理后的焦化废水作为钢铁转炉除尘循环系统补充水，可以节约新水用量，使焦化废水得到合理处置，实现水资源的再利用。

三、高炉冲渣、泡渣

从出渣口出来的矿渣熔融体密度为 $2.3\sim2.8g/cm^3$，比铁水小，可以浮在铁水上面，定期从排渣口排出，经水或空气急冷处理成为粒化高炉矿渣。处理熔融渣的常用方法主要是水淬处理，分为泡渣和冲渣两种。

1. 泡渣

熔融渣用罐渣车运至远离高炉的水渣池，直接倾入池水中。熔融渣经水淬生成水渣。水渣池为混凝土构筑物，池中水深 $5\sim8m$。吊车将水渣捞出，置于池中的堆渣场，脱水后装车运出。水渣池内的水由于水分蒸发和被水渣带走，需经常补充。泡渣法省水省电，但需要较多的渣罐车，安全和环保方面也存在较多问题。

2. 冲渣

在炉前用喷嘴喷射水流冲出熔渣，将高炉渣水淬。这种方法虽然比泡渣使用的水电较多，但可不用渣罐车，高炉生产不受渣调运的影响，减轻了厂内铁路运输荷载，有利于生产。因此，高炉熔渣广泛地采用冲渣法水淬。

由于上述可知，在高炉冲、泡渣过程中，由于高温蒸发及捞渣外运将损失大量的水分。如采用新水进行高炉冲、泡渣，将使企业的新水用量大幅度增加，浪费水资源，增加产品的生产成本。焦化废水经深度处理后，水质可满足高炉冲渣、泡渣的要求，将处理后的焦化废水回用于水量损失较大的高炉冲、泡渣循环水系统中，是钢铁联合企业节约新水用量、实现水资源循环利用、减少污水外排、保护环境的重要途径之一。

四、洗煤循环水补充水

洗煤的过程就是根据煤的原始成分含量洗出不同标号的煤的过程。原煤经过洗选成为精煤，供工业生产利用。一般企业的洗煤主要采用重介（或跳汰）浮选洗煤工艺。洗煤过程中需要大量的水，同时，原煤经过洗选后还将排放出悬浮物极高的大量污水。因此，企业应对洗煤废水进行处理，使其满足使用的要求，循环利用。洗煤工艺流程如图 6-7 所示。

由图 6-7 可知，洗煤废水经过简单处理后再进行循环利用。但目前我国大部分洗煤水损失率较大，循环利用率不高，必须补充大量新水用于洗煤。根据焦化废水处理后的水质情况，可以采用处理后的焦化废水来补充洗煤损失的那部分水。采用焦化废水作为邻近洗煤厂的洗煤循环补充水，可以减少焦化企业废水排放量，节约洗煤厂补充新水用量，从而达到资源最合理有效的利用。

五、曝气池消泡水

目前，绝大多数焦化企业均采用生物法进行焦化废水的处理。在生化处理过程中，经常遇到曝气池气泡过多的现象，有时气泡会溢出曝气池，造成曝气池中活性污泥的流失和工作条件的恶化。为了避免这种现象的发生，常常需要进行消泡处理。曝气池消泡的方法主要有两种：一是向曝气池中加入一定量的油脂类物质，改变气泡的表面张力，使其破裂，达到消泡的目的；另外一种方法是向曝气池中喷加细水流，压破气泡来进行消泡。在曝气池中加油脂类物质进行消泡，不但增加了处理成本，而且使污水中的 COD 指标增加，增加了污水的

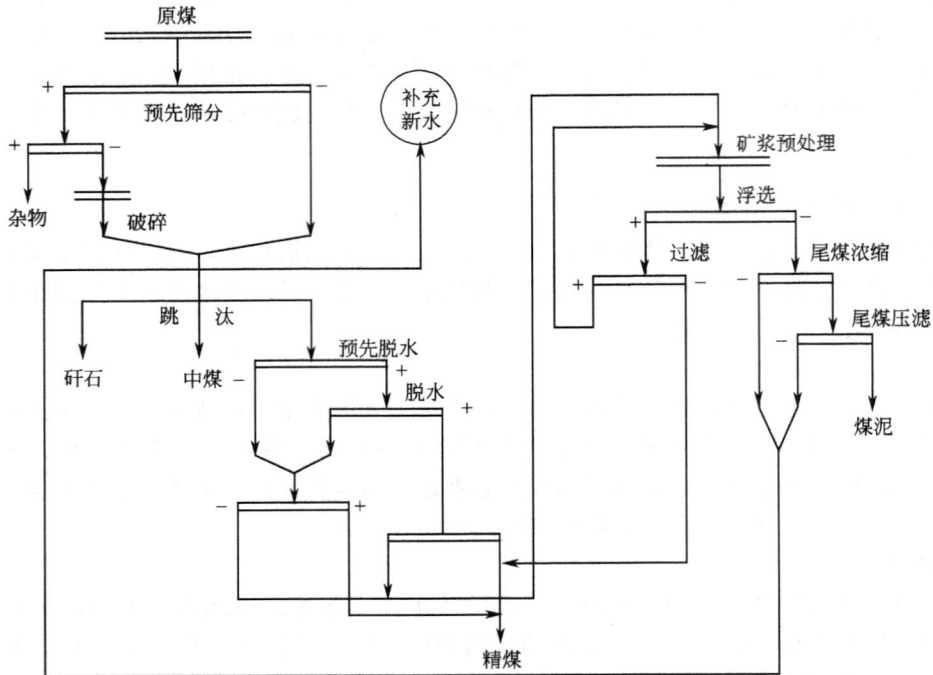

图 6-7　洗煤工艺流程

处理难度，因此一般不提倡该方法进行曝气池消泡。在焦化废水处理过程中，如果利用处理后的焦化废水进行消泡，不但避免了用油脂类物质消泡所带来的问题，还可以增强活性污泥抗冲击负荷的能力，使外排废水中的 COD 得到更彻底的降解。以保证生化出水的水质。因此，可采用焦化废水处理后清水池中的水回用于消泡。

六、煤场喷洒

煤进入炼焦系统之前堆放于煤场，在大气环流——风的作用下能够引起扬尘，对周边的大气环境产生一定的粉尘污染。水喷洒抑尘是一种有效的处理方法。若采用新水进行抑尘处理，不但浪费了水资源，也不符合国家循环经济的产业政策；若将处理后的焦化废水用于抑尘，则避免了污水向周围水体中的排放，保护了大气环境和水环境。因此，煤场喷洒可以认为是焦化废水的一种较好的综合利用处置方法。

复　习　题

1. 焦化废水深度处理中影响混凝的沉淀因素有哪些？
2. 强化生物法在焦化废水中有哪些应用？
3. 焦化废水的回用主要用在哪些方面？
4. 焦化废水处理的展望。

第七章

煤化工废液废渣的处理与利用

第一节　煤化工废液废渣的来源

一、焦化生产废液废渣的来源

焦化生产中的废液废渣主要来自回收与精制车间，有焦油渣、酸焦油（酸渣）和洗油再生残渣等。另外，生化脱酚工段有过剩的活性污泥，附带洗煤车间有矸石产生。炼焦车间基本不产生废渣，主要是熄焦池的焦粉。

1. 焦油渣

从焦炉逸出的荒煤气在集气管和初冷器冷却的条件下，高沸点的有机化合物被冷凝形成煤焦油，与此同时煤气中夹带的煤粉、半焦、石墨和灰分及清扫上升管和集气管带入的多孔性物质也混杂在煤焦油中，形成大小不等的团块，这些团块称为焦油渣。

焦油渣与焦油依靠重力的不同进行分离，在机械化澄清槽沉淀下来，机械化澄清槽内的刮板机，连续地排出焦油渣。因焦油渣与焦油的密度差小，粒度小，易与焦油黏附在一起，所以难以完全分离，从机械化澄清槽排出的焦油尚含 2%～8% 的焦油渣，焦油再用离心分离法处理，可使焦油除渣率达 90% 左右。

焦油渣的数量与煤料的水分、粉碎程度、无烟装煤的方法和装煤时间有关。一般焦油渣占炼焦干煤的 0.05%～0.07%，采用蒸汽喷射无烟装煤时，可达 0.19%～0.21%。采用预热煤炼焦时，焦油渣的数量更大，约为无烟装煤时的 2～5 倍，所以应采用强化清除焦油渣的设备。

焦油渣内的固定碳含量约为 60%，挥发分含量约为 33%，灰分约为 4%，气孔率 63%，真密度为 1.27～1.3kg/L。

2. 酸焦油

（1）硫酸铵生产过程产生的酸焦油　当用硫酸吸收煤气中的氨以制取硫酸铵时，由于不饱和化合物的聚合和产生磺酸，以及从蒸氨塔来的酸性物质等各种杂质进入饱和器，因而在饱和器内产生酸焦油，酸焦油随同母液流到母液满流槽，再入母液贮槽，在母液贮槽中将其分离出来。

在硫酸铵生产过程产生的酸焦油的数量变动范围很大。通常取决于饱和器的母液温度和酸度，煤气中不饱和化合物和焦油雾的含量，还有硫酸的纯度和氨水中的杂质含量等。而煤气中焦油雾的含量，主要取决于煤气的冷却程度和电捕焦油器的工作效率。一般酸焦油的产率约占炼焦干煤重量的 0.013%。

在硫酸铵生产过程中产生的未经处理的酸焦油约含 50% 的母液，其中硫酸铵 46%，硫酸 4%。另外酸焦油中还含有许多芳香族化合物（苯族烃、萘、蒽）、含氧化合物（酚、甲酚）、含硫化合物（噻吩、硫代环烷）和含氮化合物（吡啶、氮杂萘、氮杂芴）等。

（2）粗苯酸洗过程产生的酸焦油　苯、甲苯、二甲苯的混合馏分使用硫酸洗涤时，其中所含的不饱和化合物，在硫酸作用下，发生聚合反应。以异丁烯为例：

$$(CH_3)_2C\!\!=\!\!CH_2 + HOSO_3H \longrightarrow (CH_3)_3COSO_3H$$

异丁烯　　　　　　　　　　　　　酸式酯

$$(CH_3)_2C{=\!=}CH_2 + (CH_3)_3COSO_3H \longrightarrow (CH_3)_2C{=\!=}CHC(CH_3)_3 + H_2SO_4$$

異丁烯 　　　　　　酸式酯　　　　　　　　異丁烯二聚物

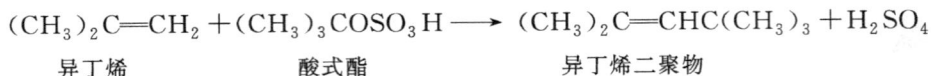

生成的二聚物还可与酸式酯反应生成三聚物,可连续进行聚合反应,生成更高聚合度的产物——树脂。酸焦油主要含有硫酸、磺酸、巯基乙酸、乙酰甲醛树脂、苯、甲苯、二甲苯、萘、蒽、酚、苯乙烯、茚、噻吩等物质。酸焦油的平均组成为:硫酸15%～30%,苯族烃15%～30%,聚合物40%～60%。

由聚合物所形成的酸焦油的生成量和黏稠度与酸洗馏分的性质和操作条件有关。当混合馏分中二硫化碳含量较多时,则酸焦油的生成量和黏稠度均增加;反之,酸焦油的生成量较少,且生成同酸和苯族烃易于分离的稀酸焦油。当二甲苯含量较高或混合分中加入了重苯时,所生成的聚合物可溶解于苯族烃中,因而不生成或生成很少量的酸焦油,表7-1是不同原料洗涤时酸焦油的生成量。

表 7-1　不同原料洗涤时酸焦油的生成量

原　　料	酸焦油生成量占原料百分数/%
未提取 CS_2 的混合分	8
苯、甲苯混合分	3～6
苯、甲苯、二甲苯混合物	0.5～3

由表7-1和酸焦油组成成分这些数据可看出,粗苯中的不饱和化合物,应尽量通过初馏的方法分离出去,之后对苯、甲苯、二甲苯混合分进行酸洗净化,这样酸焦油的生成量就减少。

3. 再生酸

再生酸是在粗苯精制进行酸洗净化时产生的。在酸洗净化过程中所消耗的硫酸量不多,其大部分可用加水洗涤产生再生酸的方法予以回收。回收过程是在酸洗反应进行完毕后,将一定量的水加入洗涤混合物中,并进行及时混合,终止酸洗反应。混合物静止分层,上层为混合分、中层为酸焦油、最下层即为再生酸。

再生酸是由未反应的硫酸、磺酸类、有机聚合物等组成的复杂混合物,一般含硫酸45%～50%,密度为1.350～1.405g/cm³ (20℃),其中有机物含量可高达15%。

再生酸的回收量随原料组成和洗涤条件的不同而波动于65%～80%之间,在酸洗过程中,酸焦油生成得越少,则酸的回收量越高。

4. 洗油再生残渣

洗油在循环使用过程中质量会变坏。为保证循环洗油的质量,将循环洗油量的1%～2%由富油入塔前的管路或脱苯塔加料板下的一块塔板引入洗油再生器。在此用0.98～1.176MPa中压间接蒸汽加热至160～180℃,并用直接蒸汽蒸吹。蒸出来的油气及水气(155～175℃)从再生器顶部逸出后进入脱苯塔底部。再生器底部的黑色黏稠的油渣(残油)排至残渣槽。

洗油残渣是洗油的高沸点组分和一些缩聚产物的混合物。高沸点组分如芴、苊、萘、二甲基萘、α-甲基萘、四氢化萘、甲基苯乙烯、联亚苯基氧化物等。洗油中的各种不饱和化合物和硫化物,如苯乙烯、茚、古马隆及其同系物、环戊二烯和噻吩等可缩聚形成聚合物。

缩聚物生成数量随洗油加热温度、粗苯组成、油循环状况等因素而定,并与送进洗苯塔的洗油量有关,一般占循环油的0.12%～0.15%。聚合物的指标为密度1.12～1.15g/cm³

（50℃）、灰分 0.12%～2.40%、甲苯溶物 3.6%～4.5%、固体树脂产率 20%～60%。

5. 酚渣

酚渣是由粗酚在精制过程中产生的。在原料粗酚中除酚类化合物外，还含有一定量水分、中性油和酚钠等杂质。粗酚精馏前需进行脱水和脱渣，脱渣塔底排出的二甲酚残渣与间、对甲酚塔底排出的残液一起流入脱渣釜，由脱渣釜排出酚渣。

酚渣是一种类似于焦油的黏稠状黑色混合物，其密度为 $1.2g/cm^3$。酚渣主要含有中性油、树脂状物质、游离碳和酚类化合物。酚类化合物主要是二甲酚、3-甲基-5-乙基酚、2,3,5-三甲基酚及萘酚等高级酚。酚渣的平均组成是：酚 65%，聚合物 25%，含氮化合物＜2%，盐 4%～5%，苯不溶物 14%。

6. 脱硫废液

用碳酸钠或氨作为碱源的各种湿法脱硫，如 ADA、塔卡哈克斯法等，均产生一定量废液。废液主要是由副反应生成的各种盐组成。

ADA 法脱硫过程中，发生的主要反应是碱液吸收反应、氧化析硫反应、焦钒酸钠被氧化反应以及 ADA 和碱液再生反应。但是由于焦炉煤气中含有一定量的二氧化碳和少量的氰化氢及氧，所以在脱硫过程中还发生下列副反应。

煤气中二氧化碳与碱液反应：
$$Na_2CO_3 + CO_2 + H_2O \longrightarrow 2NaHCO_3$$

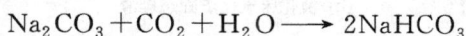

煤气中氰化氢和氧参与反应：
$$Na_2CO_3 + 2HCN \longrightarrow 2NaCN + H_2O + CO_2 \uparrow$$
$$NaCN + S \longrightarrow NaCNS$$
$$2NaHS + 2O_2 \longrightarrow Na_2S_2O_3 + H_2O$$

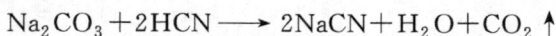

部分 $Na_2S_2O_3$ 被氧化为 Na_2SO_4：
$$Na_2S_2O_3 + O_2 \longrightarrow Na_2SO_4 + S_x \downarrow$$

氨型塔卡哈克斯法是以煤气中氨作为碱源，以 1,4-萘醌-2-磺酸铵作氧化催化剂。其发生的主要反应有吸收反应、氧化反应和再生反应。生成的硫氢化铵和氰化铵在萘醌催化剂的作用下发生副反应生成 NH_4CNS、$(NH_4)_2S_2O_3$ 和 $(NH_4)_2SO_4$ 影响了吸收液。其反应式如下：
$$NH_4HS + O_2 \longrightarrow NH_4OH + S$$
$$NH_4CN + S \longrightarrow NH_4CNS$$
$$2NH_4HS + 2O_2 \longrightarrow (NH_4)_2S_2O_3 + H_2O$$
$$NH_4HS + 2O_2 + NH_4OH \longrightarrow (NH_4)_2SO_4 + H_2O$$

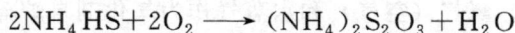

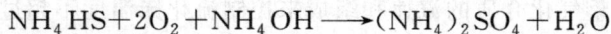

7. 生化污泥

含酚污水的生化处理多用活性污泥法。污水进入曝气池内并曝晒 24h 左右，在好氧细菌作用下，对污水进行净化，污水曝气后进入二次沉淀池形成更多的污泥，部分污泥回流到曝气池，其余的就是剩余污泥，并送污泥处理装置。

二、气化生产过程的废渣

煤的燃烧会产生大量的灰渣，全年煤灰渣量达几千万吨。其中仅有 20% 左右得到利用，大部分贮入堆灰场，不仅占用农田，还会污染水源和大气环境。同样，煤在气化炉中，在高温条件下与气化剂反应，煤中的有机物转化成气体燃料，而煤中的矿物质形成灰渣。灰渣是一种不均匀的金属氧化物的混合物，表 7-2 为某厂造气炉的灰渣组成。

表 7-2 灰渣组成

氧化物	SiO_2	Al_2O_3	Fe_2O_3	CaO	MgO	其他	总量
组成/%	51.28	30.85	5.20	7.65	1.23	3.79	100

由于煤的气化方法很多，反应器类型不同，排灰的方式也不同，如图 7-1 为三种气化排渣方式。

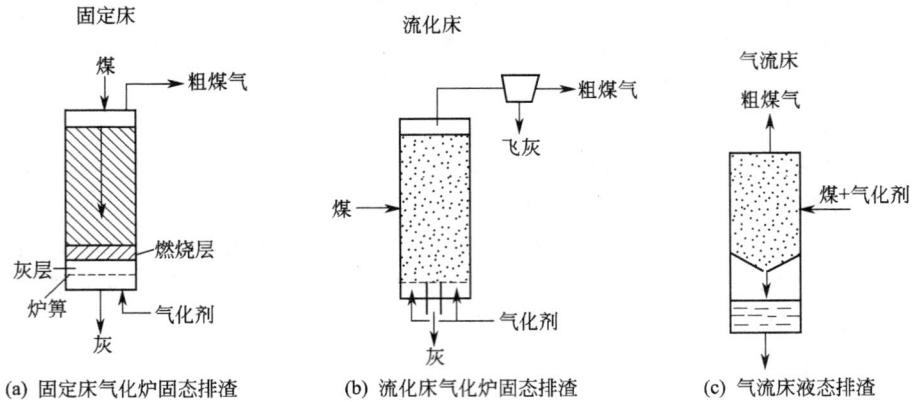

图 7-1 三种气化排渣方式

1. 固定床气化排渣

（1）固态排渣 常压固定床气化炉一般使用块煤或煤焦为原料，筛分范围为 6～50mm。气化原料由上部加料装入炉膛，整个料层由炉膛下部的炉栅（炉算）支撑。气化剂自气化炉底部鼓入，煤或煤焦与气化剂在炉内进行逆向流动，并经燃烧层后基本燃尽成为灰渣，灰渣与进入炉内的气化剂进行逆向热交换后自炉底排出。

（2）加压液态排渣 液态排渣气化炉为保证熔渣呈流动状态，使排渣口上部区域的温度高达 1500℃。从排渣口落下的液渣，再经渣箱上部增设的液渣急冷箱淬冷而形成渣粒。当渣粒在急冷箱内积聚到一定高度后，卸入渣箱内，然后定期排出。

液态灰渣经淬冷后成为洁净的黑色玻璃状颗粒，由于它的玻璃特性，化学活性极小，不存在环境污染问题，只是占用土地。

2. 流化床气化排渣

以温克勒气化炉为例，氧气（空气）和水蒸气作为气化剂自炉算下部供入，或由不同高度的喷嘴输入炉中，通过调整气化介质的流速和组成来控制流化床温度不超过灰熔点。在气化炉中存在两种灰，一种灰密度大于煤粒，沉积在流化床底部，由螺旋排灰机排出，在温克勒炉中，30% 左右的灰分由床底排出；另一种是均匀分布并与煤的有机质聚生的灰，与煤有机质聚生的矿物质构成灰的骨架，随着气化过程的进行骨架崩溃，富灰部分成为飞灰。其中总带有未气化的碳，并由气流从炉顶夹带而出。在气化炉中适当的高度引入二次气化剂，在接近于灰熔点的温度下操作，此时气流夹带而出的碳充分气化。产品气再经废热锅炉的冷却作用，使熔融灰粒在此重新固化。

3. 气流床气化排渣

气流床气化，一般将气化剂夹带着煤粉或煤浆，通过特殊喷嘴送入炉膛内。气流床采用很高的炉温，气化后剩余的灰分被熔化成液态，即为液渣排出。液渣经过气化炉的开口淋下在水浴中迅速冷却然后成为粒状固体排出。

第二节　焦化废渣的利用

一、焦油渣的利用

大量的焦油渣堆放在焦化厂的厂区，占用土地；下雨时，大量的焦油渣随雨水到处流，造成水污染；随着焦油渣的挥发分的逸出，使焦油渣堆放处空气严重污染。由于其成分中的某些毒性物质，早在 1976 年，美国资源保护与回收管理条例就已确定焦油渣是工业有害废渣。因此应对焦油渣加以利用，变废为宝。

1. 回配到煤料中炼焦

焦油渣主要是由相对密度大的烃类组成，是一种很好的炼焦添加剂，可提高各单种煤胶质层指数。如山西焦化股份有限公司焦化二厂研制出将焦粉与焦油渣混配的炼焦方案，按焦粉与焦油渣 3∶1 比例混合进行炼焦，不仅增大了焦炭块度，增加装炉煤的黏结性，而且解决了焦油渣污染问题，焦炭抗碎强度提高，耐磨强度有所增加，达到一级冶金焦炭质量。

再如马鞍山钢铁公司焦化公司，在煤粉碎机后送煤系统皮带通廊顶部开一个 0.5m×0.5m 的洞口，作为配焦油渣的输入口。利用焦油渣在 70℃时流动性较好的原理，用 12 只（1700mm×1500mm×900mm）带夹套一侧有排渣口的渣箱，采用低压蒸汽加热夹套中的水，间接地将渣箱内焦油渣加热，使焦油渣在初始阶段能自流到粉碎机后皮带上。后期采用台车式螺旋卸料机辅助卸料，使焦油渣均匀地输送到炼焦用煤的皮带机上，通过皮带送到煤塔回到焦炉炼焦。

2. 作为煤料成型的黏结剂

焦油渣可作为黏结剂，在电池用的电极生产中采用。

3. 作燃料使用

一些焦化厂的焦油渣无偿或以极低的价格运往郊区农村，作为土窑燃料使用，但热效率较低。可通过添加降黏剂降低焦油渣黏度并溶解其中的沥青质，若采用研磨设备降低其中焦粉、煤粉等固体物的粒度，添加稳定分散剂避免油水分离及油泥沉淀等，达到泵送应用要求，可使之成为具有良好的燃烧性能的工业燃料油。

图 7-2 是焦油渣和焦油（降黏剂）制备燃料混合物的流程。首先焦油渣用提升机 2 从料

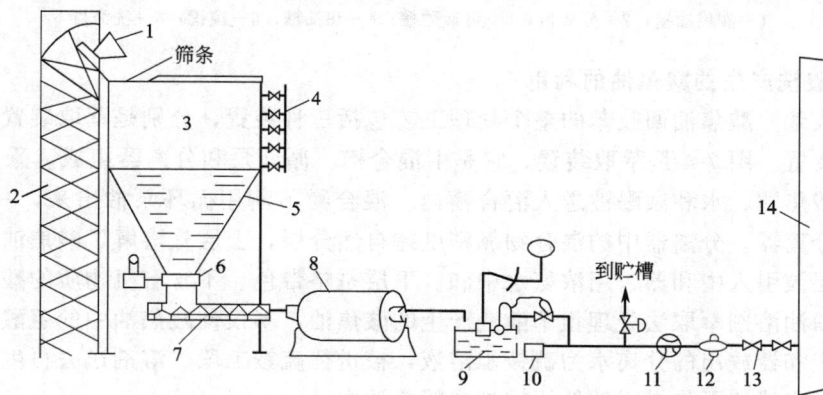

图 7-2　焦油渣在球磨机内粉碎的流程

1—料斗；2—提升机；3—接收槽；4—排氨水开闭器；5—隔热层；6—闸板；7—螺旋给料机；
8—球磨机；9—中间贮槽；10—齿轮泵；11、13—调节器；12—过滤器；14—管道

斗 1 撒在接收槽 3 的筛条上，接收槽用隔热层 5 保温。闸板 6 保证焦油渣从接收槽 3 均匀地通过螺旋给料器 7 供入球磨机 8 内。从球磨机出来的已粉碎的焦油渣进入中间贮槽 9，然后用齿轮泵 10 将焦油渣粉通过调节器 11、13 和过滤器 12 送入管道 14，在管道内主要的燃料是焦油，经球磨机粉碎的焦油渣与焦油混合送入燃烧炉燃烧。焦油渣燃料油燃烧稳定完全、燃烧温度高、雾化效果好、无断流及烧嘴堵塞现象。

二、酸焦油的利用

1. 硫铵生产过程产生的酸焦油的回收

图 7-3 是硫铵工段酸焦油洗涤回收装置。由满流槽溢流出的酸焦油和母液进入分离槽，在此将母液与酸焦油分离。母液自流至母液贮槽，酸焦油则经溢流挡板流入酸焦油槽。用直接蒸汽将酸焦油压入洗涤器，在此用来自蒸氨塔前的剩余氨水进行洗涤，然后静置分离。下层经中和的焦油放入焦油槽，并用蒸汽压送至机械化氨水澄清槽。上层氨水放至母液贮槽。

此法的优点：该工艺对焦油质量影响不大；洗涤器内温度保持在 $90\sim100$℃，不会发生乳化现象；洗涤后的氨水含有 $30\sim35$g/L 的硫铵得到回收。缺点是氨水带入母液系统的杂质影响硫铵的质量。

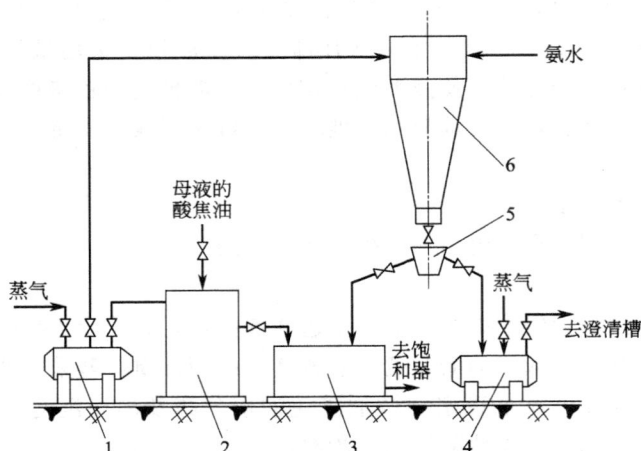

图 7-3　酸焦油洗涤回收装置

1—酸焦油槽；2—分离槽；3—母液贮槽；4—焦油槽；5—窥镜；6—洗涤器

2. 粗苯酸洗产生的酸焦油的利用

（1）回收苯　酸焦油回收苯的整个处理工艺包括三种装置，分别是萃取装置、中和装置和溶剂再生装置。图 7-4 是萃取装置，它是由混合槽、循环泵和分离器组成。采用杂酚油作萃取剂，将酸焦油、水和杂酚油送入混合槽内。混合物不断用循环泵抽出来，一部分循环，一部分送到分离器。分离器中的混合物靠密度差自然分层，上层是溶解了酸焦油中聚合物的溶剂层，此层被引入中和器，用浓氨水中和。下层是略带色、不含有机物质的酸。

采用杂酚油溶剂萃取法处理粗苯酸洗产生的酸焦油，不仅使酸焦油中的硫酸与聚合物分离，同时由中和器放出的分离水为硫铵水溶液，被送往硫铵工段。溶剂送去再生回收苯和杂酚油。再生釜内残渣可作燃料油使用或加到粗焦油中。

（2）制取减水剂　酸焦油中的磺化物具有表面活性，在残余硫酸的催化作用下，酸焦油与甲醛发生缩合反应，可合成混凝土高效减水剂。反应时间、加料方式和甲醛加入量是影响减水剂减水率的主要因素。

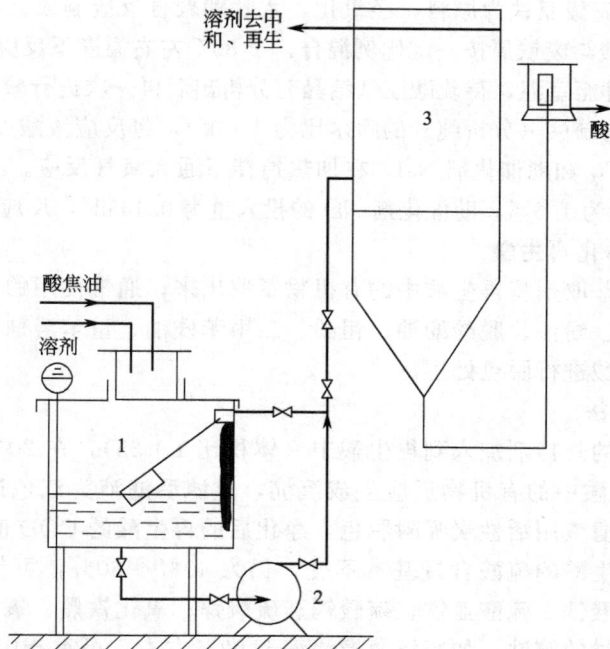

图 7-4　溶剂萃取酸焦油流程

1—混合槽；2—循环泵；3—分离器

（3）制取石油树脂　用混合苯与粗苯精制釜残液、酸焦油混合，在催化剂的作用下聚合可得石油树脂。

3. 集中处理硫铵生产和粗苯酸洗过程产生的酸焦油

（1）直接混配法　即直接掺入配煤中炼焦，酸焦油配入量主要是根据精制车间酸焦油的产量来决定的，大约在 0.3%。在炼焦煤中添加酸焦油可使煤堆密度增大，焦炭产量增加，焦炭强度有不同程度改善，尤其焦炭耐磨指标 M_{10}、焦炭反应性及反应后强度改善较为明显。酸焦油对炼焦煤的结焦性和黏结性有一定的不利影响，同时高浓度酸焦油对炉墙硅砖有一定的侵蚀作用。

（2）中和混配法　先用剩余氨水中和，再与煤焦油和沥青等混配成燃料油或制取沥青漆的原料油。

三、再生酸的利用

国外大多是将再生酸送往硫铵工段生产硫铵，但由于再生酸中含有大量的杂质，引起饱和器母液起泡和粥化，破坏饱和器的正常工作，同时也使所生产的硫铵质量下降，颗粒变细、颜色变黑。国内一些单位对精苯再生酸的净化与利用进行了大量的研究，但至今为止尚未研究出一种经济上合理、技术上可行的方法，仍停留在实验室和工业性试验阶段。归纳起来有燃烧法、合成聚合硫酸铁法、萃取吸附法、热聚合法等。

1. 焙烧炉喷烧法

在生产硫酸的装置上，用再生酸代替部分工业水向焙烧炉内喷洒，在 850～950℃ 的高温下，再生酸中的有机物氧化生成 CO_2、H_2O 和 CO，再生酸中的硫酸则生成 SO_3 和 H_2O，再用接触法吸收 SO_3，制得浓硫酸。但此法仅限于有硫酸生产车间的焦化厂参考使用。

2. 合成聚合硫酸铁（PFS）

聚合硫酸铁是优良的无机高分子絮凝剂，目前广泛地用于工业水和生活用水的处理。其合成方法是以硫酸和硫酸亚铁为原料，经氧化、水解和聚合反应制成。

首先将精苯再生酸与废铁屑按一定比例混合，于80℃左右温度下反应4～5h。然后趁热减压过滤，滤液快速冷却至室温，待硫酸亚铁结晶充分析出后再一次进行减压过滤，得到硫酸亚铁。合成的硫酸亚铁与硫酸（分析纯）的摩尔比为1∶0.4，将反应液酸度控制在一定范围内，分批加入催化剂 $NaNO_2$ 和助催化剂 NaI，在加热搅拌下通入氧气反应。当反应温度50℃，催化剂 $NaNO_2$ 的投入量为1.6%，助催化剂 NaI 的投入量为0.4%时，反应时间为4h。

3. 萃取-吸附法净化再生酸

首先采用合适的萃取剂将再生酸中的有机物萃取出来，通常使用的萃取剂多为焦化厂的副产品，一般有洗油、酚油、脱酚酚油、粗酚、二甲苯残油、重苯溶剂油等。然后用活性炭对萃取后得到的再生酸进行脱色处理。

4. 外掺沉淀吸附法

用一种价格低廉的外掺剂加入到再生酸中（体积比1∶25），在20℃的温度下，搅拌反应3h，外掺剂与再生酸中的有机物反应生成沉淀，过滤后滤液为红色透明液体，滤渣为褐色粒状物。然后再将滤液用活性炭吸附脱色，净化后的再生酸的 COD 值去除率可达80%～86%以上。净化后再生酸的硫酸含量基本不变，仍为40%～60%，可作为生产一些化工产品的原料，如聚合硫酸铁、硫酸亚铁、硫酸铜、硫酸锌、氧化铁黑、氧化铁红等；也可用于饱和器生产硫铵及钢材的清洗；如减压蒸馏浓缩至93%左右，可重新用于精苯的酸洗精制。

四、洗油再生残渣的利用

1. 掺入焦油中或配制混合油

洗油再生残渣通常配到焦油中。洗油再生残渣也可与蒽油或焦油混合，生产混合油，作为生产炭黑的原料。

2. 生产苯乙烯-茚树脂

残油生产苯乙烯-茚树脂可以通过在间歇式釜或连续式管式炉中加热和蒸馏的途径实现，图7-5是苯乙烯-茚树脂生产工艺流程。

来自贮槽1的残油和来自贮槽2的溶剂油稀释剂按1∶1的比例送入带有搅拌与加热的

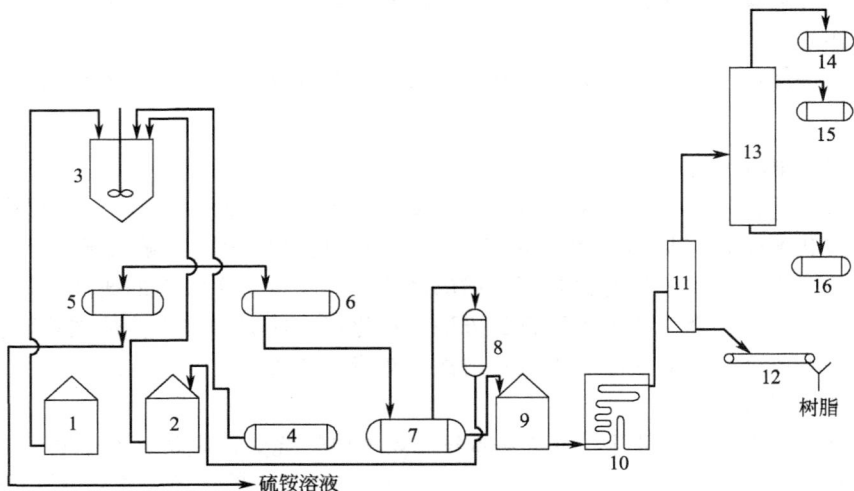

图7-5　苯乙烯-茚树脂生产工艺流程

1、2、9—贮槽；3—脱灰设备；4—容槽；5、14、15、16—容器；6—中间槽；7—蒸馏釜；
8—冷凝冷却器；10—管式炉；11—蒸发器；12—运输带；13—精馏塔

设备 3。残油用来自容槽 4 的硫酸铵水溶液进行处理以脱灰。在 60~80℃下混合，经过处理的洗涤液在沉淀后收集在容器 5。从容器或直接送至回收车间硫铵工段，析出硫铵，或送去再生硫酸。净化过的残油溶液经过中间槽 6 至蒸馏釜 7 用以蒸出溶剂，溶剂在冷凝冷却器 8 中冷却以后回至净化循环系统。除去溶剂的残油收集于贮槽 9，再送往用焦炉煤气加热的管式炉 10，残油加热至所需温度，进入蒸发器 11，通过相分离分成蒸气相和液相，液相为苯乙烯-茚树脂，从蒸发器底部送到运输带 12 上，在带上进行固化与冷却，以后经过料斗装袋。馏出液蒸气从蒸发器 11 进入精馏塔，在冷凝冷却以后分别收集于容器 14、15、16。

从粗苯工段聚合物制取苯乙烯-茚树脂的过程原则上与残油加工一样，可以在同样的设备中进行。在实际生产中，也可利用残油和聚合物的混合物生产苯乙烯-茚树脂。制得的苯乙烯-茚树脂可作为橡胶混合体软化剂，加入橡胶后可以改善其强度、塑性及相对延伸性，同时也减缓其老化作用。

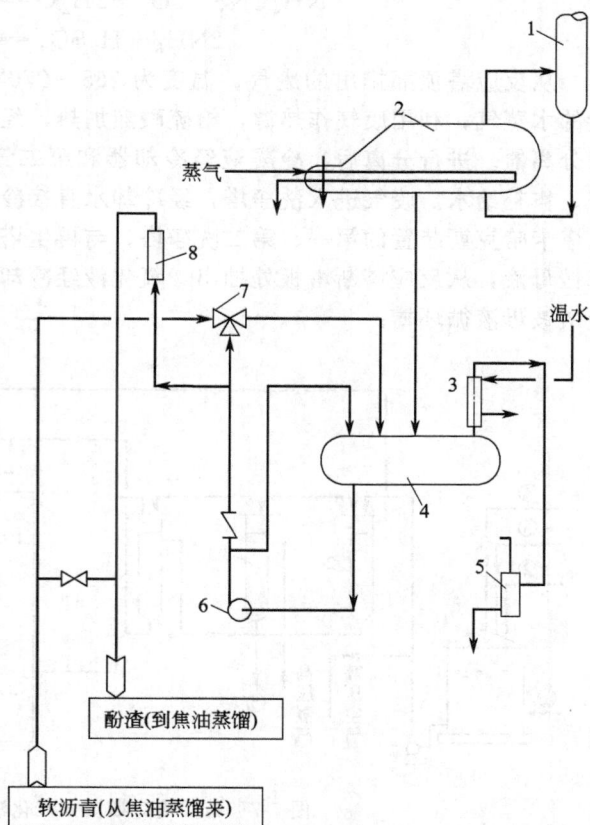

图 7-6 酚渣利用流程
1—酚间歇蒸馏塔；2—间歇釜；3—排气冷却器；
4—沥青槽；5—排气凝液罐；6—循环泵；
7—三通阀；8—流量计

五、酚渣的利用

酚渣由间歇釜排放时，温度高达 190℃左右，烟气扩散，污染非常严重。采用图 7-6 所示的工艺流程可使酚渣在密闭状态得到处理和利用。首先将酚渣放入沥青槽中，按 1:1 的混合比，由管道配入约 130℃软沥青，经循环泵搅拌均匀，再送回软沥青槽中，混合后的温度为 103~105℃，之后酚渣再送去焦油蒸馏工段。

酚渣可以用来生产黑色石炭酸，也可作溶剂净化再生酸。

六、脱硫废液处理

1. 希罗哈克斯湿式氧化法

该法的工艺流程如图 7-7 所示，由塔卡哈克斯装置来的吸收液被送入希罗哈克斯装置的废液原料槽 1，再往槽内加入过滤水、液氨和硝酸，经过调配使吸收液组成达到一定的要求。用原料泵将原料槽中的混合液升压到 9.0MPa，另混入 9.0MPa 的压缩空气，一起进入换热器并与来自反应塔顶的蒸汽换热，加热器采用高压蒸汽加热到 200℃以上，然后进入反应塔。反应塔内，温度控制在 273~275℃，压力是 7.0~7.5MPa 时，吸收液中的含硫组分按下面的反应进行反应。

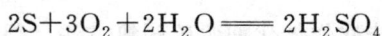

$$2S + 3O_2 + 2H_2O \Longrightarrow 2H_2SO_4$$

$$(NH_4)_2S_2O_3 + 2O_2 + H_2O \Longrightarrow (NH_4)_2SO_4 + H_2SO_4$$
$$NH_4CNS + 2O_2 + 2H_2O \Longrightarrow (NH_4)_2SO_4 + CO_2\uparrow$$
$$2NH_3 + H_2SO_4 \Longrightarrow (NH_4)_2SO_4$$

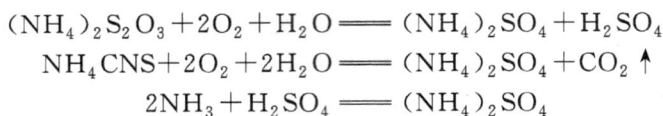

从反应塔顶部排出的废气，温度为265～270℃，主要含有 N_2、O_2、NH_3、CO_2 和大量的水蒸气，利用废气作热源，给硫酸液加热，经换热器后成为气液混合物，被送入第一气液分离器。进行分离后，冷凝液经冷却器和第二气液分离器再送入塔卡哈克斯装置的脱硫塔，作补给水。废气进入洗净塔，经冷却水直接冷却洗净，除去废气中的酸雾等杂质，再送入塔卡哈克斯装置的第一、第二洗净塔，与再生塔废气混合处理。经氧化反应后的脱硫液即硫铵母液，从反应塔断塔板处抽出，氧化液经冷却器冷却后进入氧化液槽，然后再用泵送往硫酸铵母液循环槽。

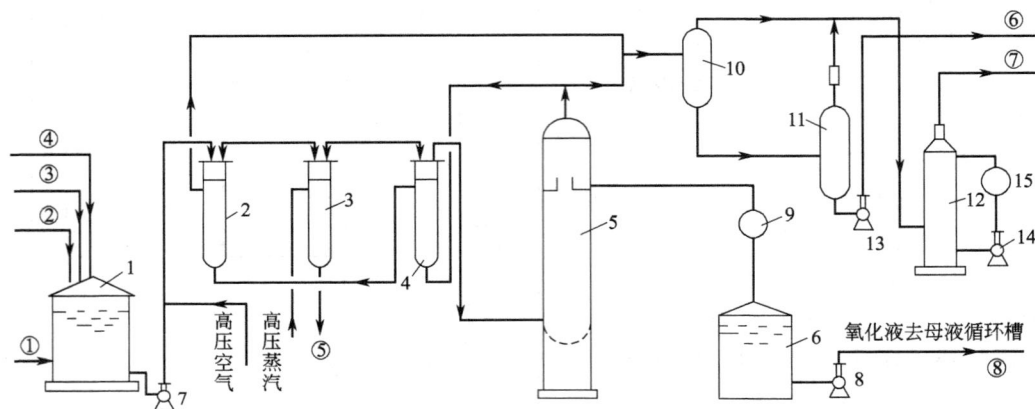

图 7-7 希罗哈克斯湿式氧化法处理废液工艺流程

1—废液原料槽；2、4—换热器；3—加热器；5—反应塔；6—氧化液槽；7—原料泵；8—氧化液；9—冷却器；
10—第一气液分离器；11—第二气液分离器；12—排气洗净塔；13—冷凝液泵；14—排气洗净塔循环水泵；15—冷却器
①—由塔卡哈克斯装置来的吸收液；②—过滤水；③—硝酸；④—液氨或由蒸氨来的浓氨水；⑤—冷凝水；
⑥—冷凝液去塔卡哈克斯装置；⑦—由洗净塔排出的废气送塔卡哈克斯装置；⑧—氧化液去母液循环槽

采用湿式氧化法处理废液，主要是使废液中的硫氰化铵、硫代硫酸铵和硫黄氧化成硫酸铵和硫酸，无二次污染，转化分解率高达 $99.5\%～100\%$。

2. 还原热解法

脱硫废液还原分解流程包括两个装置，即脱硫装置和还原分解装置。该法的主要设备是还原分解装置中的还原热解焚烧炉。焚烧炉按机理分为两个区段，炉上部装有燃烧器，它能在理论空气量以下实现无烟稳定燃烧，产生高温的还原气。在上部以下的区段，把废液蒸气雾化或机械雾化喷入炉膛火焰中，在还原气氛下分解惰性盐。燃烧产生的废气穿过碱液回收槽之液封回收碱，余下的不凝气体经冷却后进入废气吸收器，H_2S 被回收。

还原热解法处理废液的反应原理如下：
$$Na_2SO_4 + 2H_2 + 2CO \Longrightarrow Na_2CO_3 + H_2S + H_2O + CO_2$$
$$Na_2SO_4 + 4H_2 \Longrightarrow Na_2S + 4H_2O$$
$$Na_2SO_4 + 3H_2 + CO \Longrightarrow Na_2CO_3 + H_2S + 2H_2O$$
$$Na_2S_2O_3 + H_2 + 3CO \Longrightarrow Na_2S + H_2S + 3CO_2$$

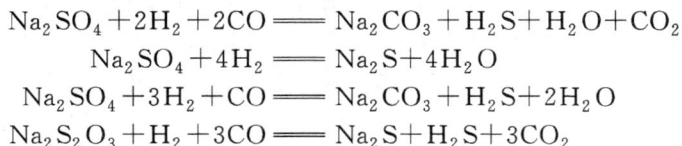

3. 焚烧法

对于以碳酸钠为碱源，苦味酸作催化剂脱硫脱氰方法，部分脱硫废液经浓缩后送入焚烧炉进行焚烧，使废液中的 NaCNS、$Na_2S_2O_3$ 重新生成碳酸钠，供脱硫脱氰循环使用，从而可减少新碱源的添加量。

七、污泥的资源化

我国每年产生的污泥量约 420 万吨，折合含水 80％的脱水污泥为 2100 万吨。随着城市污水处理普及率逐年提高，污泥量也以每年 15％以上的速度增长。近几年来，世界各国污泥处理技术，已从原来的单纯处理处置逐渐向污泥有效利用、实现资源化方向发展，下面介绍几种污泥的资源化。

1. 污泥的堆肥化

（1）污泥堆肥的一般工艺流程　主要分为前处理、一次发酵、二次发酵和后处理四个过程。

（2）新堆肥技术　日本札幌市在实际使用污泥堆肥时，为了防止污泥的粉末化而使一部分不能使用，目前采取在堆肥中加水使污泥有一定粒度，再使其干燥成为粒状肥料并在市场上销售。还利用富含 N 和 P 的剩余活性污泥的特点，把含钾丰富的稻壳灰加在污泥中混合得到成分平衡的优质堆肥。

2. 污泥的建材化

（1）生态水泥　近年来，日本利用污泥焚烧灰和下水道污泥为原料生产水泥获得成功，用这种原料生产的水泥叫"生态水泥"。一般认为污泥作为生产水泥原料时，其含量不得超过 5％。一般情况下，污泥焚烧后的灰分成分与黏土成分接近，因此可替代黏土作原料。利用污泥做原料生产水泥时，必须确保生产出符合国家标准的水泥熟料。

目前，生态水泥主要用做地基的增强固化材料——素混凝土。此外，也应用于水泥刨花板、水泥纤维板以及道路铺装混凝土、大坝混凝土、消波砌块、鱼礁等海洋混凝土制品。

（2）轻质陶粒　有研究报道，污泥与粉煤灰混合烧结制陶粒，每生产 $1m^3$ 陶粒可处理含水率 80％的污泥 0.24t（折成干泥 0.048t）。这样可以大量"干净"地处理污泥和粉煤灰，处理成本也大大低于焚烧处理。轻质陶粒一般可作路基材料、混凝土骨料或花卉覆盖材料使用。如图 7-8 为利用污泥制轻质陶粒烧结工艺流程。

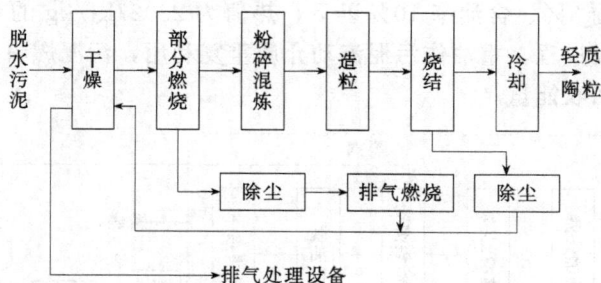

图 7-8　污泥制轻质陶粒烧结工艺流程

（3）其他材料　污泥可用于制熔融材料、微晶玻璃、制砖和纤维板材等。

3. 污泥的能源化技术

污泥能源化技术是一种适合处理所有污泥，能利用污泥中有效成分，实现其减量化、无害化、稳定化和资源化的污泥处理技术。一般将污泥干燥后做燃料，不能获得能量效益。现采用多效蒸发法制污泥燃料，可回收能量。下面介绍两种方法。

（1）污泥能量回收系统　简称 HERS 法（hyperion energy recovery system），图 7-9 是

HERS 法工艺流程。此法是将剩余活性污泥和初沉池污泥分别进行厌氧消化，产生的消化气经过脱硫后，用作发电的燃料，一般每立方米消化气流可发 2kW·h 的电能。再将消化污泥混合并经离心脱水至含水率 80%，加入轻溶剂油，使其变成流动性浆液，送入四效蒸发器蒸发，然后经过脱轻油，变成含水率 2.6%，含油率 0.15% 的污泥燃料，污泥燃料燃烧产生的蒸汽一部分用来蒸发干燥污泥，多余的蒸汽用于发电。

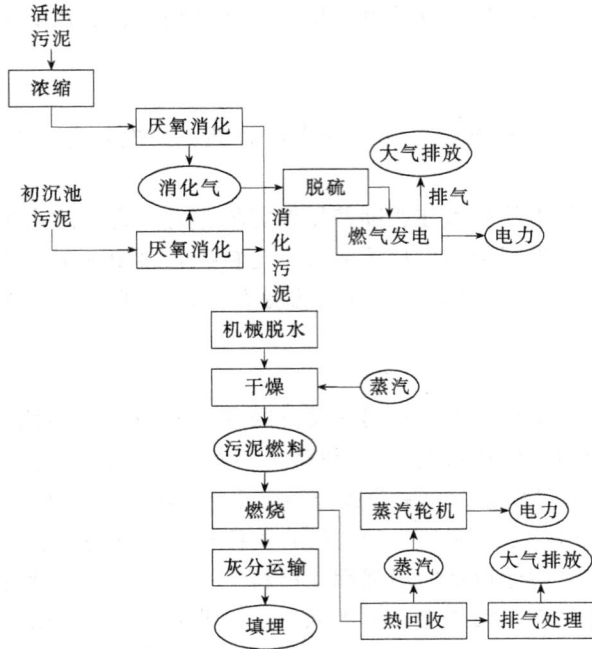

图 7-9　HERS 法工艺流程

　　(2) 污泥燃料化法　简称 SF 法 (sludge fuel)，图 7-10 是 SF 法工艺流程。此法是将生化污泥经过机械脱水后，加入重油，调制成流动性浆液送入四效蒸发器蒸发，再经过脱油，此时污泥成为含水率约 5%、含油率 10% 以下，热值为 23027kJ/kg 的干燥污泥，即可作为燃料。在污泥燃料生成过程，重油作污泥流动介质重复利用，污泥燃料产生蒸汽，作为干燥污泥的热源和发电，回收能量。

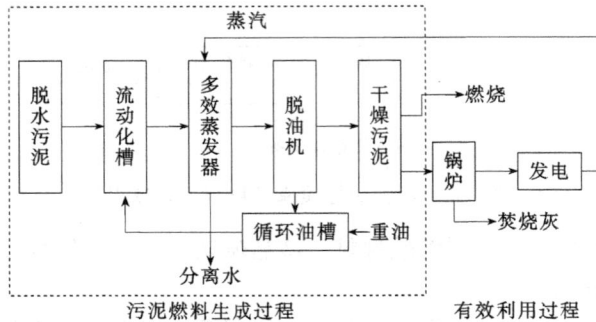

图 7-10　SF 法工艺流程

4. 剩余污泥制可降解塑料技术

1974 年有人从活性污泥中提取到聚羟基烷酸 (PHA)，聚羟基烷酸 (PHA) 是许多原核生物在不平衡生长条件下合成的胞内能量和碳源储藏性物质，是一类可完全生物降解、具有良好加工性能和广阔应用前景的新型热塑材料。它可作为化学合成塑料的理想替代品，已成为微生物工程学研究的热点。

焦化厂一般将生化处理排出的剩余污泥和混凝处理的沉淀污泥进行浓缩，使污泥含水98.5％，再经污泥脱水机脱水，成为含水80％左右的泥饼，将此泥饼送到备煤车间，配入煤中炼焦。因泥饼中含有大量的污染物，如苯并[a]芘约达87mg/kg。如果泥饼用来做土地还原或做填埋，势必要造成二次污染。

第三节　气化废渣的利用

一、筑路

用炉渣灰加以适量的石灰（氧化钙）拌和后，可作为底料筑路，目前这种工艺虽已被采用，但由于在使用中拌和得不够均匀，降低了使用效果。

二、用于循环流化床燃烧

气化炉排出的灰渣残碳量都较高，如某化肥厂的德士古气化炉渣含碳在25％左右，灰渣尚有很高的热量利用价值。以煤气化炉渣掺和无烟煤屑作为燃料，使用循环流化床锅炉燃烧，既可充分利用炉渣中残余的有效可燃物，节约能源，又可解决炉渣的环境污染问题。

三、建材

1. 灰渣用于制砖

例如上海振苏砖瓦厂生产烧结黏土空心砖，是利用上海杨浦煤气厂、上海焦化厂等厂的灰渣和焦粉作为内燃料，表7-3为所用灰渣和焦粉性能指标。图7-11是上海振苏砖瓦厂的生产流程。该空心砖曾用于上海希尔顿饭店、宝钢工程等上海市的一些重点工程。

表 7-3　灰渣和焦粉性能指标

品种	含水率/%	固定碳/%	发热量/(kJ/kg)	
			干样	湿样
炉渣	10	19.35	6646	5983
焦粉	12	66.75	22936	20183

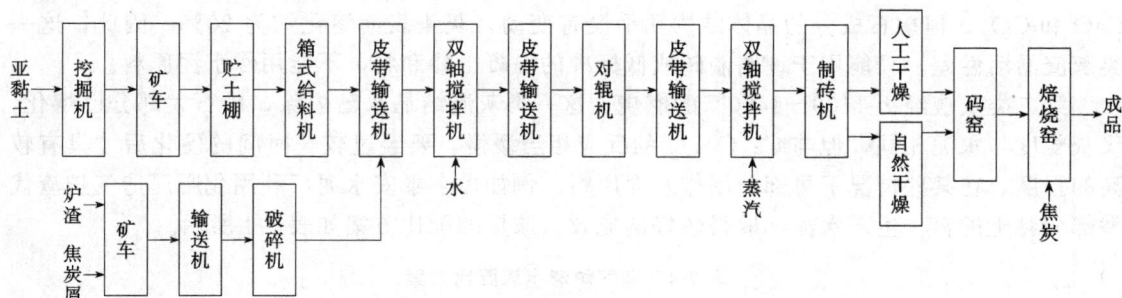

图 7-11　上海振苏砖瓦厂的生产流程

利用煤矸石和粉煤灰也可制砖，煤矸石（30％～40％）经粉碎磨细至4900孔/cm²，筛上剩余不大于10％，加入粉煤灰（60％～70％），在箱式给料机进行配料，再经过对辊压碾轮、搅拌、压砖机成型、干燥、轮窑焙烧后成品出库。粉煤灰烧结砖重量轻、抗碎性能好，是一种好的建筑材料。但其半成品早期强度低，在人工运输和入窑阶段易于脱棱断角，影响产品外观，其烧结温度不能波动太大。

2. 用灰渣作骨料

灰渣由于密度较小，可作为轻骨料使用。北京、武汉等地用灰渣做蒸养粉煤灰砖骨料。上海、苏南等地用灰渣作为硅酸盐砌块的骨料。四川、河南等地用灰渣代替石子生产灰渣小砌块。图 7-12 是粉煤灰空心砌块生产工艺流程。

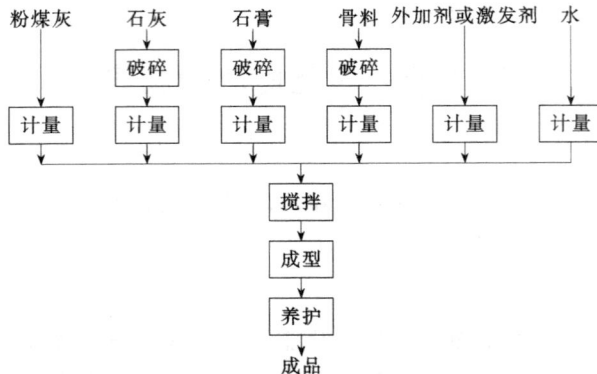

图 7-12 粉煤灰空心砌块生产工艺流程

利用灰渣还可制成灰渣陶粒，以灰渣陶粒作为骨料具有重量轻，隔热性能好，降低墙体自重，减少建筑物能耗的优点。灰渣陶粒是用粉煤灰（79%～83%）加黏土（13%～15%）及少量燃料（4%～6%）混合制成球形，经过高温焙烧而获得产品。产品制成对原料有一定要求，粉煤灰细度在 4900 孔/cm^2，筛上剩余量小于 40%，黏土细度为筛余 7% 以下，燃料可用无烟煤或粉焦，细度为筛余 50% 以下。

陶粒灰混凝土主要用粉煤灰陶粒、砂、水泥配制，其配比为，水泥∶砂∶陶粒＝1∶（2.09～3）∶（2.09～3）。这种混凝土制成的构件可用于 6m 跨度的各种楼板和梁，经实际使用和检验，它在承载能力、变形、裂缝等方面均能满足建筑设计要求。

3. 用灰渣制取水泥

根据灰渣经历温度的不同，灰渣可分为以下三类。

第一类灰渣经历 1000℃ 左右的燃烧，其中的氧化物结晶水已去除，$CaCO_3$ 已分解为 CaO 和 CO_2，但矿石成分的晶体结构几乎没有变动，灰渣表面熔化约为 20%。因此，这一类灰渣的活性差，只能用于铺路制砖或低标准的混凝土掺和料，不能用作水泥原料。

第二类灰渣经历 1100～1400℃ 的燃烧，这一类灰渣结晶水已去除，矿石大部分已熔化，飞灰粒度与水泥相同，但与 $Ca(OH)_2$ 的反应相当缓慢，要经过较长时间的硬化后才具有较高的强度。在某些情况下可部分用作水泥原料。例如山东泰安水泥厂利用化肥厂造气炉渣代替部分黏土配料，生产水泥，取得较好的成效。该厂的配比方案如表 7-4 所示。

表 7-4 造气炉渣水泥配比方案

组分	石灰石	黏土	炉渣	铁粉	无烟煤	萤石
配比/%	69.14	9.0	6.0	3.24	11.57	1.05

该方法的优点主要体现在以下两个方面。

① 提高了熟料质量 使用炉渣后，由于炉渣带入了较多的 Al_2O_3，使得熟料中铝的含

量增加，提高了水泥熟料的强度，特别是早期强度提高幅度更大。

②节约能源，主要是节煤　由于造气炉渣中常含有一部分未燃尽的煤，有一定的发热量，它既是一种原料，又是一种低热值的骨料，用这种炉渣配料，就可以减少无烟煤的配入量，从而达到节煤的目的。

第三类灰渣经历 1500～1700℃ 的燃烧，全部矿石均熔化，飞尘粒度比水泥更细，比表面约为 $5000cm^2/g$。这一类灰渣和 $Ca(OH)_2$ 反应较好，其活性较高，可用作水泥原料。比如粉煤灰经历了 1500～1700℃ 的燃烧，可作为火山灰质混合物，与水泥熟料混合磨细后制成粉煤灰水泥。图 7-13 为粉煤灰水泥生产工艺。

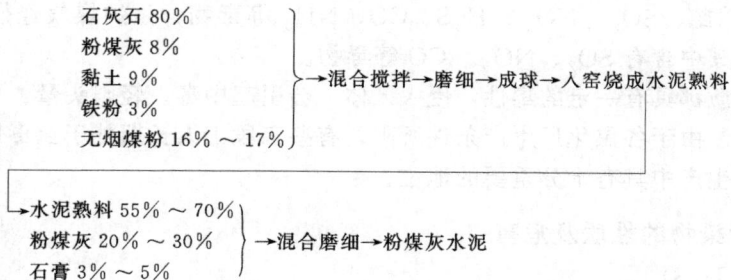

石灰石 80%
粉煤灰 8%
黏土 9%　　　→混合搅拌→磨细→成球→入窑烧成水泥熟料
铁粉 3%
无烟煤粉 16%～17%

水泥熟料 55%～70%
粉煤灰 20%～30%　　→混合磨细→粉煤灰水泥
石膏 3%～5%

图 7-13　粉煤灰水泥生产工艺

四、化工

由于炉渣灰中含有 55%～65% 的二氧化硅，所以可用作橡胶、塑料、油漆（深色）、涂料（深色）以及黏合剂的填料。加之炉渣灰中含有的三氧化二铝等活泼分子，因此用炉渣灰制备的填料，有强渗透性，可以高充填，能在被充填的物料中起润滑作用，具有分布均匀、吃粉快、混炼时间短、粉尘少、表面光滑等特点。二氧化硅中的硅氧键断裂能高达 $108kcal$●/mol，决定其具有较好的阻燃性能和较宽的湿度适应性，因而可以广泛地应用在橡胶制品中，取代碳酸钙、陶土、普通炭黑、半补强炭黑、耐磨炭黑等传统填料。

五、轻金属

目前国内已有生产硅铝粉的厂家。经分析炉渣灰中三氧化二铝最高含量达 35%，一般也在 20% 左右；二氧化钛在 0.5%～1.5%。因此，用炉渣灰生产硅钛氧化铝粉，具有先决的化学元素基础。可进一步加适量氧化铝粉进行混合电解生产硅钛铝合金。过去传统工艺生产是用铝、硅钛混合熔炼法生产硅钛铝合金。由于钛的稀有短缺，价格昂贵，使这一合金的发展受到限制。用此新工艺生产硅铁铝合金，不但可综合利用废物——炉渣灰，而生产工艺简便，产品生产成本低，具有较高的经济效益。

复 习 题

1. 焦化生产中的废液废渣有哪些？
2. 简述酸焦油产生的生产过程。
3. 简述脱硫废液的产生。
4. 举例说明酸焦油的回收过程。

● 1kcal＝4.1868kJ。

第八章

煤化工其他类型的污染

第一节　有毒污染物的危害与防护

煤化工生产过程中产生许多有毒物质。炼焦过程的装煤及推焦操作、炉顶与炉门的泄漏等排放出苯并[a]芘、SO_2、NO_x、H_2S、CO、NH_3 等毒物；焦炉煤气经燃烧后产生的废气由烟囱排出，其中含有 SO_2、NO_x、CO 等毒物。

由于这些物质都具有一定的毒性，侵入人体，会引起中毒。轻则头晕、恶心、乏力，重则昏迷甚至死亡。由于各焦化厂生产条件所限，有些工段工人长期处于亚毒性环境，所以防毒安全在煤化工生产中具有十分重要的地位。

一、有毒污染物的性质及危害

1. 硫化氢（H_2S）

（1）理化性质　硫化氢是无色透明的气体，具有臭蛋味。密度为空气的 1.19 倍，溶于水、乙醇、甘油、石油溶剂。在地表面或低凹处空间积聚，不易飘散。硫化氢的化学性质不稳定，在空气中容易燃烧，燃烧时火焰呈蓝色。它能使银、铜及金属制品表而发黑，与许多金属离子作用，生成不溶于水或酸的硫化物沉淀。

（2）危害　硫化氢属Ⅱ级毒物，车间空气中硫化氢的最高容许浓度为 $10mg/m^3$。硫化氢是强烈的神经毒物，对黏膜有明显的刺激作用，其中毒表现如下。

① 轻度中毒。有畏光流泪、眼刺痛、流涕、鼻及咽喉灼热感，数小时或数天后自愈。

② 中度中毒。出现头痛、头晕、乏力、呕吐、运动失调等中枢神经系统症状，同时有喉痒、咳嗽、视觉模糊、角膜水肿等刺激症状。经治疗可很快痊愈。

③ 重度中毒。表现为抽搐、意识模糊、呼吸困难等。迅速陷入昏迷状态，可因呼吸麻痹而死亡。抢救治疗及时，1~5 天可痊愈。在接触极高浓度时（$1000mg/m^3$ 以上），可发生"闪电式"死亡，即在数秒钟内突然倒下，瞬间停止呼吸，立即介入人工呼吸可望获救。

2. 一氧化碳（CO）

（1）理化性质　一氧化碳为无色、无臭、无刺激性气体，相对密度 0.91。不溶于水，易溶于氨水。焦炉煤气中一氧化碳体积分数为 5%~8%；发生炉煤气中一氧化碳体积分数高达 23%~28%，甚至更高。

（2）危害　一氧化碳是一种窒息性毒气，属Ⅱ级毒物，空气中一氧化碳控制标准为小于 $30mg/m^3$。一氧化碳被吸入后，经肺泡进入血液循环。由于它与血液中血红蛋的亲和力比 O_2 大 200~300 倍，故人体吸入一氧化碳后，即与血红蛋白结合，生成碳氧血红蛋白（CO-Hb）。碳氧血红蛋白无携氧能力，又不易解离，造成全身各组织缺氧，甚至窒息死亡。空气中一氧化碳浓度达到 $1.2mg/m^3$ 时，短时间可致人死亡。中毒表现如下。

① 轻度中毒。吸入一氧化碳后出现头痛、头沉重感、恶心、呕叶、全身疲乏无力、耳鸣、心悸、神志恍惚。稍后，症状便加剧，但不昏迷。离开中毒环境，吸入新鲜空气能很快自行恢复。病人体内的碳氧血红蛋白一般在 20% 以下。

② 中度中毒。除上述症状加重外，面颊部出现樱桃红，呼吸困难，心率加快，大小便

失禁，昏迷。大多数病人经抢救后能好转，不留后遗病症。病人体内的碳氧血红蛋白在 20%～50%之间。

③ 重度中毒。多发生于一氧化碳浓度极高时，患者很快进入昏迷，并出现各种并发症，如脑水肿、心肌损害、心力衰竭、休克。如能得救也留有后遗症，如偏瘫、植物神经功能紊乱、神经衰弱等。

3. 苯（C_6H_6）、**甲苯**（C_7H_8）、**二甲苯**（C_8H_{10}）

（1）理化性质　苯、甲苯、二甲苯是粗苯精制的主要产品，三者均为无色透明具有特殊芳香味的液体，常温下极易挥发，易燃，不溶于水，溶于乙醇、乙醚等有机溶剂。苯的沸点 80.1℃，相对密度 0.879。甲苯沸点 110.6℃，相对密度为 0.867。二甲苯有三种同分异构体，沸点范围为 138.2～144.4℃，相对密度为 0.860。

（2）危害

① 苯属Ⅰ级毒物，车间空气中苯的短时间接触容许浓度为 40mg/m³。高浓度苯对中枢神经系统有麻醉作用，引起急性中毒；长期接触苯对造血系统有损害，引起慢性中毒。

● 急性中毒。轻者有头痛、头晕、恶心、呕吐、轻度兴奋、步态蹒跚等酒醉状态，俗称"苯醉"；严重者发生昏迷、抽搐、血压下降，以致呼吸和循环衰竭。

● 慢性中毒。主要表现有神经衰弱综合征；白细胞、血小板减少；重者出现再生障碍性贫血，少数病例在慢性中毒后可发生白血病（以急性粒细胞性为多见）。皮肤损害有脱脂、干燥、皲裂、皮炎。

② 甲苯、二甲苯毒性较低，属Ⅲ级毒物。车间空气中甲苯、二甲苯的短时间接触容许浓度均为 100mg/m³。甲苯、二甲苯主要以蒸气态经呼吸道进入人体。皮肤吸收很少。急性中毒表现为中枢神经系统的麻醉作用和植物性神经功能紊乱症状，眩晕、无力、酒醉状，血压偏低、咳嗽、流泪。重者有恶心、呕吐、幻觉甚至神志不清。慢性中毒主要因长期吸入较高浓度的甲苯、二甲苯蒸气所引起，可出现头晕、头痛、无力、失眠、记忆力减退等现象。

③ 苯、甲苯、二甲苯对女性的影响。

● 经调查发现，接触同样浓度的男、女职工的血液中和呼出气中的苯浓度测定结果表明，苯在妇女体内存留时间长，而 15%～20%可蓄积在体内含脂肪较多的组织中，这可能与女性脂肪较丰富有关。

● 对皮鞋厂接触混苯的女工进行调查，发现月经不调患病率高，特别是血量过多，经期延长。动物实验表明，高浓度苯对生殖机能和胚胎发育有影响，说明具有弱胚胎毒性。对接触苯的女工乳汁检查，苯可直接通过乳汁排出，给小儿喂奶时，有拒乳现象发生。

● 苯、甲苯、二甲苯相对分子质量低，可透过胎盘屏障而直接作用于胚胎组织；苯能使母亲贫血从而影响胎儿的营养；甲苯、二甲苯的代谢产物与甘氨酸结合后被排出，其转化解毒的过程中能大量消耗母体的蛋白质储存；苯的代谢产物酚能抑制 DNA 的合成。凡此种种均可对胎儿发育带来不良影响。

4. 氨（NH_3）

（1）理化性质　氨为无色、强烈刺激性气体，比空气稍轻，易液化。沸点 -35.5℃，相对密度 0.76。可液化成无色液体。易溶于水而生成氨水，呈碱性。

（2）危害　氨属Ⅱ级毒物，主要是对上呼吸道有刺激和腐蚀作用，车间空气中的短时间接触容许浓度为 30mg/m³。人对氨的嗅觉阈为 0.5～1mg/m³。大于 350mg/m³ 的场所无法工作。接触氨后，患者眼和鼻有辛辣和刺激感，流泪、咳嗽、喉痛，出现头痛、头晕、无力等全身症状。重度中毒时会引起中毒性肺水肿和脑水肿，可引起喉头水肿、喉痉挛，中枢神经系统兴奋性增强，引起痉挛，通过三叉神经末梢的反射作用引起心脏停搏和呼吸停止。液氨或高浓度氨可致眼灼伤；液氨可致皮肤灼伤。

5. 氰化氢（HCN）

（1）理化性质　无色液体，有苦杏仁味，易溶于水及有机溶剂，极易挥发，相对密度 0.933，熔点 -13.2℃，沸点 25.7℃。

（2）危害　氰化氢属Ⅰ级毒物，最高允许浓度 $0.3mg/m^3$。吸入低浓度氰化氢，可出现头痛、头晕、乏力、胸闷、呼吸困难、心悸、恶心、呕吐等表现。短时间内吸入高浓度氰化氢气体，可立即致呼吸停止而死亡，故称之为"电击型"死亡，原因是氰离子能迅速与氧化型细胞色素氧化酶的三价铁结合，造成细胞内窒息，引起组织缺氧而中毒。眼和皮肤沾染氰化氢，也可吸收中毒，并产生局部刺激症状。

6. 苯酚（C_6H_5OH）

（1）理化性质　无色针状结晶或白色结晶，有特殊气味，遇空气和光变红，遇碱变色更快。相对密度 1.071。熔点 42.5～43℃。可溶于水，易溶于醇、氯仿、乙醚、丙三醇、二硫化碳、凡士林、碱金属氢氧化物水溶液，几乎不溶于石油醚。

（2）危害　苯酚属Ⅲ级毒物，车间空气中最高允许浓度 $5mg/m^3$。

① 急性中毒。吸入高浓度苯酚蒸气可引起头痛、头昏、乏力、视物模糊等表现。误服可引起消化道灼伤，出现烧灼痛，呼出气带酚气味，呕吐物或大便可带血，可发生胃肠道穿孔，并可出现休克、肺水肿、肝或肾损害。一般可在 48h 内出现急性肾功能衰竭，血及尿酚量增高。

② 皮肤灼伤。创面初期为无痛性白色起皱，继而形成褐色痂皮。常见的有浅度灼伤。苯酚可经灼伤的皮肤吸收，经一定潜伏期后出现急性肾功能衰竭等急性中毒表现。眼接触苯酚可致灼伤。

7. 二硫化碳（CS_2）

（1）理化性质　二硫化碳是无色易燃物体，工业品呈黄色。纯品有微弱芳香味，粗品有不愉快臭气。相对密度 1.261，沸点 46.5℃，易挥发。

（2）危害　二硫化碳属Ⅱ级毒物，最高允许浓度 $10mg/m^3$。二硫化碳是损害血管和神经的毒物，急性轻度中毒有头痛、头晕、眼及鼻黏膜刺激症状；急性中度中毒尚有酒醉表现；急性重度中毒可呈短时间的兴奋状态，继之出现谵妄、昏迷、意识丧失，伴有强直性及阵挛性抽搐，可因呼吸中枢麻痹而死亡。严重中毒后可遗留神经衰弱综合征，中枢神经和周围神经永久性损害。

慢性中毒主要为神经衰弱综合征和植物神经功能紊乱，可引起多发性神经炎，出现视、听、味觉障碍，可致性功能障碍，对妇女影响尤为明显。二硫化碳可引起女工月经失调，通过胎盘屏障侵入胎体，二硫化碳作业可使女工自然流产率增加，二硫化碳也可自乳汁排出。

8. 吡啶（C_5H_5N）

（1）理化性质　无色或微黄色液体。恶臭，味辛辣。相对密度 0.987，沸点 115℃，能与水、乙醇等混溶。

（2）危害　吡啶属Ⅱ级毒物，最高允许浓度 $4mg/m^3$。溶液和蒸气对皮肤和黏膜有刺激作用。吸入高浓度蒸气能引起头晕、头胀、口苦、咽干、无力、恶心、呕吐、步态不稳、呼吸困难、意识模糊、大小便失禁、强直性抽搐、血压不稳、昏迷等症状。

9. 二氧化硫（SO_2）

（1）理化性质　SO_2 是无色、不燃、有恶臭并具有辛辣味的窒息性气体。密度为

1.434，熔点−72.7℃，沸点−10℃。易溶于甲醇和乙醇，溶于硫酸、乙酸、氯仿和乙醚等。

（2）危害　车间空气中二氧化硫最高容许浓度为15mg/m³。二氧化硫对眼及呼吸道黏膜有强烈的刺激作用，大量吸入可引起肺水肿、喉水肿、声带痉挛而致窒息。急性中毒表现为：轻度中毒时，发生流泪、畏光、咳嗽、咽灼痛等呼吸道及眼结膜刺激症状；严重中毒可在数小时内发生肺水肿；极高浓度时可引起反射性声门痉挛而致窒息。慢性中毒的表现是：长期接触二氧化硫，有头痛、头昏、乏力等全身症状以及慢性鼻炎、支气管炎、嗅觉及味觉减退、肺气肿等；少数工人有牙齿酸蚀等。

大气中的SO_2在阳光、水汽和飘尘的作用下，生成SO_3，与水滴接触形成酸雾。它以气溶胶的形式附着于云雾和尘埃中，遇雨则形成酸雨（pH＜5.6）。酸雾和酸雨除对自然界有严重危害外，对人体的影响远大于SO_2，空气中酸雾达到0.8mg/m³时，人即有不适感觉。

10. 氮氧化物（NO_x）

（1）理化性质　氮氧化物种类很多，主要包括氧化亚氮、氧化氮、三氧化二氮、二氧化氮、四氧化二氮和五氧化二氮。在工业生产中引起中毒的多是混合物，但主要是一氧化氮和二氧化氮，一氧化氮为无色无臭的气体，密度为1.037，在空气中易氧化为二氧化氮。二氧化氮为红棕色有毒的恶臭气体。

（2）危害　氮氧化物属Ⅲ级毒物，车间空气中最高容许浓度5mg/m³。二氧化氮在水中的溶解度低，对眼部和上呼吸道的刺激性小，吸入后对上呼吸道几乎不发生作用。当进入呼吸道深部的细支气管与肺泡时，可与水作用形成硝酸和亚硝酸，对肺组织产生剧烈的刺激和腐蚀作用，形成肺水肿。接触高浓度二氧化氮可损害中枢神经系统。氮氧化物急性中毒可引起肺水肿、化学性肺炎和化学性支气管炎。长期接触低浓度氮氧化物除引起慢性咽炎、支气管炎外，还可出现头昏、头痛、无力、失眠等症状。

从污染源排出的NO_x，进入大气后，与其他有害物如CO、C_mH_n。和SO_2等混合，在阳光、紫外线的照射下，经一系列的化学反应，最终形成一种浅蓝色烟雾，即所谓的"光化学烟雾"，可使晴朗天空烟雾弥漫，严重影响人体健康。

11. 多环芳烃（C_mH_n）

（1）理化性质　煤化工生产进入大气的多环芳烃，如苯并[a]芘、7,12-二甲基苯并[a]蒽、3-甲基胆蒽、二苯并[a,h 或 a,i]蒽、二苯并[a,h]芘、二苯[a,i]芘等约100多种。其中已被证实的致癌物有22种。苯并[a]芘（BaP）是焦化生产中排放量最多的多环芳烃，熔点179℃，沸点310～320℃，黄色结晶。能溶于苯，但不溶于水。

（2）危害　苯并[a]芘是含碳燃料及有机物在一定温度条件下，经热解、环化、聚合作用而生成的一种稠环芳烃，具有致癌性，潜伏期可长达10～15年，此滞后现象易淡化病情而导致严重后果。它一般附着于小颗粒粉尘之上，污染大气；也可渗入地下污染地下水及土壤，但可通过生物降解作用和其他因素作用降低其浓度。

二、中毒分类及特点

1. 职业中毒分类

（1）急性中毒　是指一个工作日或更短的时间内接触了高浓度毒物所引起的中毒。急性中毒发病很急，变化较快，多数是由于生产中发生意外事故而引起的，如果抢救不及时或治疗不当，易造成死亡或留有后遗症。

（2）慢性中毒　是指长时期不断接触某种较低浓度工业毒物所引起的中毒。慢性中毒发病慢，病程进展迟缓，初期病情较轻，与一般疾病难以区别，容易误诊。如果诊断不当，治疗不及时，会发展成严重的慢性中毒。

（3）亚急性中毒　是指介于急性和慢性中毒之间的职业中毒。一般是指接触工业毒物时间为一个月至六个月，发病比急性中毒缓慢一些，但病程进展比慢性中毒快得多。

（4）亚临床型职业中毒　是指工业毒物在人体内蓄积至一定量，对机体产生了一定损害，但在临床表现上尚无明显症状和阳性体征，称为亚临床型职业中毒。它是职业中毒发病的前期，在此期间若能及时发现，与毒物脱离接触，并进行适当疗养和治疗，可以不发病且很快恢复正常。

2. 职业中毒特点

职业中毒是指中毒者有明确的工业毒物职业接触史，包括接触毒物的工种、工龄以及接触种类和方式等，都是有案可查的。职业中毒具有群发性的特点，即同车间同工种的工人接触某种工业毒物，若有人发现中毒，则可能会有多人发生中毒。职业中毒症状有特异性，毒物会有选择地作用于某系统或器官，出现典型的系统症状。

一般急性中毒属于安全技术范畴，其余中毒则属职业卫生管理。防止急性中毒引起的伤亡事故是煤化工安全生产的主要任务。

三、中毒急救

1. 煤气毒急救

煤气中毒通常指的就是一氧化碳中毒，煤气中毒急救即为一氧化碳中毒急救。

① 将中毒者救出危险区，转移到空气新鲜的地方。只要中毒者仍在呼吸，一接触新鲜空气，人体生物化学性的修复作用就立即开始。

② 如果中毒轻微，出现头痛、恶心、呕吐症状的，可直接送医务部门急救。

③ 对于中毒较重，出现失去知觉，口吐白沫等症状的，应立即通知煤气防护站和医务部门到现场急救。并采取以下措施：使之躺平，把腿垫高，使血液回流；松开衣领腰带，使之呼吸通畅；掏出口内的假牙、食物等，以防阻塞呼吸；适当保暖，以防受凉；使中毒者吸氧气。

④ 对于停止呼吸的，立即进行口对口人工呼吸。抢救者要避免吸入中毒者呼出的气体。

⑤ 中毒者未恢复知觉前，应避免搬动、颠簸，不要送医院。如果送高压氧舱抢救，途中应采取有效的急救措施，并有医务人员护送。

⑥ 应避免使用刺激性药物。

2. 其他中毒急救

① 吸入。迅速脱离现场至空气新鲜处，保持呼吸道通畅。如呼吸困难，应输氧。如呼吸停止，立即进行人工呼吸。氨中毒会严重损害呼吸道和肺部组织，抢救时严禁使用压迫式人工呼吸法，应尽快就医。

② 误服。尽快催吐，神志清醒者用手指刺激舌根或咽部引吐。意识不清或消化道已有严重腐蚀时不要进行上述处理。误服强腐蚀性的毒物者，应饮入一些牛奶、豆浆、面糊、蛋清、氢氧化铝凝胶等保护胃黏膜，尽快就医。

③ 皮肤接触。脱去被污染的衣服，用肥皂水和清水彻底冲洗皮肤。氨的灼伤可用2%硼酸液冲洗，尽快就医。

④ 眼睛接触。提起眼睑，使毒物流出，用流动清水或生理盐水冲洗，尽快就医。

四、毒物泄漏处置

① 泄漏污染区人员迅速撤离至上风处，并隔离至气体散尽，严格限制出入。

② 切断火源。

③ 建议应急处理人员佩戴自给式呼吸器，针对不同毒物穿相应的防护服。

④ 切断泄漏源。对于苯类物质应防止进入下水道、排洪沟等限制性空间。

⑤ 可用喷雾状水或其他水溶液稀释、溶解，注意收集并处理废水。对于苯的小量泄漏，可用活性炭或其他惰性材料吸收，也可以用不燃性分散剂制成的乳液刷洗，洗液稀释后放入废水系统。对于苯的大量泄漏，应构筑围堤或挖坑收容，用泡沫覆盖，降低蒸气灾害；用防爆泵转移至槽车或专用收集器内，回收或运至废物处理场所处置。

⑥ 抽排（室内）或强力通风（室外）。如有可能，将残余气体或漏出气用排风机送至洗水塔或与塔相连的通风橱内。硫化氢可使其通过三氯化铁水溶液。对于一氧化碳气体，将漏出气用排风机送至空旷地方，也可以用管路导至炉中焚之。

五、预防措施

（1）密闭　加强设备的密闭化和自动化，防止跑、冒、滴、漏。使用、运输和储存有毒物质时应注意安全，防止容器破裂和冒气。

（2）通风排毒　产生有毒气体的生产过程和环境应加强通风。

（3）定期监测　凡进入可能产生硫化氢的地点均应先进行测定浓度。采用贫煤气加热时，煤气区可能有一氧化碳泄漏，应设一氧化碳报警系统。有时需进入煤气设备内部检修，人进入前一定要取样分析氧和一氧化碳含量，根据含量控制进入操作时间，并对含量不断监视。在设备内的操作时间要根据一氧化碳含量不同而确定（见表 8-1），而氧含量接近对比环境中的氧含量时才能进入。

表 8-1　一氧化碳含量与可在设备内的操作时间

一氧化碳含量/(mg/m³)	设备内的操作时间/h	一氧化碳含量/(mg/m³)	设备内的操作时间/h
<30	可长时间操作	100~200	<15~20min
30~50	<1		（每次操作的间隔2h以上）
50~100	<0.5	>200	不准入内操作

（4）个人防护　呼吸系统防护为空气中毒物浓度超标时，佩戴自吸过滤式防毒面具，带煤气作业时必须戴防毒面具。眼睛防护是戴化学安全防护眼镜。身体防护为穿防毒物渗透工作服。手防护是戴橡胶手套。对于接触苯的工作岗位禁止吸烟、进食和饮水，工作完毕，淋浴更衣。

第二节　粉尘的危害与防护

一、粉尘的种类

工业废气中的颗粒物即粉尘，粒径范围为 0.001~500μm，按粒径大小分为两类。直径大于 10μm 者，易于沉降，称为降尘；直径小于等于 10μm 者，以气溶胶的形式长期漂浮于空气中，称为飘尘。直径在 0.5~5μm 者，对人体危害最大。因为大于 5μm 者，易被鼻毛和呼吸道黏液阻挡；而小于 0.5μm 者由于扩散作用，又易被上呼吸道表面所黏附，随痰排出。只有 0.5~5μm 的飘尘可直接进入人体，沉积于肺泡内，并有可能进入血液，扩散至全身。由于飘尘表面积很大，能够吸附多种有毒物质，且在空气中滞留时间较长，分布较广，故危害也最严重。尤其是粉尘表面尚有催化作用以及附着的有害物之间的协同作用，由此而形成新的危害物，毒性远大于各个单体危害性的总和。由于吸附的有害物质不同，可以形成多种疾病。

焦化生产中，备煤、炼焦及筛焦工段为粉尘的主要排放源，粉尘主要是煤尘和焦尘。作业场所空气中的粉尘浓度不得大于 $10mg/m^3$，外排气体的含尘浓度应符合现行的工业三废排放标准。

二、粉尘的危害

① 人吸进呼吸系统的粉尘量达到一定数值时，能引起鼻炎、各种呼吸道疾病以及肺癌等疾病。长期吸入大量的煤尘后，可得煤肺病，最后可使人的肺部失去功能而窒息死亡。

② 粉尘与空气中的 SO_2 协同作用会加剧对人体的危害。当 SO_2 的浓度为 $0.4mg/m^3$ 时，人体并未受到严重危害；但同时存在 $0.3mg/m^3$ 飘尘时，呼吸道疾病显著增加。

③ 人吸进含有重金属元素的粉尘危害性更大。

④ 由于粉尘能吸收大量紫外线短波部分，当空气中粉尘浓度达 $0.1mg/m^3$ 时，紫外线减少 42.7%；浓度为 $1mg/m^3$ 时，减少 71.4%；达到 $2mg/m^3$ 以上时，对人伤害很大。

⑤ 烟尘使光照度和能见度减弱，严重影响动植物的生长，也在一定程度上影响城市交通秩序，造成交通事故的多发。

⑥ 某些粉尘，当达到爆炸极限时，若存在着足够的火源将引起爆炸。煤尘爆炸与其在空气中的含量有关，褐煤在 $45\sim2000mg/m^3$，烟煤在 $110\sim2000mg/m^3$，能形成爆炸性混合物。空气中煤尘含量在 $300\sim400mg/m^3$ 时，爆炸威力最大。这是因为煤尘和空气的混合比例适中，煤尘充分燃烧。另外粉尘的粒径越小，粉尘和空度的湿度越小，爆炸的危险性越大。

煤尘爆炸后不仅产生冲击波而伤人和破坏建筑物，同时产生大量的一氧化碳，可使人中毒死亡。煤尘爆炸还会引起连锁反应，即一次爆炸后，使已沉落的煤尘飞扬起来再次发生爆炸。因此，煤尘爆炸的危害很大，甚至可使整个厂房毁灭。

三、粉尘的防护

① 密闭尘源。粉碎机室、筛焦楼、贮焦槽、运焦系统的转运站以及熄焦塔应密闭，可减少或消除尘源。

② 通风除尘。通过通风除尘措施尽量减少煤尘在空气中的含量，同时防止在有煤尘污染的地区使用明火，防止粉尘爆炸。

③ 湿式作业。煤的输送过程，可以在皮带运输的尾部加上水幕或喷雾，以减少粉尘飞扬。

④ 个人防护。因生产条件暂时得不到改善的场所，可以采取个人防护。煤场的煤尘用通风除尘或湿式作业难以控制时，要强调戴防尘口罩。

⑤ 测定粉尘浓度和分散度。测定粉尘中的游离二氧化硅、粉尘浓度和分散度，特别是对粉尘浓度的日常测定，对制定防尘措施，是十分重要的依据。

⑥ 定期体检。发现有严重鼻炎、咽炎、气管炎、哮喘者应脱离粉尘作业。长期吸入粉尘，群体气管炎等可明显增多、肺通气功能下降，要考虑粉尘的影响，应及时改善生产作业环境条件。

第三节　噪声的危害与防护

一、声音的物理量

声音的强度主要是音调的高低和声响的强弱。表示音调高低的是声音的频率即声频，表示声响强弱的有声压、声强、声功率和响度。人耳感受声音的大小，主要与声压及声频有关。

1. 声压及声压级

由声波引起的大气压强的变化量为声压。正常人刚刚能听到的最低声压为听阈声压。对于频率为 1kHz 的声音，听阈声压为 2×10^{-5} Pa。当声压增大至 20Pa 时，使人感到震耳欲聋，称为痛阈声压。听阈声压与痛阈声压的绝对值相差一百万倍，因此用声压绝对值来衡量声音的强弱很不方便。为此，通常采用按对数方式分等级的办法作为计量声压大小的单位，这就是通常用的声压级。单位为分贝（dB），其数学表达式为：

$$L_p = 20 \lg \frac{p}{p_0} \qquad (8\text{-}1)$$

式中　L_p——声压级，dB；

　　　　p——声压级，Pa；

　　　　p_0——基准声压，2×10^{-5} Pa。

用声压级代替声压可把相差一百万倍的声压变化，简化为 0～120dB 的变化，这给测量和计算带来了极大的方便。

2. 声频

声频指声源振动的频率，人耳能听到的声频范围一般在 20～20000Hz 之间，低于 20Hz 的声音为次声，超过 20000Hz 的声音为超声，次声和超声人的听觉都感觉不到。

声频不同，人耳的感受也不一样，中高频（500～600Hz）声音比低频（低于 500Hz）声音响些。

3. 响度

响度是人对声音的主观感觉，通常是声压大，音响感强；频率高，感觉音调高。当声压相同频率不同时，音响感也不同。因此仅用声压级不能完全准确地表示响度的大小。人耳具有对高频敏感、对低频不敏感这一特性，于是在用声压和频率这两个因素时以 1000Hz 纯音为基准，定出不同频率声音的主观音响感觉量，这称为响度级。其单位为方（phon）。

"A"声级网络是模仿人耳对 40phon 纯音响测得的噪声强度，称为 A 声级（A 声级对低频音有较大的衰减），表示方法为 dB(A)。此外还有"B"声级网络和"C"声级网络。

二、噪声的来源及分类

产生噪声的声源称为噪声源，噪声源分为交通运输噪声，包括汽车、火车、轮船等产生的噪声；建筑施工噪声，像打桩机、混凝土搅拌机和挖土机发出的声音；日常生活噪声，例如，高音喇叭、收音机等发出的过强声音；工厂噪声，如鼓风机、汽轮机、织布机和冲床等所产生的噪声。

按噪声产生的方式来划分，可将噪声分为机械噪声、气体动力噪声、电磁噪声三大类。

（1）机械噪声　由机械撞击、摩擦、转动而产生。如破碎机、球磨机、电锯、机床等产生的噪声。

（2）气体动力噪声　由气体振动产生及当气体中存在涡流或发生压力突变时引起的气体扰动产生的噪声。如通风机、鼓风机、高压气体放空时产生的噪声。

（3）电磁噪声　由于磁场脉动、电源频率脉动引起电器部件振动而产生。如发电机、变压器、继电器产生的噪声。

如果按噪声随时间的变化来划分，可分成稳态噪声和非稳态噪声两大类。

（1）稳态噪声　如果噪声在较长一段时间保持恒定不变，这种噪声就称为稳态噪声。

（2）脉冲噪声　如果噪声随时间变化时大时小，这种噪声称为脉冲噪声。这种噪声对人的听力影响更大些。

焦化厂的噪声主要来自各种风机产生的气体动力噪声及粉碎机、振动筛、泵、电机的机械噪声等，主要操作工序的噪声级及频率特性见表 8-2。

表 8-2　主要操作工序的噪声级及频率特性

噪声源	噪声频率特性	噪声级/dB(A)	噪声源	噪声频率特性	噪声级/dB(A)
配煤室	低频	81～83	硫酸铵干燥	中频	97
粉碎机室	低频	88～97	氨水泵房	中频	88～92
转运站	低中频	90～100	粗苯泵房	中频	91～96
煤塔	中频	97	焦油泵房	低中频	92～95
筛焦楼	中频	92～99	酚水站	中频	95～112
鼓风机室	中高频	91～93	操作室	低频	70～80

三、噪声的危害

（1）干扰人们的睡眠和工作　人们休息时，要求环境噪声小于 45dB(A)，若大于 63.8dB(A)，就很难入睡。噪声分散人的注意力，容易疲劳，反应迟钝，神经衰弱，影响工作效率，还会使工作出差错。

（2）对听觉器官的损伤　人听觉器官的适应性是有一定限度的，在强噪声下工作一天，只要噪声不要过强 [120dB(A) 以上]，事后只产生暂时性的听力损失，经过休息可以恢复。但如果长期在强噪声下工作，每天虽可恢复，但经过一段时间后，听觉器官会发生器质性病变，出现噪声性耳聋，俗称噪声聋。

（3）噪声对心血管系统有影响　它可使交感神经紧张，从而出现心跳加快，心律不齐，心电图 T 波升高或缺血性改变，传导阻滞，血管痉挛，血压变化等症状。

（4）噪声对视力也有影响　可造成眼疼、视力减退、眼花等症状。

（5）噪声会使人胃功能紊乱　出现食欲不振、恶心、肌无力、消瘦、体质减弱等症状。

（6）噪声对内分泌系统有影响　使人体血液中油脂及胆固醇升高，甲状腺活动增强并轻度肿大，人尿中 17-酮固醇减少等。

（7）噪声影响胎儿的发育成长。

四、噪声控制

噪声是由声源、声的传播途径和接收者三部分组成。因此，可以从以下三方面控制噪声。

1. 从声源上降低噪声

降低噪声源的噪声这是治本的方法。如能既方便又经济地实现，应首先采用，主要是减少噪声源和合理布局来实现。

（1）减少噪声源　用无声的或低噪声的工艺和设备代替高噪声的工艺和设备，提高设备的加工精度和安装技术，使发声体变为不发声体，这是控制噪声的根本途径。

无声钢板敲打起来无声无息，如果机械设备部件采用无声钢板制造，将会大大降低声源强度。在选用设备时，应优先选用低噪声的设备。如电机可采用低噪声电机；采用胶带机代替高噪声的振动运输机；采用沸腾干燥法代替振动干燥法干燥硫酸铵；选用噪声级低的风机等。

（2）合理布局　在总图布置时考虑地形、厂房、声源方向性和车间噪声强弱、绿化植物吸收噪声的作用等因素进行合理布局，起到降低工厂边界噪声的作用。如把高噪声的设备和低噪声的设备分开；把操作室、休息间、办公室与嘈杂的生产环境分开；把生活区与厂区分开，使噪声随着距离的增加自然衰减；城市绿化对控制噪声也有一定作用，40m 宽的树林就可以降低噪声 10～15dB(A)。

在许多情况下，由于技术上或经济上的原因，直接从声源上控制噪声往往是不可能的。因此，还需要采用吸声、隔声、消声、隔振等技术措施来配合。

2. 控制噪声的传播途径

控制噪声的传播途径主要有以下几种。

（1）吸声处理　主要利用吸声材料或吸声结构来吸收声能而降低噪声。

① 吸声材料在噪声控制技术里应用很广泛。选择吸声材料的首要条件，是它的吸声性能，表示吸声材料性能的量是吸声系数。吸声系数由下式定义：

$$\alpha = \frac{I_i - I_r}{I_i} \tag{8-2}$$

式中　α——吸声系数；

I_i——入射到材料中的声强，W/m^2；

I_r——从材料中反射出来的声强，W/m^2。

吸声系数在 0～1 之间，吸声系数越大，吸声效果越显著。光滑水泥面的吸声系数为 0.02，吸声材料和吸声结构的吸声系数一般在 0.2～0.7 之间。

多孔吸声材料的特点是在材料中有许多微小间隙和连续气泡，因而具有适当的通气性。当声波入射到多孔材料时，首先引起小孔或间隙的空气运动，但紧靠孔壁或纤维表面的空气受孔壁影响不易动起来，由于空气的这种黏性，一部分声能就转变为热能，从而使声波衰减。多孔吸声材料的厚度、堆密度及使用条件都对吸声性能有影响。常用的吸声材料有玻璃棉、毛毡、泡沫塑料和吸声砖等。

② 采用吸声结构降低噪声的主要途径有薄板振动吸声结构和穿孔板结构。

薄板吸声结构在声波作用下将发生振动，板振动时由于板内部和木龙骨间出现摩擦损耗，使声能转变为机械振动，最终转变为热能而起吸声作用。由于低频声波比高频声波容易激起薄板产生振动，所以它具有低频吸声特性。当入射声波的频率与薄板振动的固有频率一致时，将发生共振。在共振频率附近吸声系数最大，约在 0.2～0.5。影响吸声性能的主要因素有薄板的质量、背后空气层厚度以及木龙骨构造和安装方法等。

穿孔板结构是在棉水泥板、石膏板、硬质板、胶合板以及铝、钢板等金属板上穿孔，并在其背后设置空气层，吸声特性取决于板厚、孔径、背后空气层厚度及底层材料。

经过吸声处理的房间，降低噪声的量根据处理面积的多少而定，一般可降低 7～15dB(A)。由于吸声处理技术效果有限，一般是与隔声处理技术综合应用。

（2）隔声处理　隔声处理是将噪声源和人们的工作环境隔开，以降低环境噪声。典型的隔声设备有隔声罩、隔声间和隔声屏。

隔声罩是由隔声材料、阻尼材料和吸声材料构成，主要用于控制机器噪声。隔声材料多用钢板，将钢板做成罩子并涂上阻尼材料，以防罩子共振。罩内加吸声材料，做成吸声层，以降低罩内的混响，提高隔声效果。如用 2mm 厚的钢板加 5cm 厚的吸声材料，可以降低噪声 10～30dB(A)。

隔声间分固定隔声间与活动隔声间两种。固定隔声间是砖墙结构，活动隔声间是装配式的。隔声间不仅需要有一个理想的隔声墙，而且还要考虑门窗的隔声以及是否有空隙漏声。门应制成双层，中间充填吸声材料。隔声窗最好做成双层不平行不等厚结构。

门窗要用橡皮、毛毡等弹性材料进行密封。较好的隔声间减噪量可达 25～30dB(A)。

隔声屏主要用在大车间内以直达声为主的地方,将强噪声源与周围环境适当隔开。隔声屏对减低电机、电锯的高频噪声是很有效的,可减噪声 5～15dB(A)。焦化厂各工序的操作室或工人休息室应采取隔声措施以减少噪声的危害。将噪声较大的机械设备尽可能置于室内防止噪声的扩散与传播,同时对煤塔、煤粉碎机室、煤焦转运站的操作室、除尘地面站操作室、热电站主厂房、压缩空气站、氮气站操作室、汽轮机操作室等处设置隔声门窗。汽轮机本体佩戴消声隔声罩,发电机励磁机本体佩戴消声隔声罩。各除尘风机及前后管道隔声。

例如某厂鼓风机室的屋顶和墙面采用了超细玻璃棉吸声板,厚度为 80mm,外层为高穿孔率纤维护面层,穿孔率为 25.6%;隔声窗为双层 5mm 玻璃,连空气层厚度为 10mm;隔声门由 2mm 厚钢板和 100mm 厚超细玻璃棉及穿孔率为 20% 的穿孔薄钢板构成;煤气管道用阻尼浆和玻璃纤维布包扎。采取上述措施后,机房内噪声降低了 20dB(A)。

(3) 消声处理 消声处理的主要器件是消声器,消声器是降低空气动力性噪声的主要技术措施。主要应用在风机进、出口和排气管口。目前采用的消声器有阻性消声器、抗性消声器、抗阻复合式消声器和微孔板消声器四种类型。

① 阻性消声器 这种消声器是借助镶饰在管内壁上的吸声材料或吸声结构的吸声作用,使沿管道传播的噪声能量转化为热能而衰减,从而达到消声目的。其作用类似于电路中的电阻,故称之为阻性消声器。阻性消声器的优点是对处理高中频率噪声有显著的消声效果,制作简单,性能稳定。其缺点是在高温、水蒸气以及对吸声材料有腐蚀作用的气体中使用寿命短,对低频噪声效果差。

② 抗性消声器 这种消声器是利用管道内声学特性突变的界面把部分声波向声源反射回去,从而达到消声的目的。扩张室消声器、共振消声器、干涉消声器以及穿孔消声器,都是常见的抗性消声器。该形式消声器对处理低、中频噪声有效。若同时采用吸声材料,对高频也有明显效果。抗性消声器的优点是具有良好的低、中频消声性能,结构简单,耐高温、耐气体腐蚀。缺点是消声频带窄,对高频消声效果差。

③ 阻抗复合式消声器 这种消声器是将阻性和抗性消声器结合起来,使其在较宽的频带上具有较好的消声效果。某罗茨鼓风机上用的阻抗复合式消声器由两节不同长度的扩张室串联而成。第一扩张室长 1100mm,扩张比 6.25;第二扩张室长 400mm,扩张比 6.25。每个扩张室内,从两端分别插入等于它的各自长度的 1/2 和 1/4 的插入管,以改善消声性能。为了减少气动阻力,将插入管用穿孔管(穿孔率为 30%)连接。该消声器在低、中频范围内平均消声值在 10dB(A) 以上。

④ 微孔板消声器 这种消声器的结构是将金属薄板按 2.5%～3.0% 的穿孔率进行钻孔,孔径 0.5～1mm,作为消声器的贴衬材料。并根据噪声源的强度、频率范围及空气动力性能的要求,选择适当的单层或双层微孔板构件来作为消声器的吸声材料。微孔板消声器适用于各种场合消声,压力降比较小,如高压风机、空调机、轴流式与离心式风机、柴油机以及含有水蒸气和腐蚀性气体的场所。优点是质量轻、体积小、不怕水和油的污染。

3. 采取个人保护措施

由于技术和经济的原因,在用以上方法难以解决的高噪声场合,佩戴个人防护用品,则是保护工人听觉器官不受损害的重要措施。理想的防噪声用品应隔声值高,佩戴舒适,对皮肤没有损害作用。此外,最好不影响语言交谈。常用的防噪声用品有耳塞、耳罩和头盔等。这些措施可以降低噪声级 20～30dB(A)。

第四节 振动的危害与防护

一、振动及其类型

振动是指在力的作用下，物体沿直线经过一个中心（平衡位置）往返重复运动。按振动作用到人体的方式，振动分为局部振动和全身振动两种类型。局部振动是指局部作用到手、足或局部，传送的范围较局限；全身振动是指通过身体的某一支撑部位传送到全身，并作用到全身大部分器官。

煤破碎机、粉碎机、煤气鼓风机、各种除尘风机、各种泵、电动机、空压站等都能产生振动，尤其是筛焦楼的振动筛振动最为强烈。

二、振动的危害

1. 局部振动

长期接触局部振动的人，可有头昏、失眠、心悸、乏力等不适，还有手麻、手痛、手凉、手掌多汗、遇冷后手指发白等症状，甚至工具拿不稳、吃饭掉筷子。

2. 全身振动

长期全身振动，可出现脸色苍白、出汗、唾液多、恶心、呕吐、头痛、头晕、食欲不振等不适，体温、血压降低等。

振动可以使妇女的生殖器官受到影响，使子宫或附件的炎症恶化，导致子宫下垂、痛经、自然流产和异常分娩的百分率增加。

三、振动对人体影响的因素

1. 振动参数

① 加速度。加速度越大，冲力越大，对人体产生的危害也越大。

② 频率。高频率振动主要使指、趾感觉功能减退，低频率振动主要影响肌肉和关节部分。

2. 振动设备的噪声和气温

噪声和低气温能加重振动对人体健康的影响。

3. 接振时间长短

接振时间越长，振动形成的危害越严重。

4. 肌体状态

体质好坏、营养状况、吸烟、饮酒习惯、心理状态、作业年龄、工作体位、加工部件的硬度都会改变振动对人体健康的影响。

四、振动控制

1. 控制振动源

主要方法是减小和消除振源本身的不平衡力引起的对设备的激励，从改进振动设备的设计和提高制造加工和装配的精度方面，使其振动幅值达到最小。

采用各种平衡方法来改善机器的平衡性能。必要时甚至可以更换机型，修改或重新设计机械的结构，如重新设计凸轮轮廓线，缩短曲柄行程，减小摆动质量，改变磁通间隙等，以减小振动幅度；或改变机器结构的尺寸，采取局部加强的办法，改变机器结构的固有频率；或从改变机器的转速，采用不同叶数的叶片，改变振动系统的扰动频率；改变干扰力的频谱结构，防止共振。改进和提高制造质量，提高加工精度和降低表面粗糙度，提高静、动平衡，精细修整轮齿的啮合表面，减小制造误差，提高安装时的对重质量等。

另外，改变扰动力的作用方向，增加机组的质量，在机组上装设有动力吸振器等均可减小振源底座处的振动。

2. 控制共振

共振是振动的一种特殊状态，当振动机械的扰动激励力的振动频率与设备的固有频率一致时，就会使设备振动得更厉害，甚至起到放大作用，这个现象称共振。

共振不仅是一种能量的传递，而且具有放大传递、长距离传递的特性。共振就像一个放大器，小的位移作用可以得到大的振幅值。共振又像一个贮能器，它以特有的势能与弹性位能的同步转换与吸收，使得能量越来越大。

工程上常应用共振原理制成各种机械设备，使微小的动力可以得到较大的振动力，这是共振积极的一面。但它不利的一面是共振放大作用带来的破坏与灾害，这时需要防止共振发生。防止共振出现的方法主要如下。

① 改变机械结构的固有频率，从改变物体、设备、建筑物等的结构和总的尺寸，或采取加筋、多加支撑点的局部加强法来改变其固有频率。

② 改变各种动力机械振源的扰动频率，如改变机器的转速或更换机型等办法。

③ 振动源安装在非刚性基础上。管道及传动轴等必须正确安装，可采用隔离固定，这对减小墙、板、车船体壁的共振影响十分有效。

④ 对于一些薄壳体、仪表柜或隔声罩等宜采用黏弹性高阻尼材料，增加其阻尼，以增加振动的逸散，降低其振幅。阻尼材料主要由填料和黏合剂组成。填料是一些内阻较大的材料，如蛭石粉和石棉绒等。黏合剂有各种漆、沥青、环氧树脂、丙烯酸树脂及有机硅树脂等。此外，还配有发泡剂和防火剂等。目前常用的阻尼材料有 J70-1 防振隔热阻尼浆、沥青石棉绒阻尼浆、软木防隔热隔振阻尼浆等。

3. 隔振技术

振动影响，特别是针对环境来讲，主要是通过振动传递来达到的，减少或隔离振动就可使振动得到控制。隔振有三种形式。

(1) 采用大型基础　这是最常用和最原始的办法，根据工程振动学的原则，合理地设计机器的基础，可以尽量减少基础的振动和振动向周围传递。在带有冲击作用时，为保护基座和减少振动冲击的传递，采用大的基础质量块更为理想。根据常规经验，一般的切削机床的基础是自身质量的 1～2 倍，特殊的振动机械往往达到自身设备质量的 2～5 倍，有的可达到 10 倍以上。对于煤粉碎机、煤气鼓风机、各除尘风机、煤气吸气机等振动较大的设备，设置单独基础。

(2) 开防振沟　在机械振动基础四周开有一定宽度和深度的沟槽，里面充填以松软物质（如木屑等），亦可不填，用来隔离振动的传递，不足之处是防振沟对高频隔振效果好，对低频振动效果较差，时间长，沟内难免堆有杂物，一旦填实，效果会更差。

(3) 采用隔振元件　在振动设备下方安装隔振器，如橡胶、弹簧或空气减振器等，它是目前工程上最为广泛控制振动的有效措施，能减少力的传递作用，如果选择和安装隔振元件得当，可有 85%～90% 的隔振效果。

4. 加强个人防护

① 配备减振手套和防寒服。

② 休息时用 40～60℃ 热水浸泡手，每次 10min 左右。

③ 供给高蛋白、高维生素和高热量饮食。

第五节　电磁辐射危害与防护

由电磁波和放射性物质所产生的辐射，根据其对原子或分子是否形成电离效应而分成两大类型，即电离辐射和非电离辐射。不能引起原子或分子电离的辐射称为非电离辐射。如紫外线、红外线、射频电磁波、微波等都是非电离辐射。而电离辐射是指能引起原子或分子电离的辐射。如α粒子、β粒子、γ射线、X射线、中子射线的辐射都是电离辐射。

各种辐射线的波长（λ）和频率（f）范围见表8-3。

表 8-3　各种辐射线的波长和频率范围

射线种类	γ射线	X射线	紫外线	可见光	红外线	射频电磁波
λ/m	$<10^{-10}$	$10^{-10} \sim 10^{-8}$	$10^{-8} \sim 10^{-7}$	$10^{-7} \sim 10^{-6}$	$10^{-6} \sim 10^{-4}$	$10^{-4} \sim 10^{-3}$
f/Hz	$>3 \times 10^{18}$	$3 \times 10^{16} \sim 3 \times 10^{18}$	$3 \times 10^{15} \sim 3 \times 10^{16}$	$3 \times 10^{14} \sim 3 \times 10^{15}$	$3 \times 10^{12} \sim 3 \times 10^{14}$	$3 \times 10^{5} \sim 3 \times 10^{18}$

一、非电离辐射的危害与防护

1. 射频电磁波

任何交流电路都能向周围空间放射电磁波，形成一定强度的电磁场。当交变电磁场的变化频率达到100kHz以上时，称为射频电磁场。射频电磁辐射包括$1.0 \times 10^{2} \sim 3.0 \times 10^{7}$kHz的宽广的频带。射频电磁波按其频率大小分为中频、高频、甚高频、特高频、超高频、极高频六个频段。在以下情况中人们有可能接触射频电磁波。

高频感应加热：如高频热处理、焊接、冶炼、半导体材料加工等。

高温介质加热：如塑料热合、橡胶硫化、木材及棉纱烘干等。

微波应用：如微波通信、雷达、射电天文学。

微波加热：如用于食物、纸张、木材、皮革以及某些粉料的干燥。

(1) 对人体的影响　射频电磁波对人体的主要危害是引起中枢神经的机能障碍和以迷走神经占优势的植物神经紊乱。临床症状为神经衰弱综合征，如头痛、头晕、乏力、记忆力减退、心悸等。上述表现，高频电磁场与微波没有本质上的区别，只是程度上的不同。

微波接触者，除神经衰弱症状较明显、时间较长外，初期血压还会下降，随着病情的发展血压升高，造成眼睛晶状体及视网膜的伤害、冠心病发病率上升、暂时性不育等。

(2) 预防措施　采用屏蔽罩或小室的形式屏蔽场源，可选用铜、铝和铁为屏蔽材料。

对一时难以屏蔽的场源，可采取自动或半自动的远距离操作。进行合理的车间布局，高频车间要比一般车间宽敞，高频机之间需要有一定距离，并且要尽可能远离操作岗位和休息地点。一时难以采取其他有效防护措施，短时间作业时可穿戴防微波专用的防护衣、帽和防护眼镜。每1～2年进行一次体检，重点观察眼睛晶状体变化，其次是心血管系统、外周血象及男性生殖功能。

2. 紫外线辐射

紫外线是在电磁波谱中界于X射线和可见光之间的频带。自然界中的紫外线主要来自太阳辐射、火焰和炽热的物体。凡物体温度达到1200℃以上时，辐射光谱中即可出现紫外线，物体温度越高，紫外线波长越短，强度越大。紫外线辐射按其生物作用可分为三个波段。

① 长波紫外线辐射。波长$3.20 \times 10^{-7} \sim 4.00 \times 10^{-7}$m，又称晒黑线，生物学作用很弱。

② 中波紫外线辐射。波长$2.75 \times 10^{-7} \sim 3.20 \times 10^{-7}$m，又称红斑线，可引起皮肤强烈

刺激。

③ 短波紫外线辐射。波长 $1.80 \times 10^{-7} \sim 2.75 \times 10^{-7}$ m，又称杀菌线，作用于组织蛋白及类脂质。

（1）对机体的影响　眼睛暴露于短波紫外线时，能引起结膜炎和角膜溃疡，即电光性眼炎。强紫外线短时间照射眼睛即可致病，潜伏期一般在 $0.5 \sim 24$ h，多数在受照后 $4 \sim 24$ h 发病。首先出现两眼怕光、流泪、刺痛、异物感，并带有头痛、视觉模糊、眼睑充血、水肿。长期受小计量的紫外线照射，可发生慢性结膜炎。

不同波长的紫外线，可被皮肤的不同组织层吸收：波长 2.20×10^{-7} m 以下的短波紫外线几乎全部被角化层吸收；波长 $2.20 \times 10^{-7} \sim 3.30 \times 10^{-7}$ m 的中短波紫外线可被真皮和深层组织吸收，数小时或数天后形成红斑。当紫外线与沥青同时作用于皮肤时，可引起严重的光感性皮炎，出现红斑及水肿。

（2）预防措施　在紫外线发生装置或有强紫外线照射的场所，必须佩戴能吸收或反射紫外线的防护面罩及眼镜。此外，在紫外线发生源附近可设立屏障，或在室内和屏障上涂以黑色，可以吸收部分紫外线，减少反射作用。

3. 红外线辐射

红外辐射即红外线，也称热射线，温度 $-273℃$ 以上的物体，都能发射红外线。物体的温度愈高，辐射强度愈大，其红外成分愈多。如某物体的温度为 $1000℃$，波长短于 $1.5 \mu m$ 的红外线为 5%，当温度升至 $1500℃$ 和 $2000℃$ 时，波长短于的红外线成分分别上升到 20% 和 40%。

（1）对机体影响　较大强度的红外线短时间照射，皮肤局部温度升高、血管扩张，出现红斑反应，停止接触后红斑消失。反复照射局部可出现色素沉着。过量照射，除发生皮肤急性灼伤外，短波红外线还能透入皮下组织，使血液及深部组织加热。如照射面积较大、时间过久，可出现全身症状，重则发生中暑。

过度接触波长为 $3 \mu m \sim 1mm$ 的红外线，能完全破坏角膜表皮细胞，蛋白质变性不透明。红外线可引起白内障，多发生在工龄长的工人，患者视力明显减退，仅能分辨明暗。波长小于 $1 \mu m$ 的红外线可达到视网膜，造成视网膜灼伤，损伤的程度取决于照射部分的强度，主要伤害黄斑区，发生于使用弧光灯、电焊、氧乙炔焊等作业。

（2）预防措施　严禁裸眼观看强光源。司炉工、电气焊工可佩戴绿色玻璃片防护镜，镜片中需含氧化亚铁或其他有效的防护成分（如钴等）。必要时穿戴防护手套和面罩，防止皮肤灼伤。

二、电离辐射的危害与防护

1. 电离辐射的危害

电离辐射对人体的危害是由超过允许剂量的放射线作用在机体的结果。放射性危害分为体外危害和体内危害。体外危害是放射线由体外穿入人体而造成的危害，X 射线、γ 射线、p 粒子和中子都能造成体外危害。体内危害是由于吞食、吸入、接触放射性物质，或通过受伤的皮肤直接侵入人体内造成的。

在放射性物质中，能量较低的 p 粒子和穿透力较弱的 α 粒子由于能被皮肤阻止，不致造成严重的体外危害。但电离能力很强的 α 粒子，当其侵入人体后，将导致严重危害。电离辐射对人体细胞组织的伤害作用，主要是阻碍和伤害细胞的活动机能及导致细胞死亡。

人体长期或反复受到允许放射剂量的照射可使人体细胞改变机能，出现白细胞过多，眼球晶状体浑浊，皮肤干燥，毛发脱落和内分泌失调。较高剂量能造成贫血、出血、白细胞减少、肠胃道溃疡、皮肤溃疡或坏死。在极高剂量放射线作用下，造成的放射性伤害有以下三种类型。

（1）中枢神经和大脑伤害　主要表现为虚弱、倦怠、嗜睡、昏迷、痉挛，可在两周内死亡。

（2）胃肠伤害　主要表现为恶心、呕吐、腹泻、虚弱或虚脱，症状消失后可出现急性昏迷，通常可在两周内死亡。

（3）造血系统伤害　主要表现为恶心、呕吐、腹泻，但很快好转，约2～3周无病症后，出现脱发、经常性流鼻血，再度腹泻，造成极度憔悴，2～6周后死亡。

2. 放射线最大允许剂量

（1）自然本底照射　即使不从事放射性作业，人体也不能完全避免放射性照射。这是由于自然本底照射的结果。每人每年接受宇宙射线约 9.03×10^{-6} C/kg；接受大地放射性物质的射线约 2.58×10^{-5} C/kg；接受人体内的放射性物质的射线约 9.03×10^{-6} C/kg。以上三个方面是自然本底照射的基本组成，总剂量为每人每年约 4.39×10^{-5} C/kg

（2）最大允许剂量　国际上规定的最大允许剂量的定义为：在人的一生中，即使长期受到这种剂量的照射，也不会发生任何可察觉的伤害。中国 1974 年颁发的《辐射防护规定》中，对内、外照射的年最大允许剂量列于表 8-4。

表 8-4　内外照射的年最大允许剂量[①]

分类	器官名称	职业放射性工作人员/mSv	放射性工作场所邻近地区人员/mSv
第一类	全身、性腺、红骨髓、眼晶状体	50	5
第二类	皮肤、骨、甲状腺	300	30[②]
第三类	手、前臂、足、踝骨	750	75
第四类	其他器官	150	15

① 表内所列数值均指内、外照射的总剂量当量，不包括自然本底照射和医疗照射。

② 16 岁以下少年甲状腺的限制剂量为 15mSv/a。

3. 电离辐射的防护措施

① 利用放射性同位素进行检测、计量和通信时，应遵守下列规定。

有确保放射源不致丢失的措施；可能受到射线危害的有关人员应佩戴检测仪表，其最大允许接受剂量当量为每年 50mSv。

② 接近最大允许接受剂量的工作人员每年至少体检一次。特殊情况要及时检查。

③ 射线源处必须设有明确的标志、警告牌和禁区范围。

复 习 题

1. 毒物泄漏如何处置？

2. 粉尘对人体的危害有哪些？

3. 如何控制振动产生的危害？

参 考 文 献

[1] 肖瑞华. 焦化工业环境保护. 沈阳：东北大学出版社，1994.

[2] 王兆熊，高晋生. 焦化产品的精制与利用. 北京：化学工业出版社，1989.

[3] 向英温，杨先林. 煤的综合利用基本知识问答. 北京：冶金工业出版社，2002.

[4] 郭树才. 煤化工工艺学. 北京：化学工业出版社，1992.

[5] 汪群慧. 固体废物处理及资源化. 北京：化学工业出版社，2004.

[6] 范伯云. 李哲浩. 焦化厂化产生产问答. 北京：冶金工业出版社，2003.

[7] 周敏，倪献智，李寒旭. 焦化工艺学. 徐州：中国矿业大学出版社，1995.

[8] 林肇信，刘天齐，刘逸农. 环境保护概论. 北京：高等教育出版社，1982.

[9] 王同章. 煤炭灰利用技术. 北京：化学工业出版社，2001.

[10] 韩怀强，蒋挺大. 粉煤灰利用技术. 北京：化学工业出版社，2001.

[11] 台炳华. 工业烟气净化. 北京：冶金工业出版社，2000.

[12] 李英. 职业危害程度分级检测技术. 北京：化学工业出版社，2002.

[13] 许文. 化工安全工程概论. 北京：化学工业出版社，2002.

[14] 谢全安，薛利平. 煤化工安全与环保. 北京：化学工业出版社，2005.

[15] 单明军等. 焦化废水处理技术. 北京：化学工业出版社，2007.